成本會計

主編 李來兒

（第二版）

崧燁文化

第二版前言

本書自出版以來，持續受到相關院校的歡迎，也收到了很多好的修改意見，基於此，我們本著實用性、通用性、國際性和前瞻性的原則對本教材進行了修訂。本教材的特色為：

（1）體系新穎。本教材既繼承了傳統成本會計所使用的通用體系，同時又對成本會計新領域作了適當的前瞻，能夠使學生在有限的時間內，對成本會計發展的過去、現在和未來有一個系統而全面的瞭解。

（2）結構靈活。本教材充分吸收了國外著名教材的做法，在每章均穿插有與該章內容相關的鮮活小案例，通過案例使學生從問題入手，加深對章節內容的理解和運用；此外，本教材還以「擴展閱讀文獻」的形式，將知識延伸，便於學習者按照文獻指引去閱讀。

本書既適用於普通高等院校經管類師生使用，同時也可作為財經管理工作人員的學習和培訓用書。

本教材編寫的具體分工是：李來兒教授編寫第九章和第十章；許世英副教授編寫第四章和第五章；符剛博士編寫第三章、第六章和第七章；陳文壽副教授編寫第二章；徐鵬老師編寫第一章；高永瓊老師編寫第八章。本書的出版凝聚了諸位老師的心血和汗水。

李來兒教授作為主編，負責教材大綱的擬定和對全書的總纂。副主編許世英副教授和符剛博士對全書大綱的擬定和內容的審校做了大量工作。

在本書的編寫過程中，編者查閱、借鑑了大量文獻資料，並得到有關部門和專家、學者的大力支持，在此一併表示誠摯的謝意。同時，也要感謝出版社領導以及編輯對本書出版所給予的幫助。

　　由於編者水準有限，錯誤與疏漏在所難免，懇請廣大讀者、同行包涵、諒解並予以批評指正。

編者

目 錄

第一章　成本會計基礎 ……………………………………………（1）
　　第一節　成本與成本會計 ……………………………………（2）
　　第二節　成本會計的對象 ……………………………………（7）
　　第三節　成本會計的職能和任務 ……………………………（8）
　　第四節　成本會計工作的組織 ………………………………（11）

第二章　工業企業成本核算概述 …………………………………（17）
　　第一節　成本核算的要求 ……………………………………（18）
　　第二節　成本費用的劃分 ……………………………………（22）
　　第三節　成本核算的一般程序和主要會計帳戶的設置 ……（25）

第三章　生產費用的歸集與分配 …………………………………（32）
　　第一節　各項要素費用的歸集與分配 ………………………（33）
　　第二節　輔助生產費用的歸集和分配 ………………………（51）
　　第三節　製造費用的歸集和分配 ……………………………（58）
　　第四節　廢品損失和停工損失的歸集與分配 ………………（61）
　　第五節　期間費用的歸集與分配 ……………………………（65）

第四章　生產費用在完工產品與在產品之間的歸集與分配 ……（75）
　　第一節　在產品數量的核算 …………………………………（75）
　　第二節　完工產品和在產品之間分配費用的方法 …………（78）

第五章　產品成本計算的基本方法 ………………………………（95）
　　第一節　產品成本計算方法概述 ……………………………（96）
　　第二節　產品成本計算的品種法 ……………………………（98）
　　第三節　產品成本計算的分批法 ……………………………（106）
　　第四節　產品成本計算的分步法 ……………………………（114）

第六章　產品成本計算的輔助方法 ………………………………（145）
　　第一節　產品成本計算的分類法 ……………………………（145）

第二節　產品成本計算的定額法 …………………………………（153）

第七章　其他行業的成本核算 ………………………………………（166）
　　第一節　商品流通企業的成本核算 ………………………………（166）
　　第二節　建築施工企業的成本核算 ………………………………（177）

第八章　成本報表的編製與分析 ……………………………………（203）
　　第一節　成本報表的作用和種類 …………………………………（204）
　　第二節　成本報表編製和分析的方法 ……………………………（205）
　　第三節　全部產品生產成本表的編製和分析 ……………………（210）
　　第四節　主要產品單位成本表的編製和分析 ……………………（217）
　　第五節　各種費用報表的編製和分析 ……………………………（220）

第九章　成本控制 ……………………………………………………（229）
　　第一節　成本控制理論沿革 ………………………………………（230）
　　第二節　標準成本控制 ……………………………………………（235）
　　第三節　作業成本控制 ……………………………………………（247）
　　第四節　目標成本與成本企劃 ……………………………………（256）

第十章　現代成本會計的新興領域 …………………………………（266）
　　第一節　資本成本會計 ……………………………………………（266）
　　第二節　質量成本會計 ……………………………………………（270）
　　第三節　環境成本會計 ……………………………………………（276）
　　第四節　人力資源成本會計 ………………………………………（280）
　　第五節　自然資源成本會計 ………………………………………（284）

第一章　成本會計基礎

教學目的與要求

本章主要介紹成本會計的基本概念和基礎知識。通過對本章的學習，學員應理解費用、成本、成本會計的涵義等基本理論，熟悉和掌握成本會計的對象、成本會計的主要職能與任務、成本會計工作組織形式、成本會計人員工作職責、成本會計制度及其內容等基本業務知識，充分認識做好成本工作對於加強成本管理，降低產品成本，增強產品市場競爭能力，提高經濟效益的重要意義。

本章重點提示

1. 成本、費用的涵義與區別
2. 成本會計的對象、職能

開篇小案例

小王、小張和小李是大學時的好友，他們分別畢業於會計、市場行銷和計算機專業。畢業後他們合辦了一家公司，專門從事財務軟件的開發、生產和銷售業務。該公司的辦公和生產經營用房是租用的，每年租金15萬元；購買設備花費30萬元，可使用5年；第一年度共購進用於軟件開發和生產的材料10萬元；推銷產品發生開支15萬元；支付職工工資20萬元、辦公費用5萬元、有關管理部門的罰款5萬元；全年總收入為95萬元。看到這種情況，小李說：「收入95萬元，成本100萬元，辛辛苦苦干了一年還虧5萬元，不合算。」小張接著說：「真是的，還不如受聘到××公司搞行銷，每年還能拿到5萬元工資，但你說成本100萬元是不對的，應該說支出100萬元。」小王聽了以後，忍不住笑著說：「你們說的都不正確，不是成本或支出100萬元，確切地講，應該是成本、費用和支出共100萬元；另外，今年也不是虧本5萬元，而是盈利近20萬元。但小張所說的，要是不辦公司，而是受聘到××公司搞行銷能拿到5萬元工資，這對小張個人來說也是成本。」聽了小王的話，他們倆都糊涂了：到底怎麼回事呢？成本計量還這麼麻煩和重要？

根據以上資料，請思考：
1. 企業計算盈虧時，成本應如何核算？
2. 成本、費用與支出三個概念有什麼聯繫，又有什麼區別？

第一節　成本與成本會計

一、成本

(一) 費用與成本

1. 費用的涵義

費用是指企業在日常活動中發生的、會導致所有者權益減少、與向所有者分配利潤無關的經濟利益的總流出。企業在日常活動中所產生的費用主要有消耗的材料、支付的職工薪酬、機器運轉發生的磨損費用和維修費用等；在銷售過程中發生的耗費主要有推銷費用；為組織和管理生產經營活動而發生的費用主要有辦公費、水電費等。但是，企業發生的這些費用並不全部構成產品的成本，只有在生產過程中發生的各種生產耗費，即生產費用才能夠作為產品成本；也就是說，只有生產費用才是產品成本的基礎，而產品成本則是生產費用的歸宿。

2. 成本的經濟涵義

成本是商品經濟的產物，是會計理論中一個非常重要的經濟概念，是企業為生產一定種類、一定數量的產品所支出的各種生產費用之和。馬克思曾在《資本論》中對成本的經濟涵義進行深刻剖析後認為：從耗費的角度看，成本是企業為生產商品所消耗的物化勞動和活勞動價值的貨幣表現，即商品的成本價格；從補償的角度看，成本是補償商品生產中資本消耗的價值標準。馬克思的這一論述，既闡明了成本的經濟內容是 C+V，又明確指出了成本對於再生產的反作用。在社會生產實踐中，如果一個企業所生產的商品價值不能補償其成本耗費，就無法維持簡單再生產，更談不上盈利和擴大再生產。因此，既看到耗費，又重視補償，這是對成本經濟涵義的完整理解。

在商品生產條件下，耗費和補償是對立統一的。因為任何耗費都是個別生產者的事，而補償則是社會的過程；生產中的耗費要求補償與生產耗費在流通中能否得到全部補償是兩碼事。這就迫使每一個商品生產者不得不重視成本，不得不著力加強成本管理，力求用較少的生產耗費來尋求價值補償，最大限度地獲取利潤。於是，也就使得成本與管理越來越緊密地結合在一起，從而確立了成本管理和成本會計在企業經營管理中的重要地位。

由於成本與管理的直接結合，因而成本的內容既由商品經濟的發展所決定，又要服從管理的需要，並且隨著管理的發展而不斷發展。事實上，在管理要求不斷提高的條件下，成本的內容從內涵到外延都處於不斷地變化之中。例如，從內涵看，由於成本作為資本耗費，發生於生產過程，而補償價值則是生產成果的分配，屬於分配領域的範疇，因而商品的所有者和經營者，常常會對分配領域的某些支出，做出符合自己經濟利益需要的一些主觀規定，將其列作生產成本，進而導致實際補償價值超出生產中所消耗的 C+V 的價值；從外延看，成本概念也遠遠超出了馬克思所講的商品產品成本。如美國會計協會曾於 1951 年將成本定義為：「成本是為了一定目的而付出的或可

能付出的用貨幣測定的價值犧牲。」這一定義除了包含產品成本的範圍外，還將其勞務成本、工程成本、開發成本、資產成本、質量成本、資金成本等所有經濟活動的成本都包含其中。

此外，基於不同的條件及不同的管理目的，還可以有各種不同的成本概念。例如，出於預測、決策的需要而應用的變動成本、固定成本、邊際成本、機會成本概念，為進行控制、考核而應用的標準成本、可控成本、責任成本概念等。目前，國內外的成本概念已經發展到幾十種之多，組成了多元化的成本概念體系，使人們對成本的認識更加深化，大大地豐富了經濟管理的內容。

就實際工作中的成本計算來說，還需要說明以下兩個方面的問題：

（1）在實際工作中，成本的開支範圍是由國家通過有關法規制度來加以界定的。為了促使企業加強經濟核算，減少生產損失，對於勞動者為社會勞動創造的某些價值，如財產保險等，以及一些不形成產品價值的損失性支出，如工業企業的廢品損失、季節性和修理期間的停工損失等，也將其計入了成本。可見，實際工作中的成本開支範圍與理論成本包括的內容是有一定差別的。就上述的廢品損失、停工損失等損失性支出來說，從實質上看，它並不形成產品價值，不是產品的生產性耗費，而是純粹的損耗，不屬於成本的範圍，但是考慮到經濟核算的要求，將其計入成本，從而可促使企業改進經營管理。當然，對於成本實際開支範圍與成本經濟實質的背離，必須嚴格參考現值，否則成本的計算就失去了理論依據。

（2）上述的「成本」概念是就企業生產經營中所發生的全部勞動耗費而言的，即是一個「全部成本」的概念。在實際工作中，是將其全部對象化，從而計算產品的全部成本，還是將其按一定的標準分類，部分計入產品成本，部分計入期間費用，則取決於成本核算制度。如按照現行企業會計制度的規定，企業應採用製造成本法計算產品成本，從而企業生產經營中所發生的全部勞動耗費就相應地分為產品製造（生產）成本和期間費用兩大部分。在這裡，產品的製造成本是指為製造產品而發生的各種費用的總和，包括直接材料、直接工資、其他直接支出和製造費用；期間費用則包括管理費用、銷售費用、財務費用。在製造成本法下，期間費用不計入產品成本，而是直接計入當期損益。

3. 成本與費用的聯繫與區別

成本代表經濟資源的犧牲，而費用是會計期間為獲得收益而發生的支出，僅歸屬於某一期間。費用是成本的基礎，按對象歸集的費用構成成本。

兩者有如下區別：

（1）內容不同。費用包括生產費用、管理費用、銷售費用和財務費用等。工業企業產品成本只包括為生產一定種類或數量的完工產品的費用，不包括未完工產品的生產費用和其他費用。

（2）計算期不同。費用的計算期與會計期間相聯繫，產品成本一般與產品的生產週期相聯繫。

（3）對象不同。費用的計算是按經濟用途分類的，產品成本的計算對象是產品。

（4）計算依據不同。費用的計算是以直接費用、間接費用為依據確定的，產品成

本是以一定的成本計算對象為依據的。

（5）帳戶和原始憑證不同。費用以生產過程中取得的各種原始憑證作為歸集、核算依據，其帳戶是生產成本。產品成本以成本計算單或成本匯總表及產品入庫單作為歸集、核算依據，其帳戶是庫存商品。

（6）總額不同。一定時期內，費用總額不等於產品成本總額，因為兩者的內容和價值量不同。產品成本是費用總額的一部分，不包括期間費用和期末未完工產品的費用等。

（7）作用不同。根據費用指標，分析各項費用的比重，有助於我們瞭解費用結構的變化，從而加強費用管理。產品成本指標，一是反應物化勞動與活勞動的耗費，二是反應資金耗費的補償，三是有助於檢查成本和利潤計劃，四是表明企業的工作質量。

（二）成本的作用

成本的作用取決於它的經濟實質。在企業生產經營中其作用概括起來有：

（1）補償尺度。企業進行持續經營的必要條件是必須補償其在生產經營過程中所發生的各項耗費，成本則是補償生產耗費的基本尺度；同時，成本也是企業確定經營損益的重要依據，企業只有在抵補了生產耗費後，才有可能實現盈利。

（2）定價基礎。企業在制定產品銷售價格時，雖然要充分考慮生產需求、消費水準和社會價格等因素，但絕不可忽視企業本身的實際承受能力，即企業的實際成本水準及實際可以達到的成本目標。

（3）決策依據。企業在進行生產、技術和投資等各項決策時，既要考慮各備選方案的預期收益，更要考慮與備選方案相聯繫的各種形式的預期成本，這樣才有利於決策方案的最優化。

（4）綜合指標。成本指標是財務管理中的重要指標之一。如勞動生產率的高低、原材料利用程度、固定資產使用效率、產品質量優劣、產量大小、定額管理的好壞等都通過成本指標直接或間接地體現。因此，成本是衡量企業綜合經營管理的重要指標。

二、成本會計的產生和發展

成本會計是運用貨幣計量尺度並按照會計準則和制度，通過記帳、算帳和報帳等工作，提供企業有關費用和成本信息的一種會計。按照成本會計計算方式劃分，成本會計共有實際成本會計、估計成本會計和標準成本會計三種。實際成本會計是根據實際發生的各種耗費計算成本的一種成本會計，也稱為歷史成本會計。估計成本會計是在產品生產以前就預先估算產品成本，以此確定產品價格的一種成本會計。標準成本會計是以預先制定的產品標準成本為基礎，將標準成本與實際成本相比較，進而計算並分析成本差異的一種成本會計。

成本會計先後經歷了早期成本會計、近代成本會計、現代成本會計和戰略成本會計四個階段。成本會計的方式和理論體系，隨著發展階段的不同而有所不同。

1. 早期成本會計階段（1880—1920 年）

在 19 世紀產業革命後，由於企業數量日益增多，企業規模不斷擴大，企業間的競

爭逐漸加劇，因而使生產成本受到了廣泛重視，尤其是製造行業對成本資料的需求更為迫切。為了適應生產發展的需要，人們將成本計算與會計核算緊密地結合起來，逐步創立並形成了一整套計算成本的方法和理論體系，成本會計應運而生。當時比較有代表性的成本會計定義是：成本會計就是應用普通會計的原理、原則，系統地記錄某一工廠生產和銷售產品時所發生的一切費用，並確定各種產品或服務的單位成本與總成本，以供工廠管理當局決定經濟的、有效的和有利的產銷政策時作為參考。此定義的闡述說明，在這一時期的成本會計，主要是對工廠產品成本的計算。但是，由於這一時期的成本計算與會計核算結合在一起，成本會計並沒有分離成獨立的會計領域，因而仍然屬於財務會計的範疇。從成本會計的方式來看，在早期成本會計階段，主要採用分批法或分步法成本會計制度；從成本會計的目的來看，計算產品成本是為了確定存貨成本及銷售成本。所以，初創階段的成本會計也稱為記錄型成本會計。

2. 近代成本會計階段（1921—1945年）

20世紀初，資本主義企業推行「泰勒」管理制度，通過制定各項工作標準對生產進行科學管理。為了配合泰勒制的勞動定額和計劃工資等管理方式，許多企業的會計部門便開始通過事先制定成本標準，進行日常成本控制和定期成本差異分析，按標準成本來控制實際成本。同時，成本計算的方法逐步擴大到各個行業和企業內部的各個部門，使成本會計的理論和方法得到進一步發展，即從成本計算拓展到成本計劃、成本控制和成本分析。標準成本法的出現使成本計算方法和成本管理方法發生了巨大的變化，成本會計進入了一個新的發展階段。這一時期比較有代表性的成本會計定義是：成本會計是用來詳細地描述企業在預算和控制它的資源（指資產、設備、員工及所耗用的各種材料和勞動）利用情況方面的原理、慣例、技術和制度的一種綜合術語。

3. 現代成本會計階段（1946—1980年）

從20世紀50年代起，科學技術迅速發展，生產自動化程度大大提高，產品更新換代速度不斷加快；跨國公司大量湧現，企業規模越來越大，生產經營過程日趨複雜，市場競爭也更加劇烈。在這種情況下，各個企業為了避免在競爭中被淘汰，都力求以價廉物美的產品在市場上爭取立足之地。要物美，必須依靠新技術；要價廉，首要途徑是降低成本。因此，許多企業在發展新技術的同時，都把目光進一步集中在降低成本上。它們深刻地意識到：要達到成本的最優化，就必須在進行產品生產之前，對產品的設計、結構、工藝、生產的組織安排等進行改革，制定各種不同的方案，並通過預測，選取最佳方案，作為經營決策的依據。為了適應新的變化和要求，成本會計不斷地吸收自然科學、技術科學和社會科學等領域的先進管理方法，其發展的重點已由如何對成本進行事中控制、事後計算和分析變為如何預測、決策和規劃成本，從而形成了通過成本來干預生產的現代成本會計。

4. 戰略成本會計階段（1981年以後）

20世紀80年代以來，電腦技術的進步，生產方式的改變，產品生命週期的縮短，以及全球性競爭的加劇，大大改變了產品成本結構與市場競爭模式。成本管理的視角應由單純的生產經營過程管理和重視股東財富，擴展到與顧客需求及利益直接相關的、包括產品設計和產品使用環節的產品生命週期管理，更加關注產品的顧客可察覺價值；

同時要求企業更加注重內部組織管理，盡可能地消除各種增加顧客價值的內耗，以獲取市場競爭優勢。此時，戰略相關性成本管理信息已成為成本管理系統不可缺少的部分。

三、成本會計課程發展的主要歷史沿革

成本會計課程的前身是工業會計（近一半的內容屬於成本會計），它自會計學科建系建制以來就已存在。工業會計課程的發展是與該會計專業的發展緊密聯繫的。新中國成立之初，會計課程主要包括會計原理、工業會計、商業會計、供銷會計等。在此時，企業統收統支，故不用關心成本，成本計算採用的方法是完全成本法，即產品的成本包括製造成本和期間費用。製造成本包括直接材料、直接人工、製造費用；期間費用包括管理費用、營業費用和財務費用。

20 世紀 90 年代初期，成本會計還沒有在真正意義上分出來成為一個獨立的課程。但是隨著經濟的發展，企業更加關心成本，盡量節約，降低成本，提高經濟效益，希望有一門獨立的課程來指導成本計算，提高企業的競爭力。而且，在完全成本法下，企業擠占成本的現象很嚴重，造成成本計算嚴重不實。1992 年，中國頒布了與世界會計接軌的《企業會計準則》《企業財務通則》，會計學科發展到了一個新的時代。自此，會計制度逐漸與國際接軌，會計實務與操作也逐漸脫離計劃經濟時代的束縛，會計核算原理採用復式記帳（借貸記帳）法。

1993 年東北財經大學著名的會計學家王盛祥、歐陽清教授率先編著了中國第一本真正意義上的成本會計教材，於是傳統會計專業的工業會計就由會計原理、企業會計、成本會計等部分組合而成。

20 世紀末和 21 世紀初，中國資本市場迅猛發展，經濟全球化趨勢日益增強，預算管理、事中控制等成本管理的職能顯得越來越重要。成本會計核算技術和管理方法不斷創新，如開展成本的預測和決策、實行目標成本計算、實施責任成本計算、試行變動成本計算法、推行質量成本計算、開展價值工程、應用作業成本計算法、電子計算機在成本會計領域的廣泛運用等，使得會計信息質量不斷提高。成本會計的應用範圍不斷擴大，政府機關和社會團體等的非生產型組織因為存續成本的發生，在效益原則下，也採用成本控制。傳統上對成本控制並不關注的行業如醫院、計算機生產廠商、航空公司等都對成本控制投入了越來越多的精力。實際上，不論是銀行、社會團體、專業組織還是政府機關，成本控制已變得不可或缺。因此，成本會計課程及教學改革也越來越得到眾多專家、學者的重視，成本會計課程在會計教學中的地位也顯得日益重要。

四、學習成本會計的意義

某個著名的經濟學家說過：「成本會計就像花莖甘藍一樣，無論你是否喜歡它，它一定有益於你。」因為成本會計可以使我們個人更有價值，使我們工作的組織更有價值，也使組織運作的經濟機制更有價值。它能幫助我們理解如何科學地管理資源從而

達到增值的目的。

成本會計不僅能夠提供產品、服務和客戶等方面的成本信息，而且能夠為管理者的計劃、控制和決策提供信息。越來越多的企業要經營成功必須依靠完善的成本管理。

成本會計支持著許多領域。從事審計、財務報告和工商稅收工作的人必須懂得成本會計。商業律師發現許多案子都與成本分配這樣的成本概念和基於成本概念的損失計算有關。行銷人員需要精通成本會計，以確定產品成本及判斷產品是否盈利。工程師、生產人員和總經理都需要懂得成本會計，以便科學地管理資源。

第二節 成本會計的對象

成本會計的對象是成本會計核算和監督的內容。明確成本會計的對象，對於確定成本會計的任務，研究和運用成本會計方法，更好地發揮成本會計在經濟管理中的作用有著十分重要的意義。

為了能詳細瞭解成本會計的對象，熟悉成本會計的內容，有必要結合工業企業生產經營過程的具體經濟活動對成本會計對象進行說明。

工業企業生產經營過程的基本經濟活動是生產和銷售產品。在產品的生產過程中，即從原材料投入生產到制成完工產品的過程中，一方面要製造出產品來，另一方面要發生各種各樣的生產耗費。這一過程中的生產耗費，包括勞動資料、勞動對象等物化勞動的耗費和活勞動的耗費兩大部分。其中房屋、機器設備等作為固定資產的勞動資料，在生產過程中長期發揮作用，直至報廢而不改變其實物形態，但其價值則會隨著固定資產的磨損，通過計提折舊的方式，逐漸地、部分地轉移到其所製造的產品中去，構成產品成本的組成部分；原材料等勞動對象，在生產過程中被一次性消耗掉，其實物形態發生了改變，價值隨之一次性全部轉移到所生產的產品中去，也構成了產品成本的組成部分；生產過程是企業勞動者借助勞動資料對勞動對象進行加工，製造出產品的過程，勞動者通過對勞動對象的加工，既改變了原有勞動對象的使用價值，也創造出新的價值。其中，勞動者為自己勞動所創造的那部分價值，是以工資的形式表現出來的，這部分工資費用也構成了產品成本的組成部分。也就是說，在產品製造過程中發生的各種生產耗費，主要包括原料及主要材料、輔助材料、燃料等的耗費，企業二級單位（分廠或車間）的固定資產折舊，一線生產工人及二級單位管理人員工資等。所有這些耗費匯集在一起，就構成了企業在產品製造過程中的生產費用，而為生產一定種類、一定數量產品所發生的各種生產費用的總和就構成了產品的生產成本。上述產品製造過程中發生的各種生產費用及形成的產品生產成本，就是成本會計核算和監督的主要內容。

在商品銷售過程中，企業為銷售商品也會發生各種各樣的費用，如銷售商品過程中發生的運輸費、包裝費、保險費、展覽費和廣告費，以及為銷售本企業商品而專設的銷售機構的職工工資及福利費、業務費等銷售費用。銷售費用也是企業在生產經營過程中發生的費用，它的支出與歸集，也是成本會計核算和監督的內容。

企業為組織和管理生產經營活動也會發生各種各樣的費用，如企業的董事會和行政管理部門在企業的經營管理中發生的，應當由企業統一負擔的公司經費（包括行政管理部門職工的工資、修理費、物料消耗、低值易耗品攤銷、辦公費用和差旅費等）、工會經費、待業保險費、勞動保險費、業務招待費、房產稅、車船使用稅、土地使用稅、印花稅及技術轉讓費等。這些費用統稱為管理費用。管理費用也是企業在生產經營過程中發生的費用，它的支出與歸集，也是成本會計核算和監督的內容。

此外，企業為籌集生產經營活動所需的資金也會發生一些費用，如利息支出、匯兌損失以及相關的手續費等。這些費用統稱為財務費用。財務費用也是企業在生產經營過程中發生的費用，它的支出和歸集，也是成本會計核算和監督的內容。

上述的銷售費用、管理費用和財務費用，與產品生產沒有直接關係，而是按照其發生的期間歸集的。這些費用統稱為企業的期間費用，應當直接計入當期損益，並在利潤表中分項進行列示。

綜上所述，成本會計的對象可以概括為企業在產品製造過程中所發生的各種生產費用以及所形成的產品生產成本和期間費用。

第三節　成本會計的職能和任務

一、成本會計的職能

成本會計的職能是指成本會計在經濟管理中所具有的內在功能。

成本會計的職能既包括對生產經營業務成本和有關的期間費用進行成本核算和分析，也包括對生產經營業務成本、期間費用和專項成本進行預測、決策、計劃、控制和考核。隨著現代經濟的快速發展，成本會計也在發展變化之中。成本核算作為現代成本會計的重要職能，僅對費用和成本進行事後記錄和核算，已不能滿足現代成本管理的要求。現代成本會計的職能更加廣泛，除了有成本核算以外，還包括成本預測、成本決策、成本計劃、成本控制、成本分析及成本考核等多項內容。

（一）成本預測

成本預測是指在分析企業現有經濟技術、市場狀況和發展趨勢的基礎上，根據與成本有關的數據，採用一定的專門科學方法，對未來的成本水準及其變化趨勢做出科學的測算。成本預測是企業進行經營決策和編製成本計劃的基礎。企業通過成本預測，可以減少生產經營管理的盲目性，提高降低成本、費用的自覺性，充分挖掘降低成本、費用的潛力。

（二）成本決策

成本決策是指根據成本預測及其他與成本有關的資料，運用一定的、專門的科學方法選擇最佳成本方案所做出的一種決定。在企業中，成本決策貫穿在生產經營的全過程，內容廣泛，如最佳生產批量的決策、零部件自製或外購的決策、自製半成品即

時出售或進一步深加工的決策等。成本決策是企業實現目標成本的重要手段之一。

（三）成本計劃

成本計劃是根據成本決策所確定的目標成本，具體規定在計劃期內為完成生產經營任務所支出的成本、費用，並提出為達到規定的成本、費用水準所採取的各項措施。成本計劃是降低成本、費用的具體目標，也是進行成本控制、成本考核和成本分析的依據。成本計劃的編製過程，也是進一步挖掘降低成本、費用潛力的過程。

（四）成本控制

成本控制是指以預先確定的成本標準（如材料消耗定額、工時消耗定額、材料計劃單價、計劃工資率、製造費用計劃分配率）等作為企業生產經營過程中所發生的各項費用的限額，在費用發生時，嚴格審核各項費用是否符合標準，並計算出實際費用與標準費用之間的差異，同時對產生差異的原因進行分析，採取各種有效方法，將各項費用的發生限制在計劃控制範圍之內，以保證成本計劃的順利執行。成本控制對於最大限度地降低成本、費用，提高經濟效益有著重要的現實意義。

（五）成本核算

成本核算是指對生產費用的發生和產品成本的形成所進行的核算，即按照企業的生產特點和管理要求，採用相應的成本計算方法，按制度規定的成本項目，層層劃分各種費用界限，對各種費用不斷進行歸集和分配，從而計算出產品的總成本和單位成本。成本核算過程既是對生產耗費進行歸集、分配的過程，也是對生產耗費不斷對象化的過程，還是對生產過程中各種生產耗費進行信息反饋的過程。通過成本核算，有利於考核成本計劃的完成情況，為企業後續期間進行成本預測和成本決策，編製成本計劃提供必要的資料，並為企業制定產品價格提供依據。成本核算是成本會計的核心內容。

（六）成本分析

成本分析是將成本核算和考核所提供的成本數據和其他有關資料，與本期計劃成本、上年同期實際成本、本企業的歷史先進成本水準，以及國內外先進企業的成本等進行比較，確定成本差異，並且分析差異的原因，查明成本超支的責任，以採取措施，改進生產經營管理，降低成本、費用，提高經濟效益。企業通過成本分析，還可以為未來成本的預測和決策，以及編製新的成本計劃提供資料。

（七）成本考核

成本考核是指對成本計劃及其有關經濟指標的實際完成情況所進行的考察和評價。成本考核通常是以有關部門或個人作為考核的責任對象，責任對象的目標成本即企業對其進行成本考核的成本指標。通過成本考核，企業可以決定對有關責任對象進行獎懲。

在成本會計的諸多職能中，成本核算是成本會計最基礎的職能，如果沒有成本核算，成本會計的其他各項職能都無法進行。同時，成本會計的各項職能是相互聯繫、

相互依存的。成本預測是成本決策的前提；成本決策是成本預測的結果；成本計劃是成本決策所確定目標的具體化；成本控制是對成本計劃實施進行的監督；成本核算是對成本計劃是否完成的檢驗；成本分析是對計劃完成與否的原因進行的檢查；成本考核則是實現成本計劃的重要手段。

上述成本會計的職能，也應當作為成本會計的具體內容。其中，只對生產經營業務成本和經營管理費用進行成本核算和分析的成本會計是狹義的成本會計；而對生產經營業務成本、經營管理費用和專項成本進行預測、決策、計劃、控制、核算、分析和考核的成本會計是現代廣義的成本會計。

二、成本會計的任務

成本會計是會計的一個分支，是企業經營管理的重要組成部分。因此，成本會計的任務與會計的根本任務是一致的，並且由企業經營管理的要求所決定。根據中國社會主義現代化建設的客觀要求，成本會計的根本任務是促進企業不斷降低產品成本，提高經濟效益。一個企業提高經濟效益的途徑不外乎增加收入和降低成本。增加收入決定於銷售數量和單位售價，這兩者通常存在著互為消長的關係，而且受到一定時期社會消費水準和市場競爭的制約，因而收入的增加往往是有一定限度的；即使企業可以採用提高價格的辦法來增加收入，但從整個社會的角度看，也只是一種利益分配的轉移，並非創造新的財富。而降低成本則反應了節約社會必要勞動時間的客觀要求，人們可以通過對客觀事物認識的深化，不斷挖掘降低成本的內部潛力，從而促進經濟效益的提高。因此，企業提高經濟效益的立足點，在其努力增加收入的同時，主要應放在降低產品的成本上。

具體地說，成本會計的主要任務是：

(一) 正確計算成本，及時提供信息

正確計算產品的實際成本，是成本會計的核心工作。保證成本資料的正確性，是做好成本會計工作的最基本要求。如果實際成本資料不正確，不僅難以考核成本計劃的執行情況，不能據以進行成本決策，而且還會影響利潤的正確計算和材料物資、在產品、產成品等存貨的正確估價，從而歪曲財務狀況，影響利稅任務的完成。因此，只有成本資料數字正確，才能滿足管理的需要。

產品實際成本是企業決策層和相關部門考核成本管理工作的依據，所以產品成本的計算必須及時，應按規定的時限編製和報送成本報表，以便企業決策層和相關部門可以及時瞭解成本的變化情況和趨勢，加強對生產費用的控制，促使產品成本不斷降低，並以此作為制定銷售價格和進行有關成本決策的重要參考資料。在定期編製的成本報表中，不得以計劃成本、定額成本或估計成本代替實際成本，以保證實際成本的真實性。

(二) 優化成本決策，確定目標成本

目標成本是根據成本最優化原則所確定的產品成本。實行目標成本管理是提高企業經濟效益的基本保證。成本會計要及時收集、整理各種成本信息，在現實和可能的

基礎上，採取各種降低成本的措施，從若干可行方案中選擇生產每一單位合格產品所消耗活勞動和物化勞動最少的方案，以達到成本最優化。

為了優化成本決策，要增強企業領導和職工的成本意識，使他們在每一項業務活動中，都能自覺地考慮和重視降低產品成本的要求；要不斷探索降低產品成本的措施，如推行新技術和新工藝，降低採購成本，節約開支，增加產量等；要把所費與所得進行對比，講究成本效益。

（三）加強成本控制，防止擠攤成本

加強成本控制，首先，進行目標成本控制，即成本會計督促和協助生產、業務部門及職工個人努力完成成本目標，及時反饋成本信息，發現問題，及時提出改進意見；其次，企業要按照國家有關成本管理法規和條例的規定，嚴格控制各項費用支出，盡量減少甚至杜絕不合理、不必要的開支，防止浪費；最後，企業要按照國家規定，嚴格劃清各項費用支出的界限，防止亂擠、亂攤成本。

（四）強化成本責任，加強成本考核

強化成本責任，一是要增強各部門領導和職工的成本意識，二是必須建立成本責任制。成本責任制是增強職工降低成本的責任心和發揮他們在成本管理中的主動性、積極性和創造力的有效辦法。建立成本責任制，就是要把完成成本降低任務的責任落實到每個部門、每個層次和每個責任人，實現責、權、利（即降低成本之「責」，執行成本計劃之「權」，獲得獎懲之「利」）相結合，使國家利益、企業利益和職工個人利益結合起來，使職工的勞動成果與勞動所得結合起來，以不斷地增強企業的發展後勁。

在建立成本責任制的基礎上，成本會計要以每一責任單位（或個人）為對象進行考核，按責任的歸屬對所發生的可控成本進行記錄、匯總、分配、整理、計算、傳遞和報告，並且把各個責任單位（或個人）的實際可控成本與其目標成本進行比較，充分揭示差異，分析和尋找發生差異的因素，據以確定獎懲並挖掘進一步降低成本的潛力。

第四節　成本會計工作的組織

為了充分發揮成本會計在經營管理中的作用，企業應當合理地組織成本會計工作。成本會計工作的組織主要包括成本會計的機構設置、成本會計的人員配備、成本會計的法規和制度等內容。

一、成本會計機構的設置和核算方式

成本會計機構是企業中從事成本會計工作的職能單位，通常包括成本會計工作的領導機構、成本會計的職能執行機構和成本費用歸口管理部門等。它是根據企業規模的大小和成本管理的具體要求設置的。

（1）大中型企業可在專設的會計部門中，單獨設置成本會計機構，專門從事成本會計工作。

（2）規模較小、會計人員不多的企業，可以在會計部門中指定專人負責成本會計工作。

（3）有關職能部門和生產車間，也應根據工作需要設置成本會計機構，或者配備專職或兼職的成本會計人員，負責該職能部門和生產車間的成本會計工作。

根據以上的機構設置，成本會計核算可採取以下兩種核算方式：

（一）集中核算方式

集中核算方式是指成本會計工作主要由廠部成本會計機構集中進行。

（1）廠部會計機構的工作

廠部會計機構負責各種會計憑證的審核、整理和匯總，各種費用的歸集和分配，生產費用的核算和產品成本的計算等。

（2）車間、部門成本會計人員的工作

車間、部門的成本會計人員只負責原始記錄和原始憑證的填製，並對它們進行初步的審核、整理和匯總，為廠部成本會計機構的進一步工作提供基礎資料。

（二）分散核算方式

分散核算方式是指成本會計工作中的主要內容由車間等其他單位的成本會計機構或人員分別進行。

（1）車間、部門成本會計人員的工作

車間、部門的成本會計人員應當完成主要會計憑證的審核整理和匯總、各種費用的歸集和分配、生產費用的核算和產品成本的計算等工作。

（2）廠部成本會計機構工作

廠部會計機構應根據各車間、部門上報的成本計算資料進行全廠成本的匯總核算，進行生產費用的總分類核算和少數費用的明細核算，並對全廠成本進行綜合的計劃、控制、分析和考核；同時，廠部成本會計機構還應負責對各車間、部門成本會計機構或人員進行業務上的指導和監督。

在集中核算方式下，企業的全部成本會計工作都由廠部的會計處（科、室）集中進行處理。這種方式有利於減少企業成本核算的層次和人員，及時提供有關成本信息，但不利於車間對成本費用進行控制。因此，集中核算方式一般適用於成本會計工作比較簡單的企業採用。在分散核算方式下，廠部一般處理那些不便分散到車間去進行的成本會計工作，如發生的管理費用等。另外，廠部還要負責有關成本費用數據的匯總和成本費用的考核工作。車間通常處理成本計劃的制定、成本的具體核算、成本的控制和成本的分析等工作。分散核算方式有利於車間、有關職能部門及時瞭解本車間或部門的成本費用信息，分析本車間或部門的成本費用指標，進而控制費用，降低成本水準。但這種方式也會增加成本核算的層次和人員。因此，分散核算方式一般適用於成本會計工作比較複雜、各部門相對獨立的企業採用。

二、成本會計的人員配備

成本會計人員是指在會計機構中從事成本會計工作的人員。成本會計工作是會計

工作的核心，為了保證成本會計工作的質量，成本會計人員應具備較高的素質。根據建立健全會計崗位責任制的要求，各企業應當按照精簡、高效的原則，合理地配備成本會計人員。首先，成本會計人員應具備良好的職業道德和較充實的會計業務知識，掌握成本會計的業務核算方法和相關法規、制度；其次，成本會計人員還應當懂得企業成本管理，能經常深入企業生產實踐的各環節，熟悉企業生產特點和管理的具體要求，具有較強的成本管理工作經驗，並在實踐中不斷提高業務素質。

成本會計人員的工作職責主要有：

（1）依照財務會計制度和成本管理條例，結合本企業生產經營活動的特點及經濟管理要求，制定本企業的成本管理和核算辦法，確定各項費用的開支標準和範圍；

（2）建立健全各項成本費用的原始記錄、消耗定額和計量檢驗制度等，做好成本核算的基礎工作；

（3）根據本企業的生產經營計劃和生產工藝流程，編製成本、費用計劃，並將成本指標層層分解到各成本責任部門，建立健全成本考核體系，以控制成本，不斷降低生產費用；

（4）進行生產成本核算，對於生產經營活動中發生的各項費用，進行審核、分類、記錄、歸集和分配，正確計算產品成本；

（5）在正確執行成本開支範圍和費用開支標準的基礎上，正確進行期間費用的核算；

（6）根據各種成本資料，分析成本計劃執行情況，預測成本變化趨勢，比較同行業的成本水準，不斷尋求降低成本、費用的途徑；

（7）準確及時地編製各種成本費用會計報表；

（8）指導所屬各部門的成本核算和成本管理工作；

（9）制定和修訂各項成本會計制度。

三、成本會計的法規和制度

成本會計的法規和制度是組織和從事成本會計工作必須遵守的規範，是會計法規和制度的重要組成部分。成本會計法規和制度的制定，應該按統一領導、分級管理的原則。每一個企業應根據國家的有關規定，結合本企業生產經營的特點和管理要求，制定本企業的成本會計制度、規程和辦法。

（一）成本會計的外部規範

國家頒布的與會計有關的法規和制度，是社會主義市場經濟條件下，所有企業開展會計工作，包括開展成本會計工作的通行規則。這些外部規範主要是指：

（1）《中華人民共和國會計法》（以下簡稱《會計法》），由全國人民代表大會常務委員會頒布。《會計法》是中國會計工作的基本法律，或稱會計「母法」，所有會計法規、制度，都要根據其要求制定。

（2）會計行政法規，經國務院批准，由國家財政部發布。目前，中國主要的會計行政法規有《總會計師條例》《企業財務會計報告條例》《企業會計準則》《產品成本

開支範圍》《企業財務通則》等。

（3）會計規章，由國家財政部按《會計法》授權制定並頒發。《會計法》將國家財政部制定的會計規章稱為國家統一的會計制度，其所規範的領域包括會計核算制度、會計監督制度、會計機構會計人員制度、會計工作制度。

（二）成本會計的內部制度

各企業為了規範本企業的成本會計工作，還應當根據國家頒布的各種法規和制度的要求，結合本企業生產經營的特點和管理要求，制定本企業內部執行的具體會計規範。成本會計內部制度是組織和從事成本會計工作必須遵循的規範和具體依據，是企業會計制度的一個重要組成部分。

企業成本會計制度的制定，要體現社會主義市場經濟的要求，以國家頒布的企業會計準則、企業財務通則的有關規定為指導；要保證提供真實可靠的成本指標數據，以滿足企業內部管理和國家宏觀調控的需要；要適應企業的生產經營特點和經濟管理的具體要求，並與其他有關規章制度相協調；要力求使所提供的成本資料既正確、全面、系統、及時，又能適當簡化會計處理手續；要力求用最少的人力和時間，提供出能充分滿足企業管理需要的成本信息；等等。

成本會計制度的內容，以工業企業來說，一般包括以下幾個方面：

（1）關於成本崗位責任的確定、實施和考核制度；
（2）關於成本預測和決策的制度；
（3）關於成本定額和成本計劃的編製制度；
（4）關於成本控制的制度；
（5）關於成本核算的制度；
（6）關於成本報表的制度；
（7）關於成本分析的制度；
（8）關於企業內部價格的制定和結算制度；
（9）其他有關成本會計業務方面的制度。

成本核算制度是中心內容。它主要包括：①成本核算範圍、成本計算對象和成本計算方法的確定；②成本項目的設置；③各項要素費用的歸集程序和分配方法；④生產費用在完工產品成本與在產品成本之間的劃分方法；等等。

上述各項有關的成本會計制度，一部分由國家統一規定（主要是成本核算方面的一些主要內容），以便國家匯總有關成本的指標，進行國民經濟的綜合平衡。對於國家統一規定的那部分成本會計制度，企業必須嚴格遵照執行，一般不得擅自變更或修改，在執行過程中如果發現問題，應及時向上級和有關部門反應，在未經批准和修改前，仍應按照原規定執行。對於國家未作統一規定的其他方面的成本會計制度，企業應在符合國家關於成本管理的法規及制度的前提下，由企業自行制定。

制定成本會計制度應當積極、慎重。企業在制定之前，要深入實踐調查研究，並要反覆試點和發動群眾討論，在認真總結經驗的基礎上加以制定；制度一經制定，就要認真執行，並保持相對穩定。但是，隨著國民經濟和企業生產的發展，以及某些客

觀條件的變化，成本會計制度也必須適當地修訂補充。制度的修訂補充一定要堅持實事求是、慎重穩妥的原則。在新制度未形成之前，原有制度還應繼續執行，以免引起成本會計工作的混亂，影響生產的發展。

本章小結

費用是指企業在日常活動中發生的、會導致所有者權益減少、與向所有者分配利潤無關的經濟利益的總流出。

成本是商品經濟的產物，是會計理論中一個非常重要的經濟概念，是企業為生產一定種類、一定數量的產品所支出的各種生產費用之和。既看到耗費，又重視補償，這是對成本經濟涵義的完整理解。

在實際工作中，成本的開支範圍是由國家通過有關法規制度來加以界定的。在實際工作中，是將費用全部對象化，從而計算產品的全部成本，還是將其按一定的標準分類，部分計入產品成本，部分計入期間費用，則取決於企業的成本核算制度。

成本的作用包括補償尺度、定價基礎、決策依據、綜合指標。

按照成本的計算方式劃分，成本會計共有實際成本會計、估計成本會計和標準成本會計三種。

成本會計先後經歷了早期成本會計、近代成本會計、現代成本會計和戰略成本會計四個階段。

成本會計的對象是指成本會計核算和監督的內容，可以概括為企業在產品製造過程中所發生的各種生產費用，以及所形成的產品的生產成本和期間費用。

成本會計的職能包括成本預測、成本決策、成本計劃、成本控制、成本核算、成本分析及成本考核等多項內容。成本核算是成本會計最基礎的職能。

成本會計的任務：正確計算成本，及時提供信息；優化成本決策，確定目標成本；加強成本控制，防止擠攤成本；強化成本責任，加強成本考核。

成本會計工作的組織主要包括成本會計的機構設置、成本會計的人員配備、成本會計的法規和制度等內容。

謹記問題

1. 成本就是費用，實質上沒有區別。
2. 企業某一時期發生的生產費用總和應該等於該期產品成本總和。
3. 成本會計的對象就是企業在產品製造過程中所發生的各種生產費用以及所形成的產品生產成本。
4. 成本控制是成本會計最基礎的職能。
5. 分散核算方式一般適用於成本會計工作比較簡單的企業；集中核算方式一般適用於成本會計工作比較複雜、各部門相對獨立的企業。

思考與練習

1. 什麼是成本？如何辨析成本與費用？
2. 成本會計的對象是什麼？
3. 簡述成本會計的職能以及其相互關係。
4. 成本會計的任務有哪些？
5. 與成本會計有關的法規制度可以分為哪些層次？

第二章　工業企業成本核算概述

教學目的與要求

　　本章的教學目的主要是掌握成本核算的一般要求和一般程序。本章要求理解和掌握工業企業成本核算的各項要求，理解工業企業費用的分類以及費用和成本的關係，理解成本核算的主要會計科目，初步掌握成本核算的一般程序，掌握成本核算的帳務處理。

本章重點提示

1. 按照成本核算的要求，正確劃分各種費用界限
2. 費用按經濟用途分類以及成本項目的構成
3. 費用按其計入產品成本的方法分為直接計入費用和間接計入費用
4. 生產費用按其與生產工藝的關係分為直接生產費用和間接生產費用
5. 費用按其與工藝的關係分類和按計入產品成本（或勞務成本）的方法分類，以及兩種分類的聯繫和區別
6. 成本核算的一般程序和主要會計科目

開篇小案例

　　AB公司在某市成立了A公司和B公司，A公司主要為B公司加工生產半成品和輔助產品。A公司開始投產時，材料供應商的原材料供應不夠順暢，為了保證生產的順利進行，A公司向B公司借材料進行生產。B公司的倉庫保管人員在材料發出時未區分是發給A公司的出借材料還是B公司的生產領料，均作為B公司生產領料。A公司在收到發料時按會計準則將其作為借料掛帳。B公司會計人員收到的單據上標示的是發料投入生產，所以在做帳時未正確區分出借材料和生產領料，直接將其作為材料成本，而非A公司借料，從而導致B公司通過關聯交易的形式虛增成本，減少利潤。

　　通過本案例思考以下兩個問題：

1. 成本核算中正確劃分各種費用界限有何重要性？
2. 本案例中B公司是通過什麼方式虛增成本的？其主要目的是什麼？

第一節 成本核算的要求

一、成本核算的內容

　　成本核算的內容概括地說，就是生產費用的發生和產品成本的形成，包括生產費用的匯總核算和產品成本的計算兩個方面的內容。企業對生產經營過程中發生的各項費用，應按照成本開支範圍、費用開支標準和企業的計劃、定額，嚴格控制和審核費用，分析這些費用是否應該發生；對已經發生的費用，要分清哪些費用應計入產品成本，哪些費用不應計入產品成本；對於應計入產品成本的費用，要測定和記錄所累積的成本資料，按照一定的程序進行歸集，以匯總所發生的費用總數；對已歸集的應計入產品成本的生產費用，要按照受益原則，採用一定的方法，在各個期間、各個成本計算對象之間進行分配，進一步確定為生產某種產品所發生的費用的總和。會計期末，企業要根據費用的特點，採用一定的分配方法，在完工產品和期末在產品之間進行分配，以計算出完工產品的總成本和單位成本。

二、成本核算的要求

　　為了充分發揮成本核算的作用，會計人員在成本核算工作中，應該貫徹實行以下各項要求：

　　（一）核算要與管理相結合，根據管理的要求進行核算

　　企業管理的主要目的就是降低成本和費用，提高經濟效益。因此，成本核算與管理相結合，就是要根據企業管理的要求組織成本核算，核算要服務於管理，服從於管理，具體應做到：

　　（1）成本核算不局限於對生產費用的事後核算和監督，企業應根據管理的要求，根據國家有關的法規和制度，以及企業的成本計劃和相應的消耗定額，對企業的各項費用進行事前的審核和控制。對於不合法、不合理、不利於提高經濟效益的超支，企業要及時制止，對當時已經無法制止的，要追究責任，採取措施，防止以後再發生。

　　（2）企業要對生產費用的發生情況進行日常的核算和監督，及時糾正脫離計劃或定額的偏差，確保成本目標的實現。

　　（3）企業要正確及時地進行成本核算，為經營管理和經營決策提供必要的成本信息。為此，企業應分清主次，區別對待，按照細而有用、簡而有理的原則選用既簡便又合理的成本計算方法，正確計算產品成本。計算產品成本要防止為算而算、搞繁瑣哲學、脫離成本管理和生產經營管理實際需要的做法；所核算的成本與所取得的效益相比較，必須是合算的。但成本會計核算也要防止片面追求簡化，以致不能為管理提供所需數據的做法。

　　（二）正確劃分各種費用界限

　　為了正確地區分生產費用和經營管理費用，正確地計算產品實際成本和企業損益，

會計人員必須正確劃分以下五個方面的費用界限：

1. 正確劃分生產經營管理費用與非生產經營管理費用的界限

企業的經濟活動是多方面的，除了生產經營活動以外，還有其他方面的經濟活動，因而費用的用途也是多方面的，並非都應計入生產經營管理費用。例如，企業購置和建造固定資產、購買無形資產以及進行對外投資，這些經濟活動都不是企業日常的生產經營活動，其支出都屬於資本性支出，不應計入生產經營管理費用。又如，企業的固定資產盤虧損失、固定資產報廢清理損失、由於自然災害等原因而發生的非常損失，以及由於非正常原因發生的停工損失等，都不是因日常的生產經營活動而發生的，也不應該計入生產經營管理費用。亂擠和少計生產經營管理費用，都會使成本費用不實，不利於企業成本管理。亂擠生產經營管理費用，會減少企業利潤和國家財政收入，少計生產經營管理費用則會虛增利潤、超額分配，使企業的生產經營管理費用得不到應有的補償，影響企業再生產的順利進行。因此，每一個企業都應正確劃分生產經營管理用與非生產經營管理費用的界限，遵守國家關於成本費用開支範圍的規定，防止亂擠和少計生產經營管理費用的錯誤做法。

2. 正確劃分生產成本與經營管理費用的界限

企業的費用應計入產品成本。產品成本要在產品完工並銷售以後才計入企業的損益，但當月投入生產的產品不一定當月完工、銷售，當月完工、銷售的產品也不一定是當月投入生產的（或當月開始提供的）。因此，本月發生的費用往往不是計入當月損益、從當月利潤中扣除的主營業務成本。但是，企業發生的經營管理費用則作為期間費用處理，不計入產品成本，而直接計入當月損益，從當月利潤中扣除。因此，為了正確地計算產品成本和經營管理費用，為了正確地計算企業各個月份的損益，會計人員還應將生產經營管理費用正確地劃分為生產成本（或勞務成本）和經營管理費用，也就是劃分為成本和費用。用於產品生產的原材料費用、生產工人的工資費用、製造費用等，應該計入生產成本；由於產品銷售、組織和管理生產經營活動及籌集生產經營資金所發生的費用，應該計入經營管理費用，並歸集為經營費用、管理費用和財務費用，直接計入當月損益，從當月利潤中扣除。應防止混淆生產成本和經營管理費用的界限，也就是成本和費用的界限，將產品的某些成本計入期間費用，計入當月損益，或者將某些期間費用計入產品成本，借以調節各月產品成本和各月損益的錯誤做法。

3. 正確劃分各個月份的費用界限

為了按月分析以及考核產品成本和經營管理費用，正確計算各月損益，會計人員還應將應計入產品成本的費用和作為期間費用處理的經營管理費用，在各個月份之間進行劃分。為此，本月發生的成本費用都應在本月入帳，不應將其一部分拖延到下月入帳，也不應在月末以前提前結帳，將本月成本、費用的一部分作為下月成本、費用處理。

4. 正確劃分各種產品（或勞務）的費用界限

為了分析和考核各種產品（或勞務）的成本計劃或成本定額的執行情況，會計人員應該分別計算各種產品的成本（或勞務成本）。因此，應該計入本月產品成本（或勞務成本）的費用還應在各種產品（或各種勞務）之間進行劃分。屬於某種產品（或勞

務）單獨發生，能夠直接計入該種產品成本（或勞務成本）的費用，應該直接計入該種產品的成本（或勞務成本）；屬於幾種產品（或勞務）共同發生、不能直接計入某種產品成本（或勞務成本）的費用，則應採用適當的分配方法，將其分配計入這幾種產品的成本（或這幾種勞務的成本）。會計人員既要防止隨意分配費用，不分產品（或勞務、界限）地吃「大鍋飯」的做法，又要特別注意防止在盈利產品與虧損產品、可比產品與不可比產品之間任意增減生產成本，採取以盈補虧的手法來掩蓋超支，以及通過虛報產品成本來降低業績的錯誤做法。

5. 正確劃分完工產品（或勞務）與在產品（或尚未完工勞務）的費用界限

會計人員在月末計算產品成本（或勞務成本）時，如果某種產品（或勞務）都已完工，這種產品（或勞務）的各項費用之和，就是這種產品的完工產品成本（或這種完工勞務的成本）；如果某種產品（或勞務）都未完工，那麼這種產品（或勞務）的各項費用之和，就是這種產品的月末在產品（或勞務）成本；如果某種產品一部分已經完工，另一部分尚未完工，那麼該產品的各項生產費用，還應採用適當的分配方法在完工產品與月末在產品之間進行分配，分別計算出完工產品成本和月末在產品成本。會計人員應該防止通過改變分配方法和在產品的計價標準來任意調節完工產品成本的錯誤做法。

以上五個方面費用界限的劃分，都應貫徹受益原則，即何者受益何者負擔費用，何時受益何時負擔費用。負擔費用的多少應與受益程度的大小成正比。這五個方面費用界限的劃分過程，也是產品成本的計算過程。

需要強調的是，企業進行成本核算必須嚴格遵守有關成本開支範圍的規定，認真執行有關成本開支計劃。應該計入成本、費用的包括下列各項：①生產經營過程中實際消耗的原材料、輔助材料、備品配件、外購半成品、燃料、動力、包裝物的原價和運輸、裝卸、整理等費用；②企業直接從事產品生產人員的職工薪酬；③固定資產折舊費、租賃費、修理費和低值易耗品的攤銷費等；④其他為組織管理生產、經營活動而發生的製造費用、管理費用、財務費用和營業費用。其中，製造費用計入產品成本，管理費用、財務費用和銷售費用，而不計入產品成本。

企業發生下列費用，不應列入成本、費用：①購置和建造固定資產的支出，購入無形資產和其他資產的支出；②對外界的投資以及分配給投資者的利潤；③被沒收的財物以及違反法律支付的各項滯納金、罰款以及贊助、捐贈支出；④在公積金中開支的支出；⑤國家法律、法規規定以外的各種費用；⑥國家規定不得列入成本的其他支出。

綜上所述，成本費用的開支範圍是國家根據成本的客觀經濟內涵、國家的分配方針和企業實施獨立核算的要求而規定的。在成本費用開支範圍中明確規定哪些費用應計入成本，哪些費用不應計入成本，這樣不但使產品成本能正確地反應企業生產消耗水準，還使各企業的成本開支口徑實現一致。

(三) 正確確定財產物資的計價和價值結轉的方法

企業擁有的財產物資，絕大部分是生產資料，它們的價值要隨著生產經營過程中

的耗用而轉移到產品成本或勞務成本以及經營管理費用中去。因此，這些財產物資的計價和價值結轉的方法，也會影響成本和費用，如固定資產原值計算法、折舊方法、折舊率的種類和高低，材料價值（成本）的組成內容，材料按實際成本進行核算時發出材料單位成本的計算方法，材料按計劃成本進行核算時材料成本差異率的種類（個別差異率、分類差異率、綜合差異率、本月差異率、上月差異率），採用分類差異率時材料類距的大小，固定資產與週轉材料的劃分標準，週轉材料的攤銷方法、攤銷期限的長短和攤銷率的高低等。為了正確計算成本和費用，這些財產物資的計價和價值結轉方法都應既合理又簡便。國家有統一規定的，應採用國家統一規定的方法。會計人員要防止任意改變財產物資計價和價值結轉方法（例如不按規定的方法和期限計算和調整材料成本差異），借以人為調節成本和費用的錯誤做法。

（四）做好各項基礎工作

成本的計算過程就是對生產費用進行歸集和分配的過程。各項生產費用的數據是否真實、正確，影響著成本計算的正確性和企業盈虧的真實性。為保證企業的生產費用數據真實、可靠，為正確計算產品成本和經營管理費用，會計人員必須做好以下各項基礎工作：

1. 制定和修訂各項定額

定額是企業在正常生產條件下（指設備條件和技術條件等）對生產的數量、質量，以及人力、物力和財力等方面所規定的應達到的數量標準。定額是編製成本計劃以及分析和考核成本水準的依據，也是審核和控制成本的標準。會計人員應根據企業當前的設備條件和技術水準，充分考慮員工的積極因素，制定和修訂先進而可行的原材料、燃料、動力和工時等消耗定額，並據以審核各項耗費是否合理，是否節約，以控制耗費、降低成本、費用。制定和修訂產量、質量定額，是搞好生產管理、成本管理和成本核算的前提。企業的定額主要有產量定額、材料消耗定額、燃料和動力消耗定額、設備利用定額、勞動（工時）定額以及其他各項費用定額。

2. 材料物資的計量、收發、領退和盤點

為了進行成本管理和成本核算，會計人員還必須對材料物資收發、領退和結存進行計量，建立和健全材料物資的計量、收發、領退和盤點制度。材料物資的收發、領退，在產品、產成品的內部轉移和產成品的入庫等，均應填製相應的憑證，經過一定的審批手續，並經過計量、驗收和交接，以防止任意領發和轉移。對庫存的材料、半成品和產成品，以及車間的在產品和產成品，均應按照規定進行盤點、清查，防止丟失、積壓、損壞變質和被貪污盜竊。這些工作也是進行生產管理、物資管理和資金管理所必需的。

3. 原始記錄

如果只有計量而沒有記錄，會計核算就沒有書面的憑證依據。為了進行成本的核算和管理，會計人員對生產經營過程中工時和動力的耗費、在產品和半成品的內部轉移以及產品質量的檢驗結果等均應真實記錄。原始記錄對於工資、設備動力、生產技術等方面管理，以及有關的計劃統計工作，也有重要意義。企業應該建立既符合各方

面管理需要，又符合成本核算要求，既科學易行，又講求實效的原始記錄制度，並且組織有關員工認真做好各種原始記錄的登記、傳遞、審核和保管工作，以便正確、及時地為成本核算和其他有關方面提供所需原始資料。

4. 廠內計劃價格的制定和修訂

在計劃管理基礎較好的企業中，為了分清企業內部各單位的經濟責任，方便分析和考核內部各單位成本計劃的完成情況，會計人員還應對材料、半成品和廠內各車間相互提供的勞務（如修理、運輸等）制定廠內計劃價格，作為內部結算和考核的依據。廠內計劃價格應該盡可能接近實際並相對穩定，年度內一般不變動。在制定了廠內計劃價格的企業中，對於材料領用，半成品轉移以及各車間、部門之間相互提供勞務，都應先按計劃價格結算，月末再採用一定的力法計算和調整價格差異，並據以計算實際的成本、費用。按計劃價格進行企業內部的往來核算，還可以簡化和加速成本、費用核算的基礎工作。

（五）適應生產特點和管理要求，採用適當的成本計算方法

產品成本（或勞務成本）是在生產（或提供勞務）過程中形成的，企業生產和組織工藝過程不同的產品，應該採用不同的成本計算方法。計算產品成本（或勞務成本）是為了加強成本管理；管理的要求不同，也會影響成本的計算方法。因此，為了正確計算產品成本（或勞務成本），企業應根據其生產特點和管理要求，採用適當的成本計算方法。

第二節　成本費用的劃分

費用是指企業在日常活動中發生的、會導致所有者權益減少的、與向所有者分配利潤無關的經濟利益的總流出。

費用只有在經濟利益很可能流出從而導致企業資產減少或者負債增加，並且經濟利益的流出額能夠可靠計量時才能予以確認。企業為生產產品、提供勞務等發生的可歸屬於產品成本、勞務成本等的費用，應當在確認產品銷售收入、勞務收入時，將已銷售產品、已提供勞務的成本等計入當期損益。企業發生的支出不產生經濟利益的，或者即使能夠產生經濟利益但不符合或者不再符合資產確認條件的，應當在發生時確認為費用，計入當期損益。企業發生的交易或者事項導致其承擔了一項負債而又不確認為一項資產的，應當在發生時確認為費用，計入當期損益。

企業在日常活動中發生的各種耗費，既有物化勞動耗費、又有活勞動耗費，還有其他支出。日常經營活動耗費的性質和用途的多樣性決定了費用的多樣性。為了加強成本費用的核算與管理，必須對企業的各種費用進行合理的分類。

一、費用按經濟內容分類

企業產品的生產經營過程，也是勞動對象、勞動手段和活勞動的耗費過程。因此，

企業發生的各種費用按其經濟內容（或性質）劃分，主要有勞動對象方面的費用、勞動手段方面的費用和活勞動方面的費用三大類。前兩方面為物化勞動耗費，即物質消耗；後一方面為活勞動耗費，即非物質消耗。這三類費用可以稱為企業費用的三大要素。為了具體地反應企業各種費用的構成和水準，還應在此基礎上，將企業費用進一步劃分為以下八個費用要素：

（1）外購材料。它是指企業為進行生產而耗用的一切從外部購進的原料及主要材料、半成品、輔助材料、包裝物、修理用備件和低值易耗品等。

（2）外購燃料。它是指企業為進行生產而耗用的一切從外部購進的各種燃料，包括固體、液體和氣體燃料。

（3）外購動力。它是指企業為進行生產而耗用的一切從外部購進的各種燃料，包括熱力、電力和蒸汽等。

（4）職工薪酬。它是指企業為進行生產而支付給職工的職工薪酬，具體包括：①職工工資、獎金、津貼和補貼；②職工福利費；③醫療保險費、養老保險費、失業保險費、工傷保險費和生育保險費等社會保險費；④住房公積金；⑤工會經費和職工教育經費；⑥非貨幣性福利；⑦因解除與職工的勞動關係給予的補償；⑧其他與獲得職工提供的服務相關的支出。

（5）折舊費。它是指企業所擁有或控制的固定資產按照使用情況計提的折舊費。

（6）利息費用。它是指企業計入經營管理費用等的負債利息淨支出（即利息支出減去利息收入後的餘額）。

（7）稅金。它是指企業應計入成本費用的各種稅金，如房產稅、車船使用稅、印花稅、土地使用稅等。

（8）其他費用。它是指不屬於以上各要素的費用，如郵電費、差旅費、租賃費、外部加工費等。

上述各要素，稱為費用要素。按照費用要素反應的費用，稱為要素費用。

費用按照經濟用途進行分類，可以反應企業在一定時期內發生了哪些費用，數額各是多少，以便分析各個時期各種費用占整個費用的比重，進而分析企業各個時期各種要素費用支出的水準，有利於考核費用計劃的執行情況。這種分類還可以反應物質消耗和非物質消耗的結構和水準，有助於統計工業淨產值和國民收入。

但是，企業費用的這種分類不能反應各種費用的經濟用途，因而不便於分析這些費用的支出是否節約、合理，不能反應費用的用途與產品成本或勞務成本的關係，不便於進行分析和控制。因此，會計人員對於企業的這些費用還必須按其經濟用途進行分類。

二、費用按經濟用途分類

費用按其經濟用途分類，首先應將企業發生的費用劃分為應計入產品成本（或勞務成本）的費用和不計入產品成本（或勞務成本）的費用兩大類。對於應計入產品成本（或勞務成本）的費用繼續劃分為直接費用和間接費用。

計入產品成本（或勞務成本）的費用在生產過程（或提供勞務）中的用途也各不

相同。有的直接用於產品生產（或提供勞務），有的間接用於產品生產（或提供勞務），為了具體地反應計入產品生產成本（或勞務成本）的費用的各種用途，還應將計入產品成本的費用進一步劃分為若干個項目，即產品生產成本（或勞務成本）項目，簡稱產品成本（或勞務成本）項目，即「成本項目」。

根據生產特點和管理要求，中國企業一般應該設立以下三個成本項目：

（1）直接材料。它是指企業在生產產品過程中所消耗的，直接用於產品生產，構成產品實體的原料及主要材料、外購半成品（外購件）、修理用備件（備品備件）、包裝物、有助於產品形成的輔助材料以及其他直接材料。

（2）直接人工。它是指企業直接從事產品生產製造的工人的薪酬，具體包括：①職工工資、獎金、津貼和補貼；②職工福利費；③醫療保險費、養老保險費、失業保險費、工傷保險費和生育保險費等社會保險費；④住房公積金；⑤工會經費和職工教育經費；⑥非貨幣性福利；⑦因解除與職工的勞動關係給予的補償；⑧其他與獲得職工提供的服務相關的支出。

（3）製造費用。它是指企業在生產產品和提供勞務過程中所發生的各項間接費用，以及雖直接用於產品生產但不便於直接計入產品成本，因而沒有專設成本項目的費用（如機器設備的折舊費）。製造費用包括直接用於產品生產和勞務提供，但不便於直接計入產品成本或勞務成本，因而沒有專設成本項目的費用（如機器設備的折舊費用），以及間接用於產品生產的各項費用（如機物料消耗、車間廠房折舊費用等），包括工資及福利費、折舊費、修理費、辦公費、水電費、機物料消耗、勞動保護費、季節性和修理期間的停工損失等，但不包括企業行政管理部門為組織和管理生產經營活動而發生的管理費用。

為了使生產成本（或勞務成本）項目能夠反應企業的生產特點，滿足成本管理的要求，制度允許企業根據自己的特點和管理的要求，對上述成本項目進行適當的調整。例如，如果直接用於產品生產（或提供勞務）的外購半成品成本比重大，企業可以將「外購半成品」單獨列為一個成本項目。企業需要單獨反應、控制和考核燃料及動力的消耗情況時，可專設「燃料及動力」成本項目，但為了簡化核算，企業也可將工藝用燃料費用以及工藝用動力費用並入「直接材料」成本項目。又如，企業在生產過程中可能發生廢品，如果廢品損失在產品成本中的比重比較大，需要重點核算和管理，也可以增設「廢品損失」成本項目；如果沒有廢品，或者廢品損失不大，企業就不必增設「廢品損失」成本項目。

企業在規定或者調整成本項目時，應該考慮以下幾個問題：①費用在管理上有無單獨反應、控制和考核的要求；②費用在產品成本或勞務成本中所占比重的大小；③為某種費用專設成本項目所增加的核算工作量的大小。企業對管理上需要單獨反應、控制和考核的費用，以及在產品成本中所占比重較大的費用，應單獨設置成本項目；如果企業為簡化核算，也可不必專設成本項目。

將計入產品成本或勞務成本的費用劃分為若干成本項目，可以按照費用的用途考核各項費用定額或計劃的執行情況，分析費用支出是否合理、節約。因此，產品成本（或勞務成本）不僅要分產品（或勞務）計算，而且要分成本項目計算，要計算各種

產品（或勞務）的各個成本項目的成本。產品成本（或勞務成本）計算的過程也就是各種要素費用按其經濟用途劃分、最後計入本月各種產品成本（或勞務成本）的過程，也是按成本項目反應完工產品（或勞務）和月末在產品（或勞務成本）的過程，也就是前面所述五個方面費用界限的劃分過程。

三、費用的其他分類

（一）直接生產（或勞務）費用與間接生產（或勞務）費用

在構成產品成本（或勞務成本）的各項費用中，直接用於產品生產（或提供勞務）的費用，可以稱為直接生產（或勞務）費用，如原料費用、主要材料費用、生產工人的工資和機器設備折舊費用等；間接用於產品生產（或提供勞務）的費用，可稱為間接生產（或勞務）費用，如機物料消耗、輔助生產工人的工資和車間廠房折舊費用等。這是按生產費用與生產工藝的關係進行的分類。

（二）直接計入費用和間接計入費用

在構成產品成本（或勞務成本）的各項費用中，可以分清各項費用具體為哪種產品（或勞務）所耗用，能夠直接計入某種產品成本（或勞務成本）的費用，稱為直接計入費用；不能分清為哪種產品（或勞務）所耗用、不能直接計入某種產品成本（或勞務成本），而必須按照一定標準分配計入有關的各種產品成本（或勞務成本）的費用，可以稱為間接計入（或分配計入）費用。這是費用按其計入產品成本（或勞務成本）的方法進行的分類。

（三）費用按其與工藝的關係分類和按計入產品成本（或勞務成本）方法分類的聯繫和區別

直接生產費用大多直接計入費用，如原料、主要材料費用大多能夠直接計入某種產品成本（或勞務成本），間接生產費用大多間接計入費用，如機物料消耗大多只能按照一定標準分配計入有關的各種產品成本（或勞務成本）。但也不都如此，如在只生產一種產品或勞務的企業或車間中，直接生產（或勞務）費用和間接生產（或勞務）費用都可以直接計入該種產品成本，都是直接計入費用。在這種情況下，該企業就沒有間接計入費用。又如，在使用同一種原材料同時生產出幾種產品的聯產品生產（如石油提煉）企業中，直接生產費用和間接生產費用都不能直接計入某種產品成本，而是間接計入費用。在這種情況下，該企業就沒有直接計入費用。

第三節　成本核算的一般程序和主要會計帳戶的設置

一、成本核算應該設置的帳戶

為了正確反應和核算產品生產過程中所發生的生產費用以及產品生產成本的形成情況，企業一般應設置以下有關帳戶：

(一)「基本生產成本」帳戶

「基本生產成本」帳戶是核算企業為完成主要生產目的而進行的商品、產品生產所發生的各種生產費用。其借方登記企業為進行基本生產而發生的各種費用，如直接材料、直接人工等直接費用，以及通過設置「製造費用」帳戶歸集的、在月末按一定標準分配後轉入的間接費用；其貸方登記完工入庫轉出的產品生產成本；餘額在借方，表示尚未加工完成的在產品成本。

「基本生產成本」帳戶應按產品品種、批別、生產步驟等成本計算對象，設置產品成本明細分類帳（或稱基本生產明細帳、產品成本計算單），在帳內再按產品成本項目分設專欄或專行。其格式如表 2-1 所示。

表 2-1　　　　　　　　　　　產品成本明細分類帳

車間名稱：第一車間　　　　　20××年8月1日　　　　　　　　　　單位：元

年月日	摘要	直接材料	直接人工	製造費用	合計
	月初在產品成本	4,500	2,000	1,200	7,700
	本月生產費用	25,000	12,000	8,000	45,000
	生產費用合計	29,500	14,000	9,200	52,700
	完工產品成本（100件）	20,000	8,000	5,000	33,000
	單位成本	200	80	50	330
	月末在產品成本	9,500	6,000	4,200	19,700

企業如果生產的產品品種較多，為了按照產品成本項目（或者既按車間又按成本項目）匯總反應全部產品的總成本，還可設置「基本生產成本」二級帳。

(二)「輔助生產成本」帳戶

「輔助生產成本」帳戶核算企業為基本生產服務而進行的產品生產和勞務供應所發生的各項費用。該帳戶的借方登記為進行輔助生產而發生的各種費用；貸方登記完工入庫產品的成本或分配轉出的勞務成本；餘額在借方，表示輔助生產在產品的成本。「輔助生產成本」科目應按輔助生產車間和生產的產品、勞務分設明細分類帳，帳中按輔助生產的成本項目或費用項目分設專欄或專行進行明細登記。如果輔助生產車間生產產品，則其成本核算程序與「基本生產成本」帳戶的核算程序基本相同。

(三)「製造費用」帳戶

「製造費用」帳戶核算企業生產車間為生產產品和提供勞務而發生的各項間接費用。該帳戶屬於成本類帳戶，包括車間管理人員的工資和福利費、折舊費、修理費、辦公費、水電費、機物料消耗、低值易耗品攤銷、勞動保護費、季節性和修理期間的停工損失等。其借方登記實際發生的製造費用；貸方登記分配轉出的製造費用；除季節性生產企業外，月末該帳戶經過結轉後一般應無餘額。「製造費用」帳戶，應按車

間、部門設置明細分類帳，帳內按費用項目設立專欄進行明細登記。

（四）「廢品損失」帳戶

需要單獨核算廢品損失的企業，應當設置「廢品損失」帳戶。該帳戶的借方登記不可修復廢品的生產成本和可修復廢品的修復費用；貸方登記廢品殘料回收的價值、應收的賠款以及轉出的廢品淨損失；該帳戶月末一般無餘額。「廢品損失」帳戶應按車間設置明細分類帳，帳內按產品品種分設專戶，並按成本項目設置專欄或專行進行明細核算。

（五）「停工損失」帳戶

單獨核算停工損失的企業，可以增設「停工損失」帳戶，在產品成本明細帳中增設「停工損失」成本項目。「停工損失」帳戶是為了歸集和分配停工損失而設立的，該帳戶的借方歸集本月發生的停工損失，貸方分配結轉停工損失，月末一般無餘額。該帳戶應按車間設置明細帳，在帳內再按成本項目分設專欄或進行明細分類核算。

（六）「銷售費用」帳戶

「銷售費用」帳戶核算企業在銷售商品和材料、提供勞務的過程中發生的各種費用，包括保險費、包裝費、展覽費和廣告費、商品維修費、預計產品質量保證損失、運輸費、裝卸費等，以及為銷售本企業商品而專設的銷售機構（含銷售網點、售後服務網點等）的職工薪酬、業務費、折舊費等經營費用。企業發生的與專設銷售機構相關的固定資產修理費用等後續支出，也在本帳戶核算。該帳戶借方歸集企業在銷售商品過程中發生的包裝費、保險費、展覽費、廣告費、運輸費、裝卸費等費用，以及為銷售本企業商品而專設的銷售機構的職工薪酬、業務費等經營費用。期末，應將本帳戶餘額從貸方全額結轉「本年利潤」帳戶，結轉後本帳戶無餘額。本帳戶可按費用項目進行明細核算。

（七）「管理費用」帳戶

「管理費用」帳戶核算企業為組織和管理企業生產經營所發生的管理費用，包括企業在籌建期間內發生的開辦費、董事會和行政管理部門在企業的經營管理中發生的或者應由企業統一負擔的公司經費（包括行政管理部門職工工資及福利費、物料消耗、低值易耗品攤銷、辦公費和差旅費等）、工會經費、董事會費（包括董事會成員津貼、會議費和差旅費等）、聘請仲介機構費、諮詢費（含顧問費）、訴訟費、業務招待費、房產稅、車船使用稅、土地使用稅、印花稅、技術轉讓費、礦產資源補償費、研究費用、排污費等。企業（商品流通企業）管理費用不多的，可不設置本科目，將本科目的核算內容並入「銷售費用」科目核算。企業生產車間（部門）和行政管理部門等發生的固定資產修理費用等後續支出，也在本科目核算。該帳戶借方歸集企業為組織和管理企業生產經營所發生的管理費用，期末應將本帳戶的餘額全額結轉到「本年利潤」科目，結轉後本科目無餘額。本帳戶可按費用項目進行明細核算。

（八）「財務費用」帳戶

「財務費用」帳戶核算企業為籌集生產經營所需資金等而發生的籌資費用，包括利

息支出（減利息收入）、匯兌損益以及相關的手續費、企業發生的現金折扣或收到的現金折扣等。為購建或生產滿足資本化條件的資產而發生的應予資本化的借款費用，在「在建工程」「製造費用」等科目核算。該帳戶借方歸集企業為籌集生產經營所需資金而發生的各項財務費用，期末應將本帳戶餘額從貸方全額結轉到「本年利潤」帳戶，結轉後本帳戶無餘額。本帳戶可按費用項目進行明細核算。

值得指出的是，成本核算中生產成本帳戶的設置可以有兩種處理辦法：一種處理辦法是設置「生產成本」總分類帳，其下分設「基本生產」和「輔助生產」兩個二級帳；第二種處理辦法是直接把「生產成本」帳戶分為「基本生產成本」和「輔助生產成本」兩個總分類帳戶進行核算。本教材採用第二種處理辦法。

二、產品成本核算的基本程序

產品成本核算的基本程序是指對企業在生產經營過程中發生的各項費用，按照成本核算的要求，採用一定的方法，逐步進行歸集和分配，最後算出各種產品的生產成本的基本過程。根據前述的成本核算要求和費用的分類，可將成本核算的基本程序歸納如下：

（1）根據成本開支範圍規定，審核生產費用支出。會計人員應根據成本開支範圍規定，對各項費用支出進行嚴格審核，確定應計入產品成本的費用和不應計入產品成本的期間費用。

（2）要素費用的歸集和分配。會計人員對生產中產品所耗用的材料，可以根據領料憑證編製材料費用分配表，對發生的人工費用，可根據產量通知單等產量工時記錄憑證編製工資費用分配表等。凡是能直接計入成本計算對象的費用，應根據各要素費用分配表直接計入「基本生產成本」「輔助生產成本」帳戶及有關明細帳戶；不能直接計入成本計算對象的費用，應先進行歸集，計入「製造費用」帳戶及其有關明細帳戶。

（3）輔助生產費用的歸集和分配。會計人員對歸集在「輔助生產成本」帳戶及其明細帳戶的費用，除將完工入庫的自製工具等產品的成本轉為存貨成本外，還要按受益對象和所耗用的勞務數量，編製輔助生產費用分配表，據以登記「基本生產成本」等帳戶及有關明細帳戶。

（4）製造費用的歸集和分配。各基本生產車間的製造費用歸集後，會計人員應分別針對不同車間，於月終編製製造費用分配表，將製造費用分配計入本車間的產品成本中，即計入「基本生產成本」帳戶及其明細帳戶。

（5）完工產品成本的確定和結轉。經過以上的費用分配，各成本計算對象應負擔的生產費用已全部計入有關的產品成本明細帳。如果當月產品全部完工，所歸集的生產費用即為完工產品成本；如果全部未完工，則為期末在產品成本；如果只有部分完工，則需要採用一定的方法將生產費用在完工產品與期末在產品之間進行分配，以確定本期的完工產品成本，並將完工驗收入庫的產成品成本從「基本生產成本」帳戶及其明細帳戶結轉至「庫存商品」帳戶及有關明細帳戶。

（6）已銷售產品成本結轉。已銷售產品的成本要從「庫存商品」帳戶及其明細帳

戶轉到「主營業務成本」帳戶及其明細帳戶。

產品成本核算帳務處理基本程序見圖2-1。

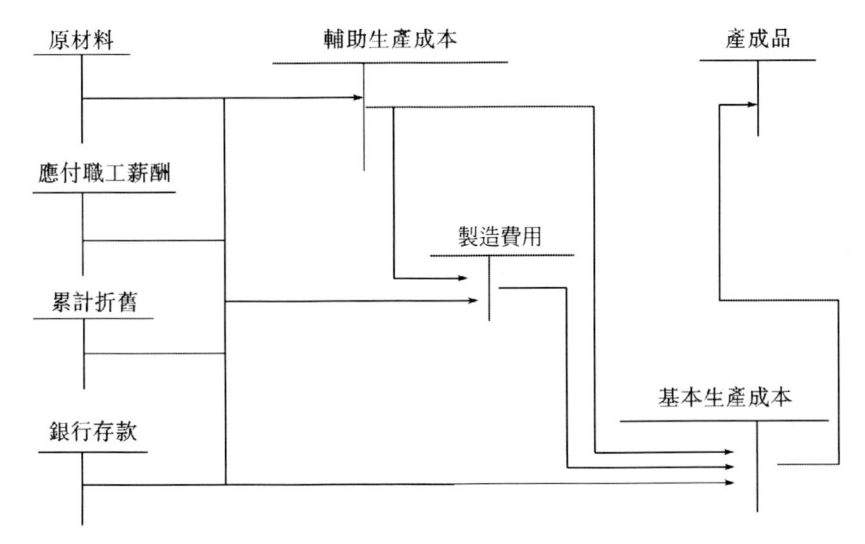

圖2-1　產品成本核算帳務處理基本程序圖

本章小結

　　工業企業成本核算的基本內容就是生產費用的發生和產品成本的形成。在成本核算工作中，應貫徹執行以下各項要求：核算與管理要結合，根據管理的要求進行核算；正確劃分各種費用界限；正確確定財產物資的計價和價值結轉方法；做好各項基礎工作。

　　在成本費用核算中，在區分成本、費用的基礎上，還應注意區分直接費用和間接費用，以及區分直接計入費用和間接計入費用。中國企業的成本核算一般應設立直接材料、直接人工和製造費用三個成本項目，一般應設置「基本生產成本」「製造費用」「廢品損失」等帳戶，按照成本核算程序歸集、分配生產費用，從而計算出產品成本。

謹記問題

1. 支出一定是費用，當期的支出一定是當期的費用。
2. 生產費用等同於期間費用。
3. 直接費用就是直接計入費用，間接費用就是間接計入費用。
4. 一定時期發生的生產費用等於該時期完工產品的成本。

思考與練習

一、判斷題

1. 資本性支出應當計入本期產品成本。（　　）
2. 企業的生產費用，都應直接計入產品成本。（　　）
3. 直接生產費用都是直接計入費用，間接生產費用都是間接計入費用。（　　）
4. 「製造費用」帳戶核算企業為生產產品和提供勞務而發生的各種直接費用和間接費用。（　　）

二、單項選擇題

1. 下列支出中，不應計入產品成本的有（　　）。
   A. 產品生產用材料費　　　　　　B. 生產單位管理人員的工資
   C. 從事自制設備人員的工資　　　D. 車間生產設備的折舊費

2. 為了保證按每個成本計算對象正確地歸集應負擔的費用，必須將應由本期產品負擔的生產費用正確地在（　　）。
   A. 各種產品之間進行分配
   B. 完工產品和在產品之間進行分配
   C. 盈利產品與虧損產品之間進行分配
   D. 可比產品與不可比產品之間進行分配

3. 下列屬於產品成本項目的是（　　）。
   A. 外購材料費用　　　　　　B. 職工工資
   C. 製造費用　　　　　　　　D. 折舊費用

4. 下列各項中，不計入產品成本的費用是（　　）。
   A. 直接材料費用　　　　　　B. 輔助車間管理人員工資
   C. 車間廠房折舊費　　　　　D. 廠部辦公樓折舊費

5. 製造費用應分配計入（　　）帳戶。
   A. 基本生產成本和輔助生產成本　　B. 基本生產成本和期間費用
   C. 生產成本和管理費用　　　　　　D. 財務費用和營業費用

6. 下列各項中，屬於工業企業費用要素的是（　　）。
   A. 工資及福利費　　　　　　B. 燃料及動力
   C. 工資費用　　　　　　　　D. 原材料

7. 下列各項中不應計入產品成本的是（　　）。
   A. 企業行政管理部門固定資產的折舊費　　B. 車間廠房的折舊費
   C. 車間生產用設備的折舊費　　　　　　　D. 車間輔助人員的工資

三、多項選擇題

1. 下列各項中，應計入產品成本的費用有（　　）。
   A. 車間辦公費　　　　　　B. 季節性停工損失
   C. 車間設計制圖費　　　　D. 在產品的盤虧損失

E. 企業行政管理人員的工資
2. 為了正確計算產品成本，應做好的基礎工作包括（　　）。
   A. 定額的制定與修訂
   B. 做好原始記錄工作
   C. 正確選擇各種分配方法
   D. 材料物資的計量、收發、領退和盤點
   E. 成本計劃的制定和修訂
3. 為了正確計算產品成本，必須劃清（　　）的界限。
   A. 生產費用和期間費用　　　　B. 各種產品的費用
   C. 各個會計期間費用　　　　　D. 收益性支出和資本性支出
4. 發生下列費用時，可以直接借記「基本生產成本」的是（　　）。
   A. 車間照明用電費　　　　　　B. 構成產品實體的原材料費用
   C. 車間管理人員工資　　　　　D. 車間生產人員工資
   E. 車間辦公費
5. 某企業用同一種原材料，同時生產幾種產品，其原材料費用都是（　　）。
   A. 直接計入費用　　　　　　　B. 直接生產費用
   C. 間接計入費用　　　　　　　D. 間接生產費用

四、問答題
1. 正確計算產品成本應劃分哪幾種費用的界限？
2. 成本、費用有何區別和聯繫？
3. 何謂直接計入費用？何謂間接計入費用？
3. 為了進行產品成本核算需要設置哪些會計帳戶？
4. 簡述產品成本核算的一般程序。

第三章　生產費用的歸集與分配

教學目的與要求

　　通過對本章的學習，學員應掌握材料費用、工資費用以及其他費用的特點，熟練應用材料費用、工資費用以及其他費用的歸集和分配方法，熟練掌握輔助生產費用、製造費用、廢品損失和停工損失、期間費用等綜合費用的歸集和分配方法。

本章重點提示

1. 材料費用的歸集與分配
2. 動力費用的歸集與分配
3. 工資及福利費的歸集與分配
4. 折舊和修理費的歸集與分配
5. 輔助生產費用的歸集與分配
6. 製造費用的歸集與分配
7. 廢品損失與停工損失的歸集與分配

開篇小案例

　　楊浩於20××年7月從某財經大學會計學專業畢業，受聘到通遠設備製造公司從事會計工作。該公司從當年9月開始生產甲、乙兩種產品，耗用了A、B、C三種材料。其中，該公司生產甲產品10件，耗用了A材料100千克（A材料單價9元），耗用B材料100千克（B材料單價8元）；生產乙產品10件，耗用B材料250千克。另外，為生產甲、乙產品，車間領用了C材料80千克（C材料單價5元）。財務部張經理要求楊浩對材料費用的分配找到合適的方法，以使生產成本的核算更準確，並就材料費用的分配方法提出進一步的改進意見。

　　楊浩應如何計算甲、乙兩種產品耗用的材料成本？

第一節　各項要素費用的歸集與分配

一、材料費用的歸集與分配

（一）材料費用的歸集

材料費用是指企業在生產過程中耗用材料的價值表現，包括耗用的主要材料、輔助材料、外購半成品、修理用備件、包裝材料等。耗用材料是發生材料費用的直接原因，其主要標誌是材料領用（或發出）。企業生產過程領用的材料品種、數量很多，為明確各單位的經濟責任，便於分配材料費用，以及不斷降低材料的消耗，在領用材料時，領用者應辦理必要的領料手續，並經有關人員審核簽字後，才能辦理領料。領料憑證一般有領料單、限額領料單和領料登記表等。車間或部門採用上述領料憑證領用的材料，月末如果未用完，應辦理退料手續。對於下個月不再使用的材料，可辦理假退料手續，即填製本月的「退料單」與下個月的「領料單」，交給材料倉庫辦理退料和領料的手續，但材料仍在原車間、部門，並不退回材料倉庫。

為了進行材料收入、發出和結存的明細核算，相關人員應該按照材料的品種、規格設立材料明細帳。帳中根據收發料憑證（包括退料憑證）登記收發材料的數量和金額，並根據期初結存材料的數量和金額，以及本期收發材料的數量和金額，計算登記期末結存材料的數量和金額。

材料收發結存的日常核算，可以按照材料的實際成本進行，也可以按照材料的計劃成本進行。在按實際成本進行材料日常核算的情況下，收發料憑證按材料的實際成本計價。如果按計劃成本進行核算，材料明細帳中收入材料和發出材料的金額都應根據收發料憑證按計劃成本登記。

（二）材料費用的分配

對於本期發生的材料費用，不論耗用的是外購材料還是自製材料，都應根據審核後的領退料憑證，按照材料的具體用途進行分配。其中，用於產品生產的材料費用，若能夠分清是何種產品所耗用，可直接計入該種產品明細帳的有關成本項目；若不能分清是何種產品所耗用，則需要選擇合理的分配方法在各種產品之間進行分配，分配後再計入各有關產品明細帳有關的成本項目。用於修復廢品的材料費用，應分別按不同產品直接計入各廢品明細帳有關的成本項目。用於產品銷售以及組織和管理生產經營活動的材料費用，計入銷售費用和管理費用明細帳有關的費用項目。用於建造固定資產的材料費用，計入在建工程。

1. 原材料費用的分配方法

企業的材料費用在產品成本中一般都佔有較大的比重，其費用歸集與分配的正確與否，直接關係到產品成本計算的正確性。因此，對材料費用的歸集與分配，必須盡量準確。領用者在領用構成產品實體的原材料時，應盡可能在「領料單」上註明用途，以便

會計人員根據領料憑證分清各成本計算對象的原材料消耗情況，並將其費用直接計入該成本計算單的「直接材料」（或「原材料」）成本項目內。對於不能分清各成本計算對象的，會計人員需採用適當的分配方法進行分配。原材料費用的分配方法主要有以下幾種：

（1）定額耗用量（或費用）比例法。定額耗用量（或費用）比例法是指以定額耗用量（或費用）作為分配標準的一種費用分配方法。在幾種產品都有消耗定額，並且消耗定額比較準確的情況下，可以按照各種產品原材料定額耗用量的比例或原材料定額費用的比例進行分配。其具體步驟為：

①計算出各種產品的原材料定額耗用量和原材料消耗量分配率。其計算公式為：

$$\text{某種產品原材料定額耗用量} = \text{該種產品的實際產量} \times \text{單位產品原材料消耗定額}$$

$$\text{原材料消耗量分配率} = \frac{\text{待分配的原材料實際消耗總量}}{\text{各種產品原材料定額耗用量之和}}$$

②計算出各種產品的原材料實際耗用量。其計算公式為：

$$\text{某種產品原材料實際耗用量} = \text{該種產品原材料定額耗用量} \times \text{原材料消耗量分配率}$$

③計算出各種產品應分配的原材料費用。其計算公式為：

$$\text{某種產品應分配的原材料費用} = \text{該種產品原材料實際耗用量} \times \text{原材料單價}$$

[例3-1] 某企業生產甲、乙兩種產品，共耗用A種原材料11,000千克，每千克成本為4元。甲、乙兩種產品的實際產量分別為1,000件和2,000件，單件產品原材料消耗定額分別為4千克和3千克。根據以上資料，分配結果如下：

甲產品原材料定額耗用量 = 1,000 × 4 = 4,000（千克）

乙產品原材料定額耗用量 = 2,000 × 3 = 6,000（千克）

$$\text{原材料定額耗用量分配率} = \frac{11,000}{4,000 + 6,000} = 1.1$$

甲產品原材料實際耗用量 = 4,000 × 1.1 = 4,400（千克）

乙產品原材料實際耗用量 = 6,000 × 1.1 = 6,600（千克）

甲產品應分配的原材料費用 = 4,400 × 4 = 17,600（元）

乙產品應分配的原材料費用 = 6,600 × 4 = 26,400（元）

上述分配方法，不但可以反應各種產品應分配的原材料費用，而且還可以反應原材料的實際消耗情況，為考核原材料消耗定額的執行情況提供資料。但在實際工作中，為了簡化核算手續，也可根據定額耗用量比例法直接分配原材料費用。其計算公式為：

$$\text{原材料費用分配率} = \frac{\text{待分配的原材料費用總額}}{\text{各種產品原材料定額耗用量之和}}$$

$$\text{某種產品應分配的原材料費用} = \text{該種產品原材料定額耗用量} \times \text{原材料費用分配率}$$

仍用例3-1的資料，則有：

$$\text{原材料費用分配率} = \frac{11,000 \times 4}{4,000 + 6,000} = 4.4$$

甲產品應分配的原材料費用＝4,000×4.4＝17,600（元）

乙產品應分配的原材料費用＝6,000×4.4＝26,400（元）

（2）產品重量比例法。產品重量比例法是指按各個產品重量在所有產品重量中的比重對成本費用進行分配的一種方法。有些企業中，幾種產品共同耗用一種或幾種原材料，耗用材料的多少，與產品的重量成正比例。對於這些產品所耗用的原材料費用，可按產品的重量比例進行分配。其計算公式為：

$$原材料費用分配率 = \frac{待分配的原材料費用總額}{各種產品的重量之和}$$

某種產品應分配的原材料費用＝該種產品的重量×原材料費用分配率

[例3-2] 某廠鑄造車間本月生產甲、乙、丙三種鑄件，重量分別為3,000千克、2,000千克和1,000千克，共同耗用原材料的費用為9,000元。按產品重量比例法分配共同耗用的原材料費用，分配結果如下：

$$原材料費用分配率 = \frac{9,000}{3,000+2,000+1,000} = 1.5$$

甲產品應分配的原材料費用＝3,000×1.5＝4,500（元）

乙產品應分配的原材料費用＝2,000×1.5＝3,000（元）

丙產品應分配的原材料費用＝1,000×1.5＝1,500（元）

（3）產品自然產量比例法。產品自然產量比例法是指以產品產量為標準進行成本費用分配的一種方法。有些企業所生產的產品，耗用原材料的多少，與產品的自然產量成正比例。對於這些產品所耗用的原材料費用，可按產品自然產量比例進行分配。其計算公式為：

$$原材料費用分配率 = \frac{待分配的原材料費用總額}{各種產品的自然產量之和}$$

某種產品應分配的原材料費用＝該種產品的自然產量×原材料費用分配率

[例3-3] 某廠本月生產甲、乙兩種產品，產量分別為5,000件和2,000件，共耗用原材料的費用為21,000元。按產品自然產量比例法分配原材料費用，分配結果如下：

$$原材料費用分配率 = \frac{21,000}{5,000+2,000} = 3$$

甲產品應分配的原材料費用＝5,000×3＝15,000（元）

乙產品應分配的原材料費用＝2,000×3＝6,000（元）

（4）產品標準產量比例法。產品標準產量比例法是先在企業所生產的幾種產品中，確定一種主要產品作為標準產品，然後將其他產品的自然產量按一定標準（如消耗定額、實際重量、體積、面積等比例）折合成標準產品產量，再以各種產品的標準產量作為分配標準，來分配原材料費用的一種方法。

具體做法是：首先，假設單位標準產品的系數為1，其他產品均按一定的比例換算成標準產品的系數（系數確定後，可以在定額、計劃、售價等不變的情況下長期使

用）；其次，按各種產品的總系數來分配原材料費用。其計算公式為：

$$原材料費用分配率 = \frac{待分配的原材料費用總額}{各種產品折合標準產品產量之和（或各種產品折合的總系數）}$$

$$\begin{matrix}某種產品應分配\\的原材料費用\end{matrix} = \begin{matrix}該種產品折合標準產品產量\\（或該種產品折合的總系數）\end{matrix} \times \begin{matrix}原材料費用\\分\ \ 配\ \ 率\end{matrix}$$

[例3-4] 某廠生產的 A 產品，分大、中、小三個型號，各型號產品的產量和消耗定額如表3-1所示。本月共同耗用原材料的費用為 2,596 元。用標準產量比例法分配原材料費用，分配結果如下：

表3-1　　　　　　　　各型號 A 產品的產量和消耗定額

項目	大	中	小	合計
自然產量	100	200	300	
原材料定額成本（元）	2.40	2	1.80	
折合標準產品系數	$1.2 = \frac{2.4}{2}$	1	$0.9 = \frac{1.8}{2}$	
折合標準產品產量（總系數）	120	200	270	590

原材料費用分配率 = $\frac{2,596}{590}$ = 4.4

大號產品應分配原材料費用 = 120 × 4.4 = 528（元）

中號產品應分配原材料費用 = 200 × 4.4 = 880（元）

小號產品應分配原材料費用 = 270 × 4.4 = 1,188（元）

在實際工作中，原材料費用的分配是通過原材料費用分配表進行的。這種分配表應根據領退料憑證和有關資料編製。

[例3-5] 某企業原材料費用的分配表如表3-2所示。

表3-2　　　　　　　　　　原材料費用分配表

20××年×月　　　　　　　　　　　　　　　　　單位：元

應借帳戶		成本或費用項目	直接計入	分配計入	原材料費用合計
基本生產成本	甲產品	直接材料	25,000	17,600	42,600
	乙產品	直接材料	31,000	26,400	57,400
	小計		56,000	44,000	100,000
輔助生產成本	機修車間	原材料	8,800		8,800
製造費用	基本車間		4,600		4,600
	機修車間		1,890		1,890
	小計		6,490		6,490
銷售費用		包裝費	2,200		2,200
管理費用		其他	1,910		1,910

應借帳戶	成本或費用項目	直接計入	分配計入	原材料費用合計
合計		75,400	44,000	119,400

根據表3-2可以編製會計分錄如下：

借：基本生產成本——甲產品　　　　　　　　　　　　42,600
　　　　　　　——乙產品　　　　　　　　　　　　57,400
　　輔助生產成本——機修車間　　　　　　　　　　　8,800
　　製造費用——基本車間　　　　　　　　　　　　　4,600
　　　　　　——機修車間　　　　　　　　　　　　　1,890
　　銷售費用　　　　　　　　　　　　　　　　　　　2,200
　　管理費用　　　　　　　　　　　　　　　　　　　1,910
　　貸：原材料　　　　　　　　　　　　　　　　　119,400

上述「原材料費用分配表」及材料費用分配的帳務處理是在按實際成本對材料進行日常核算的情況下的處理方法。如果材料日常核算是按計劃成本進行的，則需要加減材料成本差異，將計劃成本調整為實際成本。

[**例3-6**] 某企業原材料費用分配表如表3-3所示。

表3-3　　　　　　　　　　　　原材料費用分配表

20××年×月　　　　　　　　　　　　　　　單位：元

應借帳戶		成本或費用項目	直接計入計劃成本	分配計入計劃成本	計劃成本合計	成本差異（差異率-1%）	實際成本合計
基本生產成本	丙產品	直接材料	70,000	15,000	85,000	-850	84,150
	丁產品	直接材料	40,000	6,000	46,000	-460	45,540
	小計		110,000	21,000	131,000	-1,310	129,690
輔助生產成本	機修車間	原材料	5,200		5,200	-52	5,148
製造費用	基本車間	機物料	4,000		4,000	-40	3,960
	機修車間	機物料	3,300		3,300	-33	3,267
	小計		7,300		7,300	-73	7,227
銷售費用		包裝費	2,700		2,700	-27	2,673
管理費用		其他	4,100		4,100	-41	4,059
合計			129,300	21,000	150,300	-1,503	148,797

根據表3-3編製會計分錄如下：

借：基本生產成本——丙產品　　　　　　　　　　　　85,000
　　　　　　　——丁產品　　　　　　　　　　　　46,000
　　輔助生產成本——機修車間　　　　　　　　　　　5,200
　　製造費用——基本車間　　　　　　　　　　　　　4,000
　　　　　　——機修車間　　　　　　　　　　　　　3,300

銷售費用	2,700
管理費用	4,100
貸：原材料	150,300
借：基本生產成本——丙產品	850
——丁產品	460
輔助生產成本——機修車間	52
製造費用——基本車間	40
——機修車間	33
銷售費用	27
管理費用	41
貸：材料成本差異	1,503

2. 燃料費用的分配方法

燃料費用分配的程序和方法與上述原材料費用分配的程序和方法相同。但企業在燃料費用的比重較大，並且與動力費用一起專門設立「燃料及動力」成本項目的情況下，應該增設「燃料」帳戶，並單獨對燃料費用進行分配。

對於直接用於產品生產、專設成本項目的燃料費用，如果是生產產品（或提供勞務）直接耗用的燃料費用，屬於直接計入費用，應根據領退料單直接計入各產品（或勞務）成本的「燃料及動力」成本項目；如果是生產幾種產品共同耗用的燃料費用，屬於間接計入的燃料費用，應採用適當的分配方法，將其分配計入各有關產品成本的「燃料及動力」成本項目。分配的標準一般有產品的重量、體積、所耗原材料的數量或費用，以及燃料的定額消耗或定額費用等。

二、動力費用的歸集與分配

（一）動力費用的歸集

動力費用是指企業向外單位購買電力、蒸汽、煤氣等動力所支付的費用。外購的動力在付款時，理論上應按動力的用途，直接借記有關的成本、費用帳戶，貸記「銀行存款」帳戶。但在實際工作中一般通過「應付帳款」帳戶核算，即在付款時先作為暫付款處理，借記「應付帳款」帳戶，貸記「銀行存款」帳戶；月末按照外購動力的用途和數量分配費用時，再借記各成本、費用帳戶，貸記「應付帳款」帳戶，衝銷原來記入「應付帳款」帳戶借方的暫付款。這樣核算的原因是：外購動力費用一般不是在每月月末支付，而是在每月下旬的某日支付。如果支付時就直接借記各成本、費用帳戶，貸記「銀行存款」帳戶，由於該日計入的動力費用並不完全是當月的動力費用，而是上月付款日到本月付款日這一期間的動力費用。為了正確地計算當月的動力費用，不僅要計算、扣除上月付款日到上月末的已付動力費用，而且還要分配、補記當月付款日到當月末的應付未付動力費用，核算工作量太大。如果通過「應付帳款」帳戶核算，每個月只需在月末分配登記一次動力費用，這就大大簡化了核算工作。按照上述

核算,「應付帳款」帳戶借方登記的本月所付動力費用與貸方登記的本月應付動力費用,往往不相等,從而出現月末餘額。如果是借方餘額,為本月支付款大於應付款的多付動力費用,可以抵銷下月的應付費用;如果是貸方餘額,為本月應付款大於支付款的應付未付動力費用,可以在下月支付。

如果每月支付動力費用的日期基本固定,而且每月付款日到月末的應付動力費用相差不多,也可以不通過「應付帳款」帳戶核算,而將每月支付的動力費用作為應付動力費用,在付款時直接借記各成本、費用帳戶,貸記「銀行存款」帳戶,每月分配、登記一次動力費用。因為在這種情況下,各月付款日到月末的應付動力費用可以互相抵消,不影響各月動力費用核算的正確性。

（二）動力費用的分配

動力費用應按車間、部門和用途進行分配。動力耗用量可根據計量儀器、儀表確定,並按動力費用單價分配費用。在各動力使用車間、部門都安裝有動力計量儀器、儀表的情況下,各使用部門應負擔的動力費用,可直接根據計量儀器、儀表記錄的耗用量和動力費用單價,按動力費用的用途分別歸集和分配。對於生產車間生產產品直接耗用的動力費用,應記入「基本生產成本」帳戶和所屬明細帳的「燃料及動力」成本項目。對生產車間、部門照明或取暖耗用的一般性動力費用,應記入「製造費用」帳戶和所屬明細帳的有關費用項目。對行政管理部門耗用的動力費用,應記入「管理費用」帳戶和所屬明細帳的有關費用項目。

在各動力使用車間、部門沒有分別安裝動力計算儀器、儀表的情況下,可按生產工時的比例、機器功率時數（機器功率×機器時數）的比例或定額消耗量的比例分配。具體分配方法如下:

1. 機器工時比例法

這種方法是將外購的動力費用,以各車間、部門或各種產品所耗用的機器工時比例為標準進行分配。其計算公式為:

$$外購動力費用分配率 = \frac{待分配的外購動力費用總額}{各種產品的機器工時之和}$$

$$某種產品應分配的外購動力費用 = 該種產品的機器工時 \times 外購動力費用分配率$$

[例3-7] 某企業生產甲、乙兩種產品,共同耗用外購電力100,000度,每度電的單價為0.30元,甲、乙兩種產品使用機器的工時分別為30,000小時和20,000小時。用機器工時比例法分配共同耗用的外購電力費用,分配結果如下:

$$動力費用分配率 = \frac{100,000 \times 0.30}{30,000 + 20,000} = 0.6$$

甲產品應分配的外購電力費用 = 30,000 × 0.6 = 18,000（元）

乙產品應分配的外購電力費用 = 20,000 × 0.6 = 12,000（元）

2. 機器功率時數比例法

這種方法是將外購的動力費用,按照各種產品所耗的機器功率時數比例為標準進行分配。其計算公式為:

$$外購動力費用分配率 = \frac{待分配的外購動力費用總額}{各種產品的機器功率時數之和}$$

$$某種產品應分配的外購動力費用 = 該種產品的機器功率時數 \times 外購動力費用分配率$$

[例3－8] 資料同例3－1，假設生產甲、乙兩種產品的機器功率總時數分別為60,000千瓦小時和40,000千瓦小時。按機器功率時數比例法分配共同耗用的外購電力費用，分配結果如下：

$$外購動力費用分配率 = \frac{100,000 \times 0.3}{60,000 + 40,000} = 0.3$$

甲產品應分配的外購電力費用 = 60,000 × 0.3 = 18,000（元）

乙產品應分配的外購電力費用 = 40,000 × 0.3 = 12,000（元）

[例3－9] 某企業生產甲、乙兩種產品，3月份共耗用的外購動力費用為18,720元。產量分別為200件和100件。甲、乙產品外購動力的消耗定額分別為60度和36度。則費用分配結果如下：

甲產品外購動力定額耗用量 = 200 × 60 = 12,000（度）

乙產品外購動力定額耗用量 = 100 × 36 = 3,600（度）

$$外購動力費用分配率 = \frac{18,720}{12,000 + 3,600} = 1.2$$

甲產品應分配外購動力費用 = 12,000 × 1.2 = 14,400（元）

乙產品應分配外購動力費用 = 3,600 × 1.2 = 4,320（元）

[例3－10] 根據有關儀器、儀表記錄的數量和外購動力單價，編製某企業外購動力費用分配表（如表3－4所示）。

表3－4　　　　　　　　　　外購動力費用分配表

20××年×月

應借帳戶		成本或費用項目	部門間分配		產品間分配		動力費用合計
			耗用量度數	分配金額（單價0.3元）	生產工時	分配金額（分配率0.9）	
基本生產成本	甲產品	燃料及動力			12,000	10,800	10,800
	乙產品	燃料及動力			8,000	7,200	7,200
	小計		60,000	18,000	20,000	18,000	18,000
輔助生產成本	機修	燃料及動力	4,500	1,350			1,350
	供水	燃料及動力	5,500	1,650			1,650
	小計		10,000	3,000			3,000
製造費用	基本車間	其他	4,000	1,200			1,200
	機修車間	其他	3,000	900			900
	供水車間	其他	2,000	600			600
	小計		9,000	2,700			2,700

應借帳戶	成本或費用項目	部門間分配		產品間分配		動力費用合計
		耗用量度數	分配金額（單價0.3元）	生產工時	分配金額（分配率0.9）	
管理費用	其他	18,800	5,640			5,640
合計		97,800	29,340			29,340

根據表3-4外購動力費用分配表，編製會計分錄如下：

借：基本生產成本——甲產品　　　　　　　　　　　　10,800
　　　　　　　　——乙產品　　　　　　　　　　　　 7,200
　　輔助生產成本——機修車間　　　　　　　　　　　 1,350
　　　　　　　　——供水車間　　　　　　　　　　　 1,650
　　製造費用——基本車間　　　　　　　　　　　　　 1,200
　　　　　——機修車間　　　　　　　　　　　　　　 900
　　　　　——供水車間　　　　　　　　　　　　　　 600
　　管理費用　　　　　　　　　　　　　　　　　　　 5,640
　貸：應付帳款　　　　　　　　　　　　　　　　　　29,340

三、職工薪酬的歸集與分配

（一）職工工資的計算

1. 應付計時工資的計算

計時工資是指企業按照職工的勞動時間和計時工資標準支付給職工的勞動報酬。工資標準是指每一職工在單位時間（月、日或小時）內應得的工資額。工資標準按其計算的時間不同，可分為按月計算的月工資標準，按日計算的日工資標準或按小時計算的小時工資標準等。

（1）日工資率（標準）的計算。日工資率，也叫日工資、日平均工資、日工資標準，是指職工每日應得的平均工資額。它有以下兩種計算方法：

第一，按每月平均法定工作天數20.83天計算。其計算公式為：

$$日工資率 = \frac{月工資標準（亦稱月工資率）}{20.83 天}$$

上式中，月工資標準，由國家按照不同行業、不同職務、不同工種和不同等級做出不同的規定。

20.83天是根據全年365天，減去104天雙休日和國家法定的11天節假日（元旦1天，春節3天，「五一」國際勞動節1天，清明節、端午節、中秋節各1天，「十一」國慶節3天）後，除以12個月求得的平均天數。

採用這種方法計算日工資率時，雙休日和節假日不付工資（缺勤期間的雙休日和節假日不算缺勤，不扣工資）。

第二，按每月平均日曆天數30天計算。其計算公式為：

$$日工資率 = \frac{月工資標準}{30 天}$$

上式中，每月平均日曆天數 30 天按下列公式計算求得：

$$\frac{全年365天}{12} = 30.416,666\cdots \approx 30 天$$

採用這種方法計算日工資率時，雙休日和節假日照付工資（缺勤期間的雙休日和節假日也算缺勤，照扣工資）。

[例3-11] 某職工甲月工資標準為 780 元，則

按每月平均法定工作天數 20.83 天計算的日工資率 $= \frac{780}{20.83} = 37.5$（元）

按每月平均日曆天數 30 天計算的日工資率 $= \frac{780}{30} = 26$（元）

（2）月工資標準的計算。按月工資制（即倒扣法）計算應付計時工資時，其計算公式為：

應付計時工資 = 月工資標準 − 應扣缺勤工資

應扣缺勤工資 =（缺勤天數 + 病假天數 × 扣款比例）× 日工資率

在月工資制下，不管當月的日曆天數是多少，職工每月都可以得到相同的全勤月工資。如果全年全勤，則能得到 12 個月的全勤月工資。如果有缺勤，缺勤工資應從全勤月工資中扣除。故這種方法又叫扣減缺勤工資法。

[例3-12] 資料同例3-11，職工甲6月出勤18天，請病假2天，事假2天，星期休假8天，病假扣款比例為20%，則

（1）若日工資率按 20.83 天計算時：

應付甲6月的計時工資 = 780 −（2 + 2 × 20%）× 37.45 = 690.12（元）

（2）若日工資率按 30 天計算時：

應付甲6月的計時工資 = 780 −（2 + 2 × 20%）× 26 = 717.60（元）

（3）按日工資制（即順算法）計算應付計時工資時，其計算公式為：

應付計時工資 =（月出勤天數 + 病假天數 × 發放比例）× 日工資率

在日工資制下，各月的全勤月工資，不一定等於月工資標準。工資數額的多少，由當月的實際出勤天數決定。例如二月份只有 28 天，該月全勤月工資必然低於一、三月份的全勤月工資。但一年 12 個月的全勤月工資之和，仍然等於 12 個月的標準工資之和。

[例3-13] 仍用例3-11 的資料，職工甲6月的計時工資計算結果如下：

（1）若日工資率按 20.83 天計算時：

應付甲6月的計時工資 =（18 + 2 × 80%）× 37.45 = 734.02（元）

（2）若日工資率按 30 天計算時：

應付甲6月的計時工資 =（18 + 8）× 26 + 2 × 26 × 80% = 717.60（元）

按以上兩種方法計算的應付計時工資，從某個月份來看，其結果不一定相等。但從整個年度來年，其計算結果大體上是一致的。因此，兩種計算方法可任選一種，但在一年以內不得變換使用。

按月工資制計算計時工資，其優點是：絕大多數職工缺勤天數少，只扣減缺勤工資，計算簡單，工作量小。其不足之處表現在以下兩個方面：一是遇到滿勤天數大於

20.83 天或日曆天數大於 30 天的月份，職工出勤超過 20.83 天或 30 天時，不能多得到工資；職工缺勤超過 20.83 天或 30 天時，又會出現倒欠工資的現象。這顯然不符合按勞分配的原則。二是全勤職工每月實際出勤天數不同，相應的產量也不相同，但每月卻以相同的月工資標準計入成本或費用。這不符合權責發生制的要求，會使成本或費用負擔不合理。

按日工資制計算計時工資，雖然計算較麻煩，工作量較大，但其優點也較明顯：一是計時工資的多少取決於出勤天數，多勞多得，少勞少得，符合按勞分配的原則；二是職工實際出勤天數多，產品產量也多，計入成本或費用的工資費用也多，較符合權責發生制的要求，成本或費用負擔也較為合理。

2. 應付計件工資的計算

計件工資是按產量記錄中登記的完成合格品的數量或符合要求的勞務量和規定的計件單價所計算的工資。計件工資包括：①在實行超額累進計件、直接無限計件、限額計件和超定額計件等工資制度下，按照定額和計件單價支付給職工的工資；②按工作任務包干方法支付給職工的工資；③按營業額提成或利潤提成辦法支付給職工的工資。由於集體生產或連續操作，不能夠按個人計算工作量的，也可以按參加工作的集體（一般為班組）計算、支付集體計件工資。集體計件工資還應在集體成員內部按照每一職工勞動的數量和質量進行分配。

(1) 按個人計件制計算。如果職工在月份內從事同一計件單價的工作，則應付計件工資可按下列公式進行計算：

$$應付計件工資 = \left(\begin{array}{c}某種產品合\\格品產量\end{array} + \begin{array}{c}該種產品\\料廢產量\end{array}\right) \times \begin{array}{c}該種產品的\\計件單價\end{array}$$

上式中，計件單價是根據製造某產品或加工某零件所需定額工時數，乘以製造該產品或加工該零件所需某種等級工人的小時工資率計算求得的。

[例 3-14] 某工人本月加工完成 A 零件 110 個。其中，合格品 90 個，料廢 10 個，工廢 10 個，該零件的計件單價為 8.8 元，則：

應付計件工資 = (90+10) × 8.8 = 880 (元)

如果一個工人在月份內從事不同計件單價的多種產品的加工，則應付計件工資可按下列公式進行計算：

$$應付計工資 = \sum \left(\begin{array}{c}某種產品合\\格品產量\end{array} + \begin{array}{c}該種產品\\料廢產量\end{array}\right) \times \begin{array}{c}該種產品的\\計件單價\end{array}$$

為了簡化計算，亦可以將工人月份內完成的各種產品折合為定額工時數，再乘以小時工資率，即為應付的計件工資。其計算公式為：

應付計件工資 = 實際完成的定額工時數 × 小時工資率

上式中，小時工資率，是指職工每小時應得的平均工資額。可按下列公式計算：

$$小時工資率 = \frac{日工資率}{每日規定的工作小時數}$$

[例 3-15] 某工人本月生產甲、乙零件分別為 180 個和 360 個，每個零件的定額分別為 15 分鐘和 30 分鐘，該工人的小時工資率為 3 元。應付給該工人的本月計件工資為：

實際完成定額工時 = $\frac{180 \times 15 + 360 \times 30}{60}$ = 225（小時）

應付計件工資 = 225 × 3 = 675（元）

(2) 按集體計件制計算。實行集體計件制，應按照班組的產量和計件單價先求得班組應得的計件工資總額。然後在班組成員之間根據每人的工資標準和實際工作時間進行分配。其計算公式為：

$$\text{應付班組計件工資總額} = \sum \left(\text{該班組加工某種產品合格品產量與料廢產量之和} \times \text{該種產品的計件單價} \right)$$

$$\text{應付某工人的計件工資} = \text{該工人按工作時間計算的工資} \times \text{集體計件制下工資分配率}$$

上式中，集體計件制下工資分配率，可按下列公式計算：

$$\text{集體計件制下工資分配率} = \frac{\text{應付班組計件工資總額}}{\text{班組成員按工作時間計算的工資總額}}$$

[例3-16] 某生產小組本月加工完成C部件100件，該部件計件單價為35.04元。該生產小組由甲、乙、丙三個不同等級的工人組成，甲、乙、丙三人本月實際工作時間分別為200小時、200小時和180小時，每人的小時工資率分別為4.2元、5元和6元，則應付甲、乙、丙三人的計件工資分別為：

應付班組計件工資總額 = 100 × 35.04 = 3,504（元）

集體計件制下工資分配率 = $\frac{3,504}{200 \times 4.2 + 200 \times 5 + 180 \times 6}$ = 1.2

應付甲工人的計件工資 = 200 × 4.2 × 1.2 = 1,008（元）

應付乙工人的計件工資 = 200 × 5 × 1.2 = 1,200（元）

應付丙工人的計件工資 = 180 × 6 × 1.2 = 1,296（元）

計時工資和計件工資以外的各種獎金、津貼、補貼、加班加點工資，以及特殊情況下支付的工資，應按國家和企業的有關規定進行計算，此處不再詳述。

(二) 工資費用的歸集與分配

企業財會部門應根據計算的職工工資編製工資結算單，作為與職工進行工資結算的依據。會計人員再根據工資結算單，按照車間、部門以及不同的人員編製「工資結算匯總表」，作為工資費用歸集與分配的依據。

工資費用應按發生的車間、部門和用途進行歸集與分配。生產車間生產工人的工資，應計入「基本生產成本」帳戶和所屬明細帳的「工資及福利費」或「直接人工」成本項目。生產車間管理人員的工資，應記入「製造費用」帳戶和所屬明細帳的有關費用項目。專設銷售機構人員、行政管理部門人員、福利部門人員、在建工程人員的工資等，應分別記入「銷售費用」「管理費用」「應付職工薪酬——職工福利」和「在建工程」等帳戶和所屬明細帳的有關費用項目。

在計件工資制下，所支付的生產工人工資是直接費用，應根據工資結算憑證，直接計入各種產品成本的「工資及福利費」成本項目中。在計時工資制下，如果企業只

生產一種產品，則所支付的生產工人工資也屬於直接費用，應直接計入有關產品明細帳戶的「工資及福利費」成本項目；如果生產多種產品，則需採用既合理又簡便的分配方法，分配計入各種產品成本中。最常用的分配方法是按實用工時比例或定額工時比例分配。其計算公式為：

$$生產工人工資分配率 = \frac{待分配的生產工人工資總額}{各種產品實際（或定額）工時之和}$$

$$某種產品應分配的生產工人工資 = 該種產品的實際（或定額）工時 \times 生產工人工資分配率$$

[**例 3-17**] 某企業生產甲、乙兩種產品，本月生產工人工資共計 20,000 元，甲、乙兩種產品的實用工時分別為 12,000 小時和 28,000 小時，按照生產工時比例法分配生產工人的工資費用。其分配結果如下：

$$生產工人工資分配率 = \frac{20,000}{12,000 + 28,000} = 0.5$$

甲產品應分配的生產工人工資 = 12,000 × 0.5 = 6,000（元）

乙產品應分配的生產工人工資 = 28,000 × 0.5 = 14,000（元）

[**例 3-18**] 根據有關憑證，編製某車間的工資費用分配表（如表 3-5 所示）。

表 3-5　　　　　　　　　　　　　**工資費用分配表**

20××年×月　　　　　　　　　　　　　　　　　　　單位：元

應借帳戶		成本或費用項目	直接計入	分配計入		工資費用合計
				生產工時(小時)	分配金額(分配率3.4)	
基本生產成本	甲產品	工資	22,000	12,000	40,800	62,800
	乙產品	工資	11,000	8,000	27,200	38,200
	小計		33,000	20,000	68,000	101,000
輔助生產成本	機修車間	工資	6,500			6,500
	運輸車間	工資	2,800			2,800
	小計		9,300			9,300
製造費用	基本車間	工資	5,100			5,100
	機修車間	工資	1,700			1,700
	運輸車間	工資	2,200			2,200
	小計		9,000			9,000
管理費用		工資	14,700			14,700
銷售費用		工資	5,800			5,800
應付職工薪酬——職工福利		工資	1,000			1,000
在建工程		工資	2,000			2,000
合計			74,800	20,000	68,000	142,800

根據表 3-5 工資費用分配表，可以編製會計分錄如下：

借：基本生產成本——甲產品　　　　　　　　　　　　62,800

——乙產品		38,200
輔助生產成本——機修車間		6,500
——運輸車間		2,800
製造費用——基本車間		5,100
——機修車間		1,700
——運輸車間		2,200
管理費用		14,700
銷售費用		5,800
應付職工薪酬——職工福利		1,000
在建工程		2,000
貸：應付職工薪酬——工資		142,800

（三）職工福利費的歸集與分配

企業會計準則規定，企業應按實際發生的福利費進行會計處理，其歸集與分配的方法與工資基本相同。

[例3-19] 根據表3-5工資費用分配表中的數據，職工福利費發生額為工資的14%，編製職工福利費分配表（如表3-6所示）。

由於福利費是根據實際發生額進行處理的，其分配與工資基本相同，而工資費用分配表中已經分配了各種用途的工資額，為了減少費用分配表的編製工作，這兩種費用分配表也可以合併編製。

表3-6　　　　　　　　　職工福利費分配表

20××年×月　　　　　　　　　　　　單位：元

應借帳戶		成本或費用項目	計入工資總額	福利費發生額(工資的14%)
基本生產成本	甲產品	職工福利	62,800	8,792
	乙產品	職工福利	38,200	5,348
	小計		101,000	14,140
輔助生產成本	機修	職工福利	6,500	910
	運輸	職工福利	2,800	392
	小計		9,300	1,302
製造費用	基本車間	職工福利	5,100	714
	機修車間	職工福利	1,700	238
	運輸車間	職工福利	2,200	308
	小計		9,000	1,260
管理費用		職工福利	15,700	2,198
銷售費用		職工福利	5,800	812

應借帳戶	成本或費用項目	計入工資總額	福利費發生額(工資的14%)
在建工程	職工福利	2,000	280
合計		142,800	19,992

根據表3-6職工福利費分配表，可以編製會計分錄如下：
借：基本生產成本——甲產品　　　　　　　　　　　　　　 8,792
　　　　　　　　——乙產品　　　　　　　　　　　　　　 5,348
　　輔助生產成本——機修車間　　　　　　　　　　　　　 910
　　　　　　　　——運輸車間　　　　　　　　　　　　　 392
　　製造費用——基本車間　　　　　　　　　　　　　　　 714
　　　　　　——機修車間　　　　　　　　　　　　　　　 238
　　　　　　——運輸車間　　　　　　　　　　　　　　　 308
　　管理費用　　　　　　　　　　　　　　　　　　　　　 2,198
　　銷售費用　　　　　　　　　　　　　　　　　　　　　 812
　　在建工程　　　　　　　　　　　　　　　　　　　　　 280
　貸：應付職工薪酬——職工福利　　　　　　　　　　　　 19,992

四、折舊和修理費的歸集與分配

(一) 折舊的計算

折舊是指固定資產由於損耗而轉移到產品成本或費用中去的那部分價值。企業計提固定資產折舊的方法主要有平均年限法、工作量法、雙倍餘額遞減法和年數總和法等。企業的折舊方法一經選定，不得隨意調整。

為了簡化折舊的計算工作，月份內開始使用的固定資產，當月不計算折舊，從下月起計算折舊；月份內減少的固定資產，當月仍計算折舊，從下月起停止計算折舊。這就是說，每月折舊額按月初固定資產的原值和規定的折舊率計算。

此外，企業除對經營租賃方式租入的固定資產、已經提足折舊超齡使用的固定資產和單獨估價入帳作為固定資產的土地不再計提折舊外，應對所有的固定資產計提折舊。

(二) 折舊費用的歸集與分配

一種產品的生產往往需要使用多種機器設備，而每一種機器設備又可能生產多種產品。因此，機器設備的折舊費用雖然是直接用於產品生產的費用，但又屬於分配工作比較複雜的間接計入費用，通常為了簡化產品成本的計算工作，沒有專門設立成本項目，而是將其直接計入製造費用。企業行政管理部門固定資產的折舊費用，用於其他經營業務的固定資產折舊費用，則應分別記入管理費用和其他業務成本。這就是說，折舊費用應該按照固定資產使用的車間、部門和用途，分別記入「製造費用」「管理費用」和「其他業務成本」等總帳帳戶和所屬明細帳的借方，固定資產折舊總額應記入「累計折舊」帳戶的貸方。

成本會計

　　由於企業每個月都要計算、分配折舊費用，因而當月的折舊額可以在上月折舊額的基礎上加、減調整計算。即企業本月的折舊額和折舊費用，可以通過在上月固定資產折舊額的基礎上，加上上月增加的固定資產的折舊額，減去上月減少的固定資產的折舊額計算得出。

　　[例3–20] 某企業的折舊費用分配表如表3–7所示。

表 3－7　　　　　　　　　　　　折舊費用分配表

20××年×月　　　　　　　　　　　　　　單位：元

應借帳戶	使用車間、部門	上月固定資產折舊額	上月增加固定資產的折舊額	上月減少固定資產的折舊額	本月固定資產折舊額
製造費用	基本車間	13,220	2,310	330	15,200
	機修車間	3,330		400	2,930
	供水車間	2,500	370	160	2,710
	小　計	19,050	2,680	890	20,840
管理費用	行政管理部門	8,200	1,390	750	8,840
合　計		27,250	4,070	1,640	29,680

根據表 3－7 折舊費用分配表，可以編製會計分錄如下：

借：製造費用——基本車間　　　　　　　　　　　　　　　　15,200
　　　　　　——機修車間　　　　　　　　　　　　　　　　 2,930
　　　　　　——供水車間　　　　　　　　　　　　　　　　 2,710
　　管理費用　　　　　　　　　　　　　　　　　　　　　　 8,840
　貸：累計折舊　　　　　　　　　　　　　　　　　　　　　29,680

固定資產修理費與折舊費一樣，也不單獨設置成本項目，對於生產車間固定資產的修理費，應先在「製造費用」帳戶歸集，歸集完後再從「製造費用」帳戶轉入「基本生產成本」帳戶，並分配計入各種產品成本。企業行政管理部門固定資產的修理費，應先在「管理費用」帳戶中歸集，歸集完後，於月末直接轉入當期損益中。

五、其他要素費用的歸集與分配

（一）利息費用的歸集與分配

利息費用是企業籌集生產經營所需資金而發生的利息支出（扣除利息收入），主要包括短期借款、長期借款以及發行債券等業務的利息支出。利息費用不是產品成本的組成部分，而是財務費用的組成部分。因此，不可能為利息費用設立成本項目，而只能在財務費用中為利息費用設立一個費用項目。

短期借款利息費用一般按月支付，每月支付利息費用時，借記「財務費用」帳戶，貸記「銀行存款」帳戶。

長期借款利息費用一般按年支付，也應按月計提。每月計提長期借款利息費用時，借記「財務費用」帳戶，貸記「長期借款」帳戶；實際支付利息費用時，借記「長期借款」帳戶，貸記「銀行存款」帳戶。應付票據和應付債券的利息費用與長期借款利息費用的處理類似，只需將「長期借款」帳戶用「應付票據」和「應付債券——應計利息」帳戶取代即可。

（二）稅金的歸集與分配

企業按規定計算交納的房產稅、車船使用稅、土地使用稅和印花稅，按規定應計

入期間費用，列為管理費用。其中，印花稅可以用銀行存款等貨幣資金直接交納。交納印花稅時，應借記「管理費用」總帳帳戶和所屬明細帳，貸記「銀行存款」等帳戶。房產稅、車船使用稅和土地使用稅，需要預先計算應交金額，然後再交納。這些稅金應該通過「應交稅費」帳戶核算。算出應交稅金時，借記「管理費用」總帳帳戶和所屬明細帳，貸記「應交稅費」帳戶；實際交納稅金時，借記「應交稅費」帳戶，貸記「銀行存款」等帳戶。

（三）其他費用的歸集與分配

其他費用，是指除了前述各項要素費用以外的各種費用，包括運輸費、差旅費、郵電費、勞動保護費、租賃費、外部加工費、保險費、零星修理費、無形資產攤銷、工會經費、職工教育經費、辦公費、業務招待費，以及支付的試驗和研究開發費等。這些費用發生時，應根據有關付款憑證或轉帳憑證，先按其用途和發生地點歸集後記入「製造費用」「管理費用」「銷售費用」等帳戶及其明細帳，然後分配計入產品成本或直接列入當期損益。

[例3-21] 某企業以銀行存款支付的有關稅金、利息和其他費用匯總分配表如表3-8所示。

表3-8　　　　　　　　稅金、利息和其他費用匯總分配表

20××年×月　　　　　　　　　　　　　　　　單位：元

應借帳戶			金額
總帳帳戶	明細帳戶	成本或費用項目	
製造費用	基本車間	辦公費	420
		水電費	620
		其他	280
		小計	1,320
	機修車間	辦公費	300
		其他	100
		小計	400
	運輸車間	辦公費	270
		修理費	500
		小計	770
銷售費用		廣告費	4,400
		辦公費	1,350
		其他	560
		小計	6,310

表 3－8（續）

應借帳戶			金額
總帳帳戶	明細帳戶	成本或費用項目	
管理費用	廠管理部門	辦公費	3,670
		保險費	1,950
		稅金	2,200
		其他	1,690
		小計	9,510
財務費用	計提利息費用		400
合　計			18,710

根據表 3－8，可以編製會計分錄如下：

借：製造費用——基本車間　　　　　　　　　　　　　1,320
　　　　　　——機修車間　　　　　　　　　　　　　　 400
　　　　　　——運輸車間　　　　　　　　　　　　　　 770
　　銷售費用　　　　　　　　　　　　　　　　　　　6,310
　　管理費用　　　　　　　　　　　　　　　　　　　9,510
　　應付利息　　　　　　　　　　　　　　　　　　　　400
貸：銀行存款　　　　　　　　　　　　　　　　　　18,710

第二節　輔助生產費用的歸集和分配

一、輔助生產費用的歸集

　　工業企業的輔助生產主要是為基本生產服務的，有的輔助生產部門只提供一種產品或勞務，如供電、供水、供氣、運輸等；有的輔助生產部門則提供多種產品或勞務，如自製工具、模型、備品、配件，以及修理機器設備等。由於輔助生產車間生產產品和提供勞務的成本的高低，直接影響著企業產品成本水準，因此企業必須正確、及時地歸集和分配輔助生產費用。

　　輔助生產費用是通過「輔助生產成本」或「製造費用」總帳帳戶及其所屬明細帳戶進行歸集的。凡是直接用於輔助生產，並單獨設有成本項目的費用，如直接材料費用、直接工資費用等，應分別根據有關費用分配表和憑證，記入「輔助生產成本」及其所屬明細帳戶的借方；凡是間接用於輔助生產的費用，如輔助生產車間為管理和組織生產所發生的各種費用，應先歸集在「製造費用」總帳帳戶及其所屬明細帳戶的借方，月末再將其分配轉入「基本生產成本」總帳帳戶及其所屬明細帳戶的借方，以計算輔助生產產品或勞務的成本。

二、輔助生產費用的分配

　　輔助生產費用的分配分為兩種情況：一是對生產加工的工具、模型、備品、配件

等產品，應於完工入庫時，計算出其實際成本，並將實際成本從「基本生產成本」總帳帳戶及其所屬明細帳戶的貸方轉入「原材料」「週轉材料——低值易耗品」等總帳帳戶的借方。二是對提供水、電、氣、運輸、修理等勞務所發生的費用，可在各受益單位之間，選擇一定的方法進行分配，並將分配額從「輔助生產成本」總帳帳戶及所屬明細帳戶的貸方轉入「基本生產成本」「製造費用」「管理費用」等總帳帳戶及所屬明細帳戶的借方。若企業有幾個輔助生產部門，並且相互提供產品或勞務，應先在各輔助生產車間之間進行費用的交互分配，然後再對外分配。

(一) 單一輔助生產車間輔助生產費用的分配

如果企業只有一個輔助生產車間，其生產費用的分配比較簡單，通常按各受益對象耗用該輔助生產車間提供的產品或勞務數量的比例，在各個受益對象之間進行分配。

[例 3-22] 某企業供電車間本月供電 64,000 度，費用總額為 16,000 元，企業各部門的耗電資料如表 3-9 所示。

表 3-9

受益對象	耗電數量（度）
基本生產車間——甲產品	30,000
基本生產車間——乙產品	12,000
基本生產車間——車間管理	8,000
企業行政管理部門	10,000
固定資產在建工程	4,000
合計	64,000

根據以上資料，分配供電車間的生產費用。其結果如下：

電費分配率 $= \dfrac{16,000}{64,000} = 0.25$（元/度）

甲產品應分配的電費 $= 30,000 \times 0.25 = 7,500$（元）

乙產品應分配的電費 $= 12,000 \times 0.25 = 3,000$（元）

基本生產車間製造費用應分配的電費 $= 8,000 \times 0.25 = 2,000$（元）

企業管理部門應分配的電費 $= 10,000 \times 0.25 = 2,500$（元）

固定資產在建工程應分配的電費 $= 4,000 \times 0.25 = 1,000$（元）

根據分配結果作會計分錄如下：

借：基本生產成本——甲產品　　　　　　　　　　7,500
　　　　　　　　——乙產品　　　　　　　　　　3,000
　　製造費用——基本車間　　　　　　　　　　　2,000
　　管理費用　　　　　　　　　　　　　　　　　2,500
　　在建工程　　　　　　　　　　　　　　　　　1,000
　貸：輔助生產成本——動力車間　　　　　　　　16,000

（二）若干輔助生產車間輔助生產費用的分配

如果企業擁有兩個或兩個輔助生產車間，則該企業輔助生產費用的分配通常較為複雜。因為輔助生產車間不僅為企業各生產及管理部門提供產品或勞務，而且各輔助生產車間之間往往相互提供產品或勞務，這就使各輔助生產車間的輔助生產費用的分配交互影響，彼此制約。在此情況下，輔助生產費用的分配一般可採用以下幾種方法：

1. 直接分配法

採用這種方法是把各輔助生產車間實際發生的費用，直接在輔助生產以外的各受益單位之間進行分配，而不考慮輔助生產車間之間相互提供產品或勞務的情況。其分配的特點可概括為：只對外，不對內。其計算分式為：

$$\text{某種輔助生產費用分配率} = \frac{\text{待分配的該種輔助生產費用總額}}{\text{輔助生產車間以外各受益單位耗用勞務的數量之和}}$$

[**例3-23**] 某企業有供電和供水兩個輔助生產車間，本月份供電車間供電共6,400度，費用總額為9,600元；供水車間供水共4,800立方米，費用總額為2,400元，水電耗用情況如表3-10所示。

表3-10

車間或部門	用電（度）	用水（立方米）
供 電 車 間		800
供 水 車 間	400	
基本生產車間	5,000	3,200
企業管理部門	1,000	800
合　　　計	6,400	4,800

根據以上資料，採用直接分配法輔助生產費用。其結果如下：

供電費用分配率 = $\frac{9,600}{5,000+1,000}$ = 1.6（元/度）

基本生產車間應分配的電費 = 5,000 × 1.6 = 8,000（元）

企業管理部門應分配的電費 = 1,000 × 1.6 = 1,600（元）

供水費用分配率 = $\frac{2,400}{3,200+800}$ = 0.6（元/立方米）

基本生產車間應分配的水費 = 3,200 × 0.6 = 1,920（元）

企業管理部門應分配的水費 = 800 × 0.6 = 480（元）

根據分配結果作會計分錄如下：

借：基本生產成本——××產品　　　　　　　　　　　　9,920
　　管理費用　　　　　　　　　　　　　　　　　　　　2,080
　　貸：輔助生產成本——供電車間　　　　　　　　　　9,600
　　　　　　　　　　——供水車間　　　　　　　　　　2,400

採用直接分配法，計算最為簡便，但具有一定的假設性。因此，它只宜在輔助生產車間之間相互提供產品或勞務數量不多，不進行交互分配，對輔助生產成本和基本

生產產品成本影響不大的情況下採用。

2. 交互分配法

採用這種方法是把各輔助生產車間實際發生的費用，分兩步來進行分配。第一步，將各輔助生產車間發生的費用，只在各輔助生產車間進行交互分配；第二步，將各輔助生產車間交互分配前的費用，加上交互分配轉入的費用，減去交互分配轉出的費用，計算出各輔助生產車間交互分配後的實際費用，然後按對外提供產品或勞務的數量，在輔助生產以外的各受益單位之間進行分配。分配的特點可概括為：先對內，後對外。

第一步，對內交互分配時，其計算公式為：

$$\text{某種輔助生產費用分配率} = \frac{\text{待分配的該種輔助生產費用總額}}{\text{該輔助生產車間提供的勞務總量}}$$

$$\text{某輔助生產車間應分配的輔助生產費用} = \text{該輔助生產車間耗用勞務的數量} \times \text{該種輔助生產費用分配率}$$

第二步，對外直接分配時，其計算公式為：

$$\text{某種輔助生產費用分配率} = \frac{\text{該輔助生產車間交互分配後待分配的費用總額}}{\text{該輔助生產車間以外各受益單位耗用勞務的數量之和}}$$

$$\text{某受益單位（車間或部門）應分配的輔助生產費用} = \text{該受益單位（車間或部門）耗用勞務的數量} \times \text{該種輔助生產費用分配率}$$

[例3-24] 仍用例3-23的資料，採用交互分配法分配輔助生產費用。其結果如表3-11所示。

表3-11　　　　　　　　　　輔助生產費用分配表

20××年×月　　　　　　　　　　　　　　　　單位：元

項目			對內交互分配			對外直接分配		
輔助生產車間名稱			供電	供水	合計	供電	供水	合計
待分配的費用總額			9,600	2,400	12,000	9,400①	2,600②	12,000
供應勞務數量（小時）			6,400	4,800		6,000	4,000	
費用分配率			1.5	0.5		1.566,7	0.65	
各受益單位耗用	供電車間	耗用數量（立方米）		800				
		分配金額		400	400			
	供水車間	耗用數量（度）	400					
		分配金額	600		600			
	基本生產車間	耗用數量（度）(立方米)				5,000	3,200	
		分配金額				7,833.30	2,080	9,913.30
	企業管理部門	耗用數量（度）(立方米)				1,000	800	
		分配金額				1,566.70	520	2,086.70
合計			600	400	1,000	9,400	2,600	12,000

註：① 9,400 = 9,600 + 400 - 600；② 2,600 = 2,400 + 600 - 400。

根據表 3-11 的分配結果，作會計分錄如下：
先對內交互分配時：
借：輔助生產成本——供電車間　　　　　　　　　　　　400
　　　　　　　　——供水車間　　　　　　　　　　　　600
　貸：輔助生產成本——供水車間　　　　　　　　　　　400
　　　　　　　　——供電車間　　　　　　　　　　　　600
後對外直接分配時：
借：基本生產成本——××產品　　　　　　　　　　　9,913.30
　　管理費用　　　　　　　　　　　　　　　　　　　2,086.70
　貸：輔助生產成本——供電車間　　　　　　　　　　9,400
　　　　　　　　——供水車間　　　　　　　　　　　2,600

採用交互分配法，較之直接分配法結果更為正確合理，在輔助生產車間較多的情況下採用，還可以簡化核算工作。

3. 代數分配法

這種方法是根據解聯立方程的原理，先計算確定各輔助生產費用分配率，然後再根據各受益單位（包括輔助生產車間）耗用產品或勞務的數量來分配輔助生產費用。其分配的特點可概括為：既對外，又對內。其計算公式為：

$$\text{某受益單位（車間或部門）應分配的輔助生產費用} = \text{該受益單位（車間或部門）耗用勞務的數量} \times \text{某種輔助生產費用分配率}$$

上式中：某種輔助生產費用的分配率，就是指該輔助生產車間所提供產品或勞務的單位成本，應採用代數方法計算求得。

[例 3-25] 仍用例 3-23 的資料，採用代數分配法分配輔助生產費用。

設 x 為每度電的成本，y 為每立方米水的成本，則可以列出二元一次聯立方程式：

$9,600 + 800y = 6,400x$　　　　　　　　　　　　　　　　　　　　　①
$2,400 + 400x = 4,800y$　　　　　　　　　　　　　　　　　　　　　②

計算求得：

x = 1.579（元/度）（每度電的成本）
y = 0.632（元/立方米）（每立方米水的成本）
供電車間應分配的水費 = 800 × 0.632 = 505.6（元）
供水車間應分配的電費 = 400 × 1.579 = 631.6（元）
基本生產車間應分配的電費 = 5,000 × 1.579 = 7,895.0（元）
基本生產車間應分配的水費 = 3,200 × 0.632 = 2,022.4（元）
企業管理部門應分配的電費 = 1,000 × 1.579 = 1,579.0（元）
企業管理部門應分配的水費 = 800 × 0.632 = 505.6（元）

採用代數分配法，分配結果最為正確，但在輔助生產車間較多的情況下，未知數較多，計算工作比較複雜，因而宜在計算工作已實現電算化的企業中採用。

4. 計劃成本分配法

這種方法是把輔助生產車間為各受益單位（包括輔助生產本身）提供的產品或勞

務，一律先按產品或勞務的計劃單位成本進行分配，然後再將輔助生產車間實際發生的費用（包括輔助生產交互分配轉入的費用在內）與按計劃單位成本分配轉出的費用之間的差額進行追加分配或將其直接計入管理費用中。

[例3－26] 仍用例3－23的資料，假設每度電的計劃成本為2.0元，每立方米水的計劃成本0.6元，則分配結果如表3－12所示。

表3－12　　　　　　　　　　輔助生產費用分配表

20××年×月　　　　　　　　　　　　　　　　單位：元

項　　目			供電車間	供水車間	合計
待分配的費用總額			9,600	2,400	12,000
供應勞務數量（小時）			6,400	4,800	
計劃單位成本			2.0	0.6	
各受益單位耗用	供電車間	耗用數量（立方米）		800	
		分配金額		480	480
	供水車間	耗用數量（度）	400		
		分配金額	800		800
	基本生產車間	耗用數量(度)(立方米)	5,000	3,200	
		分配金額	10,000	1,920	11,920
	企業管理部門	耗用數量(度)(立方米)	1,000	800	
		分配金額	2,000	480	2,480
按計劃成本分配金額合計			12,800	2,880	15,680
輔助生產實際成本			10,080①	3,200②	13,280
輔助生產成本差異			－2,720	320	－2,400

註：① 10,080＝9,600＋480；② 3,200＝2,400＋800。

根據表3－12的分配結果，作會計分錄如下：

先按計劃成本分配時：

借：基本生產成本——××產品　　　　　　　　　　　　　　11,920
　　輔助生產成本——供電車間　　　　　　　　　　　　　　　480
　　　　　　　　——供水車間　　　　　　　　　　　　　　　800
　　管理費用　　　　　　　　　　　　　　　　　　　　　　2,480
　　貸：輔助生產成本——供電車間　　　　　　　　　　　　12,800
　　　　　　　　　　——供水車間　　　　　　　　　　　　2,880

後將差異額直接計入管理費用中：

借：管理費用　　　　　　　　　　　　　　　　　　　　　2,400
　　貸：輔助生產成本——供電車間　　　　　　　　　　　　2,720
　　　　　　　　　　——供水車間　　　　　　　　　　　　　320

採用計劃成本分配法，不僅簡化了核算工作，而且能夠反應和監督輔助生產成本

計劃的完成情況，便於考核和分配各受益單位的成本。但採用這種方法時，企業必須具備比較正確的計劃成本資料。

5．順序分配法

採用這種方法，各種輔助生產之間的費用分配應按照輔助生產車間受益多少的順序排列，受益少的排列在前，先將費用分配出去，受益多的排列在後，後將費用分配出去。例如，造紙廠的供電、供水和供汽三個輔助生產車間中，供電車間耗用水和汽都較少；供水車間耗用汽雖較少，但耗用電較多；供汽車間耗用電和水都較多。這樣，造紙廠就可以按照供電、供水和供汽的順序排列，依次分配電、水、汽的費用。

採用這種方法分配輔助生產費用的優點是計算簡便，各種輔助生產費用只計算分配一次。缺點是排列在前的輔助生產車間不負擔排列在後輔助生產車間的費用。因此，分配結果的準確性會受到一定的影響。

[例3－27] 某企業有供水和供電兩個輔助生產車間，主要為企業基本生產車間和行政管理部門提供勞務，供水車間本月發生費用2,065元，供電車間本月發生費用4,740元。各輔助生產車間供應產品或勞務的數量見表3－13。

表3－13　　　　　　　　　　各部門耗能

車間或部門	用電（度）	用水（立方米）
供 電 車 間		10,000
供 水 車 間	3,000	
基本生產——甲產品 　　　　——車間	10,300 8,000	20,500
企業管理部門	1,200	8,000
專設銷售機構	500	2,800
合　　　計	23,000	41,300

按順序分配法計算如下：

電單位成本 $= \dfrac{4,740}{23,000} \approx 0.21$（元/度）

甲產品生產應分配供電車間費用 $= 10,300 \times 0.21 = 2,163$（元）

供水車間應分配供電車間費用 $= 3,000 \times 0.21 = 630$（元）

基本生產車間應分配供電車間費用 $= 8,000 \times 0.21 = 1,680$（元）

專設銷售機構應分配供電車間費用 $= 500 \times 0.21 = 105$（元）

行政管理部門應分配供電車間費用 $= 4,740 - 2,163 - 630 - 1,680 - 101 = 162$（元）

供水車間費用分配率 $= \dfrac{2,065 + 630}{20,500 + 8,000 + 2,800} = 0.086$（元/立方米）

基本生產車間應分配供水車間費用 $= 20,500 \times 0.086 = 1,763$（元）

專設銷售機構應分配供水車間費用 $= 2,800 \times 0.086 = 240.80$（元）

行政管理部門應分配供水車間費用 $= 2,065 + 630 - 1,763 - 240.80 = 691.2$（元）

根據以上計算結果，編製會計分錄：

(1) 借：基本生產成本——甲產品　　　　　　　　　　　2,163
　　　輔助生產成本——供水車間　　　　　　　　　630
　　　製造費用　　　　　　　　　　　　　　　　1,680
　　　銷售費用　　　　　　　　　　　　　　　　　105
　　　管理費用　　　　　　　　　　　　　　　　　162
　　貸：輔助生產成本——供電車間　　　　　　　　　4,740
(2) 借：製造費用　　　　　　　　　　　　　　　　1,763
　　　銷售費用　　　　　　　　　　　　　　　　240.80
　　　管理費用　　　　　　　　　　　　　　　　691.20
　　貸：輔助生產成本——供水車間　　　　　　　　　2,695

第三節　製造費用的歸集和分配

一、製造費用的歸集

製造費用是指企業各生產車間為組織和管理生產所發生的各項費用。其包括車間組織管理人員的工資和福利費、車間使用固定資產的折舊費和修理費、辦公費、水電費、機物料消耗、勞動保護費、季節性或修理期間的停工損失等。

製造費用的歸集與分配是通過「製造費用」總帳帳戶進行的。歸集時，應將發生的各項製造費用，根據各項要素費用分配表以及各有關憑證，從「原材料」「應付職工薪酬——工資或職工福利」「累計折舊」「銀行存款」「庫存現金」等總帳帳戶的貸方，直接轉入「製造費用」總帳帳戶的借方。

二、製造費用的分配

製造費用分配時，可分兩種情況：一是在生產一種產品或提供一種勞務的車間和企業中，製造費用可以直接計入該種產品或勞務的成本中；二是在生產多種產品或提供多種勞務的車間和企業中，製造費用就要採用以下七種方法在各種產品或勞務之間進行分配。

（一）生產工人工時比例法

生產工人工時比例法是指以各種產品所消耗的生產工人工時為標準，來分配製造費用的一種方法。其計算公式如下：

$$製造費用分配率 = \frac{待分配的製造費用總額}{車間各種產品生產工人工時之和}$$

$$某種產品應分配的製造費用 = 該種產品的生產工人工時 \times 製造費用分配率$$

[例3-28] 某企業基本生產車間本月份發生製造費用10,000元，該車間生產甲、乙兩種產品，生產工時分別為12,000小時和28,000小時，分配結果如下：

$$製造費用分配率 = \frac{10,000}{12,000 + 28,000} = 0.25$$

甲產品應分配的製造費用 = 12,000 × 0.25 = 3,000（元）

乙產品應分配的製造費用 = 28,000 × 0.25 = 7,000（元）

這種方法的優點是：資料容易取得，方法比較簡單，在原始記錄和生產工時統計資料比較健全的車間都可以採用。

（二）生產工人工資比例法

生產工人工資比例法是指以計入各種產品成本的生產工人的工資為標準，來分配製造費用的一種方法。其計算公式如下：

$$製造費用分配率 = \frac{待分配的製造費用總額}{車間各種產品生產工人工資之和}$$

某種產品應分配的製造費用 = 該種產品的生產工人工資 × 製造費用分配率

[**例 3 - 29**] 仍用例 3 - 28 的資料，假設甲、乙兩種產品的生產工人工資分別為 6,000 元和 14,000 元，則分配結果如下：

$$製造費用分配率 = \frac{10,000}{6,000 + 14,000} = 0.5$$

甲產品應分配的製造費用 = 6,000 × 0.5 = 3,000（元）

乙產品應分配的製造費用 = 14,000 × 0.5 = 7,000（元）

這種方法的優點是：資料現成，方法簡便易行。但是採用這一方法，各種產品生產的機械化程度應大致相同；否則，機械化程度低的產品，所花工資費用多，負擔製造費用也就多，從而影響費用分配的合理性。因為，在製造費用中，包含著很大一部分機器設備的折舊、修理費用，這些費用對於機械化程度低的產品來說，不是應該少負擔一些，而是應該多負擔一些。

（三）機器工時比例法

機器工時比例法是指以各種產品所耗用的機器設備的運轉時間為標準，來分配製造費用的一種方法。其計算公式如下：

$$製造費用分配率 = \frac{待分配的製造費用總額}{車間各種產品的機器設備運轉工時之和}$$

某種產品應分配的製造費用 = 該種產品所用機器設備運轉工時 × 製造費用分配率

這種方法適用於機械化程度較高的車間，因為在這些車間中，製造費用（特別是其中機器設備的折舊和修理費用）的多少，往往與機器設備的動轉時間有著密切的聯繫。

（四）標準產量比例法

標準產量比例法是指以各種產品的標準產量為標準，來分配製造費用的一種方法。採用這種方法，應先將各種產品的自然產量按照一定的折算係數，折合為標準產量，

然後以各種產品的標準產量作為標準來分配製造費用。其計算公式如下：

$$製造費用分配率 = \frac{待分配的製造費用總額}{車間各種產品標準產量之和}$$

$$\begin{matrix}某種產品應分\\配的製造費用\end{matrix} = \begin{matrix}該種產品的\\標準產量\end{matrix} \times \begin{matrix}製造費用\\分\ 配\ 率\end{matrix}$$

這種方法適用於所生產各種產品的性質、結構和生產技術過程基本相同的企業。在同一類別不同品種的產品之間，或者同一品種不同規格的產品之間分配製造費用時，也可採用這種方法。

(五) 所耗原材料費用（或數量）比例法

所耗原料費用（或數量）比例法是指以各種產品所耗用的原材料費用（或數量）為標準，來分配製造費用的一種方法。其計算公式為：

$$製造費用分配率 = \frac{待分配的製造費用總額}{車間各種產品所耗原材料費用（或數量）之和}$$

$$\begin{matrix}某種產品應分\\配的製造費用\end{matrix} = \begin{matrix}該種產品所耗原\\材料費用（或數量）\end{matrix} \times \begin{matrix}製造費用\\分\ 配\ 率\end{matrix}$$

這種方法僅適用於各種產品所耗原材料和類相同，產品的加工過程比較簡單，並且製造費用的發生額絕大部分是由於處理原材料而引起的企業。

(六) 累計分配率分配法

累計分配率分配法是指根據累計分配率，將製造費用僅分配給完工產品，而對未完工產品則不進行分配的方法。累計分配法中的分配標準，可採用上述分配方法中分配標準的任何一種。其計算公式如下：

$$\begin{matrix}製造費用\\累計分配率\end{matrix} = \frac{製造費用期初餘額 + 製造費用本月發生額}{車間各種產品累計分配標準之和}$$

$$\begin{matrix}完工產品應分配\\的製造費用\end{matrix} = \begin{matrix}完工產品的\\累計分配標準\end{matrix} \times \begin{matrix}製\ 造\ 費\ 用\\累計分配率\end{matrix}$$

[例3-30] 某企業本月份共生產001、002和003三批產品，001批產品上月投產，生產工時為500小時，本月發生工時1,500小時。另外兩批產品均為本月投產，工時分別為3,000小時和2,500小時，月初製造費用餘額為10,000元，本月發生12,500元，001批產品本月全部完工，其餘兩批產品均未完工。採用累計分配法分配製造費用，其分配結果如下：

$$製造費用累計分配率 = \frac{10,000 + 12,500}{500 + 1,500 + 3,000 + 2,500} = 3$$

001批產品應分配製造費用 ＝（500 + 1,500）×3 ＝ 6,000（元）

採用累計分配率分配法分配製造費用，其優點是在完工產品批次少，未完工產品批次多的情況下，可大大減少會計核算的工作量。若完工的批次多，而未完工的批次少，則不應採用這種方式進行分配；同時，在各月份製造費用水準相差較大時，其分配的結果也不準確。採用這種方法時，各月份製造費用明細帳中留有餘額，在各批產品的成本計算單中，還應同時登記各種分配標準的累計數額，以便進行分配。

（七）年度計劃分配率法

採用年度計劃分配率法，不管各月實際發生的製造費用是多少，每月各種產品成本中的製造費用都按年度計劃分配率來分配。其計算公式（以定額工時比例分配為例）如下：

$$製造費用年度計劃分配率 = \frac{年度製造費用計劃總額}{年度內各種產品計劃產量的定額工時之和}$$

$$某月某種產品應分配的製造費用 = 該月該種產品實際產量的定額工時數 \times 製造費用年度計劃分配率$$

[**例 3 - 31**] 某企業基本生產車間的全年計劃製造費用為 680,000 元，全年產品的計劃產量為：甲產品 3,000 件、乙產品 2,000 件。產品工時定額為：甲產品 40 小時，乙產品 140 小時。本月份各產品實際產量為：甲產品 240 件、乙產品 180 件。該車間本月份實際發生製造費用 51,200 元，本月製造費用分配結果如下：

$$年度計劃分配率 = \frac{680,000}{3,000 \times 40 + 2,000 \times 140} = 1.7$$

本月甲產品應分配製造費用 = 240 × 40 × 1.7 = 16,320（元）

本月乙產品應分配製造費用 = 180 × 140 × 1.7 = 42,840（元）

採用這種方法，「製造費用」帳戶如果有年末餘額，就是全年製造費用的實際發生額與計劃分配額的差額，一般應在年末調整計入 12 月份的產品成本；借記「基本生產成本」帳戶，貸記「製造費用」帳戶；如果實際發生額大於計劃分配額，用藍字補加；反之用紅字沖減。

這種分配方法核算簡便，特別適用於季節性生產的企業。因為在這種生產企業中，每月發生的製造費用相差不多，但生產淡月和旺月的產量卻相差懸殊，如果按照實際費用分配，各月單位產品成本中的製造費用將隨之忽高忽低，而這並不是由於車間工作本身引起的，因而不便於成本分析工作的進行。此外，這種分配方法還可以按旬或按日提供產品成本預測所需要的產品製造費用資料，有利於產品成本的日常控制。但是，採用這種分配方法，必須有較高的計劃工作的水準。否則年度製造費用的計劃數脫離實際太大，就會影響成本計算的正確性。此方法簡便、易行，特別適用於季節性生產的企業。

第四節　廢品損失和停工損失的歸集與分配

一、廢品損失的歸集與分配

（一）廢品損失核算的內容

廢品是指質量不符合規定的技術標準，不能按照原定用途使用，或者需要經過加工修復後才能使用的在產品、半成品和產成品。不論是在生產過程中發現的廢品損失，還是完工入庫時發現的廢品損失，都應包括在內。

廢品按修復成合格品的技術可能性與經濟合理性不同，可分為可修復廢品和不可修復廢品兩種。凡修理後仍可使用，而且在經濟上又有修復價值（經濟上合算）的廢品，稱為可修復廢品；在技術上不能修復，或者在經濟上不具有修復價值的廢品，稱為不可修復廢品。

廢品損失包括可修復廢品的修復費用和不可修復廢品的生產成本減去廢品殘值後的淨損失，不包括次品損失、產品保管損失、產品三包損失等。

（二）廢品損失的歸集與分配

廢品損失的歸集與分配，是通過「廢品損失」總帳帳戶進行的。歸集時，可修復廢品發生的修復費用，可以從「原材料」「應付職工薪酬」「生產成本」「製造費用」等總帳帳戶的貸方直接轉入「廢品損失」總帳帳戶的借方。對於不可修復的廢品，會計人員首先應計算出截至產品報廢時已經發生的廢品成本，然後扣除廢品的殘值，計算出廢品的淨損失，將其從「生產成本」總帳帳戶的貸方轉入「廢品損失」總帳帳戶的借方。會計人員把可修復廢品的修復費用和不可修復廢品的淨損失，都歸集到「廢品損失」總帳帳戶後，到月末就要將「廢品損失」分配計入「生產成本」總帳帳戶及其有關產品的成本計算單中。

（三）廢品成本的計算及帳務處理

工業企業在生產過程中，由於各種原因會產生質量不符合規定技術標準、不能按照原定用途使用的廢品，這些廢品在報廢以前所發生的各種費用是與合格品在一起計算的，因而就需要將廢品報廢以前與合格品在一起計算的各項費用，在合格品與廢品之間進行分配，以計算出廢品的成本。其具體計算方法有兩種。

1. 廢品成本按所耗實際費用進行計算

如果廢品是在生產過程中發現的，則可以按下列公式計算廢品的實際成本。

$$\text{廢品的實際成本} = \text{廢品應負擔的原材料費用} + \text{廢品應負擔的工資費用} + \text{廢品應負擔其他費用}$$

上式中：

$$\text{廢品應負擔的原材料費用} = \text{廢品的數量} \times \frac{\text{待分配的原材料費用總額}}{\text{合格品數量} + \text{廢品的數量}}$$

如果廢品有回收的殘值，則應從廢品應負擔的原材料成本中減去廢品的殘餘價值。

$$\text{廢品應負擔的工資（或其他）費用} = \text{廢品的生產工時} \times \frac{\text{待分配的工資（或其他）費用總額}}{\text{合格品和廢品的生產工時之和}}$$

[例 3-32] 某企業 20×7 年 1 月投產甲產品 100 件，月末完工合格品 95 件，生產過程中發現不可修復的廢品 5 件；合格品的全部生產工時為 4,000 小時，其中廢品的生產工時為 20 小時；甲產品成本計算單所列合格品和廢品的全部生產費用為：原材料費用 20,000 元，生產工人工資 4,000 元，製造費用 3,600 元，廢品殘料回收的價值為 200 元。原材料是在生產開始時一次投入的，則原材料費用應按合格品產量和廢品數量的比例分配；工資和其他費用均應按生產工時比例分配。

根據以上資料，編製「廢品損失計算表」，如表 3-14 所示。

表 3-14　　　　　　　　　　　廢品損失計算表
20×7 年 1 月

車間名稱：加工車間　　　　產品名稱：甲　　　　　　　　　　　　　單位：元

項目	數量（件）	原材料	生產工時(小時)	生產工資	製造費用	成本合計
待分配費用總額	100	20,000	4,000	4,000	3,600	27,600
費用分配率		200		1.00	0.90	
廢品成本	5	1,000	20	20	18	1,038
減：廢品殘值		200				200
廢品損失		800		20	18	838

根據表 3-14 可知：

原材料費用分配率 $= \dfrac{20,000}{100} = 200$

工資費用分配率 $= \dfrac{4,000}{4,000} = 1$

製造費用分配率 $= \dfrac{3,600}{4,000} = 0.9$

根據表 3-14 的計算結果，作會計分錄如下：

(1) 結轉廢品成本時：

借：廢品損失——甲產品　　　　　　　　　　　　　　　1,038
　　貸：基本生產成本——甲產品（原材料）　　　　　　　1,000
　　　　　　　　　　　　　　　（生產工資）　　　　　　　20
　　　　　　　　　　　　　　　（製造費用）　　　　　　　18

(2) 收回廢品殘料價值時：

借：原材料　　　　　　　　　　　　　　　　　　　　　　200
　　貸：廢品損失——甲產品　　　　　　　　　　　　　　200

(3) 將廢品損失轉入合格產品成本時：

借：基本生產成本——甲產品（廢品損失）　　　　　　　　838
　　貸：廢品損失——甲產品　　　　　　　　　　　　　　838

如果廢品是在完工以後發現的，此時單位廢品應負擔的各項生產費用應與單位合格產品完全相同，即可按合格產量和廢品數量的比例分配各項生產費用，計算廢品的實際成本。按廢品的實際成本計算和分配廢品損失，符合實際，但核算工作量較大。

2. 廢品成本按所耗定額費用計算

採用這種方法，廢品的成本按廢品的數量和各項費用定額計算，而不考慮廢品實際發生的生產費用是多少。其計算公式為：

廢品的定額成本 = 廢品的數量 × 單位廢品的定額成本

[例 3-33] 某企業乙種產品驗收入庫時，發現不可修復廢品 5 件，按定額成本計算的廢品成本和廢品損失（回收殘值 400 元）如表 3-15 所示。

表 3-15　　　　　　　　　　廢品損失計算表
20××年×月

車間名稱：加工車間　　　　名稱：乙　　　　廢品數量：5 件　　　　單位：元

項目	原材料	燃料和動力	工資	製造費用	成本合計
生產費用定額	200	50	40	50	340
廢品定額成本	1,000	250	200	250	1,700
減：廢品殘值	400				400
廢品損失	600	250	200	250	1,300

採用這一方法，核算工作比較簡便，並且可以使計入產品成本的廢品損失數額不受廢品實際費用水準高低的影響，從而有利於廢品損失和產品成本的考核和分析。因此，定額成本資料比較準確的企業，大多採用這一方法。

二、停工損失的歸集與分配

（一）停工損失概述

停工損失是指生產車間或車間內某個班組在停工期間發生的各項費用，包括停工期間發生的原材料費用、工資及福利費用和製造費用等，應由過失單位或保險公司負擔的賠款，應從停工損失中扣除。為了簡化核算工作，停工不滿一個工作日的，一般不計算停工損失。計算停工損失的時間起點，由企業或主管企業的上級機關規定。

工業企業發生停工的原因很多，如電力中斷、原材料不足、機器設備發生故障或進行大修理、發生非常災害，以及計劃減產等，都可能引起停工。可以取得賠償的停工損失，應該索賠；由於自然災害等引起的非正常停工損失，應計入營業外支出；其餘停工損失，如季節性和固定資產修理期間的停工損失，應計入產品成本。

在停工時，車間應該填列停工報告單，並在考勤記錄中進行登記。成本會計人員應對停工報告單所示停工範圍、時數及其原因和過失單位等事項進行審核。只有經過審核的停工報告單，才能作為停工損失核算的根據。

（二）停工損失的歸集

為了單獨核算停工損失，企業應增設「停工損失」總帳帳戶。該總帳帳戶應按車間設立明細帳，帳內按成本項目分設專欄或專行，進行明細核算。停工期間發生、應該計入停工損失的各種費用，都應在該總帳帳戶的借方歸集；發生各項停工損失時，借記「停工損失」總帳帳戶，貸記「原材料」「應付職工薪酬」和「製造費用」等總帳帳戶。

（三）停工損失的分配

在「停工損失」總帳帳戶借方歸集的停工損失中，應取得賠償的損失，以及應計入營業外支出的損失，應從該總帳帳戶的貸方分別轉入「其他應收款」和「營業外支出」總帳帳戶的借方；應計入產品成本的損失，則應從該總帳帳戶的貸方，轉入「基本生產成本」總帳帳戶的借方。

對於應計入產品成本的停工損失，如果停工的車間只生產一種產品，則損失應直接記入該種產品的成本中；如果停工的車間生產多種產品，則應採用適當的分配方法（一般採用分配製造費用的方法），分配記入該車間各種產品的成本之中。通過上述歸集和分配，「停工損失」總帳帳戶月末應無餘額。

　　不單獨核算停工損失的企業，不應設立「停工損失」總帳帳戶和成本項目，停工期間發生的屬於停工損的各種費用，直接記入「製造費用」和「營業外支出」等總帳帳戶，分散反應。這樣核算很簡便，但對於停工損失的分析和控制會產生一定的不利影響。

　　以上所述，均指基本生產車間的停工損失。不包括輔助生產部門的停工損失，這是因為輔助生產部門的規模一般不大，發生的停工損失較小，為了簡化核算工作，一般不單獨核算停工損失。

第五節　期間費用的歸集與分配

一、期間費用概述

（一）期間費用的涵義

　　期間費用也稱為期間成本，是指企業在生產經營過程中發生的、與生產產品無直接關係而屬於某一時期耗用的費用。

　　期間費用不同於那些列入製造成本的生產費用，它雖然容易確定其發生的期間，但難以判別其所應歸屬的產品，也難以確定其與哪項收入直接相關，因而不能將期間費用計入產品成本中，也不能同收入直接配比。如果將期間費用武斷地加以分配計入產品成本，一方面加大了核算了工作量；另一方面又增加了核算的不真實性，其結果更容易使人誤解。比如，若將本期發生的管理費用按人為的標準分配計入在產品和產成品成本中，則本期銷售產品所負擔的管理費用不是本期發生的全額，而是本期生產又在本期銷售的產品所負擔的部分加上上期所生產在本期銷售的產品所負擔的上期管理費用。同時，本期發生的管理費用有一部分要推遲到以後的會計期間結算，造成收入與費用的不合理配比和企業事實上的利潤虛增（或虛減）。又如企業的廣告費支出，雖然有助於產品銷售，擴大企業的知名度，但企業卻難以斷定它的作用有多大，也無法確定究竟是哪一次或哪一條廣告導致了收入。因此，處理這些費用的唯一途徑就是將它們直接列為當期費用，與它們發生期間的總收入進行期間配比。

　　計入產品成本的直接材料、直接人工以製造費用等，某些部分可以追溯到具體產品的生產，有些儘管無法追溯至特定的產品（如折舊費用的分配），但人們通常可按假定的合理基礎或較為便捷的方法將其分攤至特定產品成本之中。因此，這些費用計入產品成本被認為是恰當的，與銷售產品或提供勞務所取得的收入直接配比或間接配比是合理的。

(二) 期間費用的組成與核算特徵

不同行業的期間費用組成內容稍有不同，如製造業的期間費用包括管理費用、產品銷售費用和財務費用，商品流通企業的期間費用除包括管理費用和財務費用之外，還包括經營費用。

但無論是哪一個行業或企業，其期間費用都有一個共同點：難以判別期間費用所應歸屬的產品，容易確定其所發生的期間，因而在發生的當期就應從當期的損益中扣除。因此，期間費用核算的特徵可歸納為：期間費用不參與成本核算，當期發生的期間費用在有關帳戶歸集後，直接計入當期損益。

期間費用的核算程序如圖3－1所示。

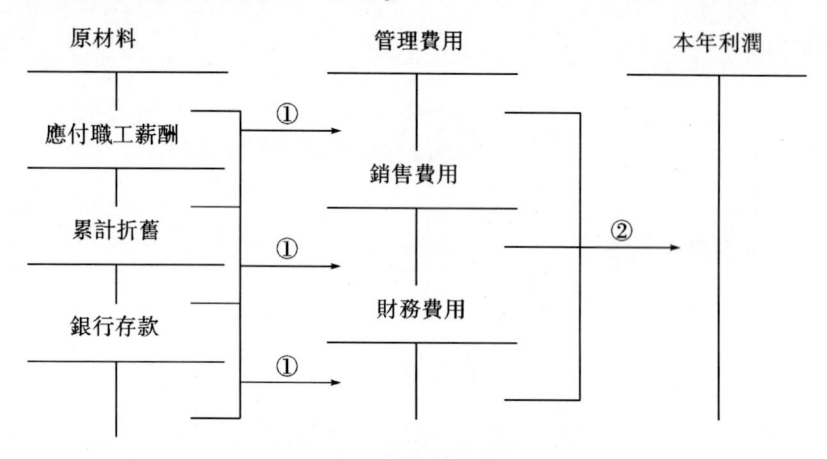

圖3－1 期間費用的核算程序

註：①歸集各種期間費用；②期末結轉，計入當期損益。

二、管理費用的歸集與分配

管理費用是指企業行政管理部門為組織和管理生產經營活動而發生的各項費用。包括工會經費、職工教育經費、業務招待費、印花稅等相關稅金、技術轉讓費、無形資產攤銷、諮詢費、訴訟費、開辦費攤銷、壞帳損失、公司經費、聘請仲介機構費、研究開發費、勞動保險費、待業保險費、董事會會費以及其他管理費用。

企業發生的管理費用，在「管理費用」科目的所屬明細科目進行歸集。「管理費用」應按費用項目設置明細帳，用來反應和考核各項費用的支出情況。發生或支付各項管理費用時，會計人員應將其記入該科目的借方和有關科目的貸方；月末，結轉管理費用時，應記入該科目的貸方和「本年利潤」科目的借方；期末結轉後本科目應無餘額。

[例3－34] 根據中北公司的各種費用分配表和有關憑證，登記管理費用明細帳，見表3－16。

表 3-16　　　　　　　　　　　管理費用明細帳
20××年6月　　　　　　　　　　　單位：元

摘要	物料消耗	工資及福利費	折舊費	修理費	辦公費	水電費	稅金	運輸費	合計	轉出
修理及辦公等費用支出（付款憑證）				1,100	500		1,300		2,900	
材料費用分配表	300								300	
外購動力費用分配表						2,000			2,000	
工資費用分配表		5,000							5,000	
職工福利費用分配表		826							826	
折舊費用分配表			3,000						3,000	
輔助生產費用分配表						1,500		486	1,986	
轉帳憑證（轉出）										16,012
本月合計	300	5,826	3,000	1,100	500	3,500	1,300	486	16,012	16,012

月末，會計人員應將歸集在「管理費用」總帳科目和所屬明細帳借方的管理費用，轉入「本年利潤」科目，並編製會計分錄如下：

借：本年利潤　　　　　　　　　　　　　　　　　　　16,012
　　貸：管理費用　　　　　　　　　　　　　　　　　　16,012

三、銷售費用的歸集與分配

銷售費用是指企業在銷售產品、提供勞務等日常經營過程中發生的各項費用以及專設銷售機構的各項費用，包括運輸費、裝卸費、包裝費、保險費、展覽費、廣告費、租賃費（不包括融資租賃費），以及為銷售本公司商品而專設的銷售機構的職工工資、福利費、業務招待費等經營費用。

銷售費用的歸集和結轉是通過「銷售費用」總帳科目的所屬明細帳進行的。「銷售費用」科目應按費用項目設明細帳，進行明細核算，用以反應和考核各項費用的支出情況。發生和支付的各項銷售費用，應記入「銷售費用」科目的借方，以及「銀行存款」「庫存現金」「應付帳款」「應付職工薪酬」等科目的貸方；月末應將歸集在「銷售費用」總帳及所屬明細帳借方的銷售費用，結轉到「本年利潤」科目；結轉後本科目和所屬明細帳無餘額。

[**例 3-35**] 根據中北公司的各種費用分配表和有關憑證，登記銷售費用明細帳，見表 3-17。

表3-17　　　　　　　　　　　　銷售費用明細帳

20××年6月　　　　　　　　　　　　單位：元

摘要	物料消耗	工資及福利費	折舊費	修理費	辦公費	水電費	運輸費	合計	轉出
修理及辦公等費用支出（付款憑證）				400	200			600	
材料費用分配表	200							200	
外購動力費用分配表						1,200		1,200	
工資費用分配表		1,200						1,200	
職工福利費用分配表		168						168	
折舊費用分配表			1,000					1,000	
輔助生產費用分配表						1,190	6,300	7,490	
轉帳憑證（轉出）									11,858
本月合計	200	1,368	1,000	400	200	2,390	6,300	11,858	11,858

月末，會計人員應將歸集在「銷售費用」總帳科目和明細帳借方的銷售費用，結轉到「本年利潤」科目，並編製如下會計分錄：

借：本年利潤　　　　　　　　　　　　　　　　　　　　　11,858
　　貸：銷售費用　　　　　　　　　　　　　　　　　　　　　11,858

四、財務費用的歸集與分配

財務費用是指企業為了籌集生產經營活動所需資金而發生的費用，包括利息支出（減利息收入）、匯兌損失（減匯兌收益）、現金折扣（減收到的現金折扣）、金融機構手續費以及籌集生產經營資金所發生的其他費用等。

財務費用的歸集、分配和結轉，通過「財務費用」總帳和所屬明細帳進行。「財務費用」科目應按費用項目設置明細帳，用以反應和考核各項費用的支出情況。支出或計提利息費用、發生現金折扣時，記入「財務費用」科目的借方和「應付利息」「銀行存款」或「應收帳款」科目的貸方；發生利息收入或匯兌收益、收到現金折扣時，應記入「銀行存款」或「應付帳款」等科目的借方和「財務費用」科目的貸方。這些抵減財務費用的金額，既要記入該總帳科目的貸方，又應在財務費用明細帳借方的「利息支出」或「匯兌損失」費用項目中用紅字或負數登記。月末結轉財務費用時，貸記本科目，借記「本年利潤」科目，結轉後本科目無餘額。

[例3-36] 中北公司20××年6月發生利息收入200元，根據有關憑證編製會計分錄如下：

借：銀行存款　　　　　　　　　　　　　　　　　　　　　　200
　　貸：財務費用　　　　　　　　　　　　　　　　　　　　　200

根據中北公司各種費用分配表和有關憑證，登記財務費用明細帳，見表3-18。

表 3-18　　　　　　　　　　　財務費用明細帳
20××年6月　　　　　　　　　　　　　單位：元

摘要	利息支出	匯兌損失	手續費	其他	合計	轉出	餘額
利息收入	200				200		
預提利息費用分配表	200				2,000		
支付手續費(付款憑證)			100		100		
轉帳憑證（轉出）						1,900	
本月合計	1,800		100		1,900	1,900	0

月末，會計人員應將歸集在「財務費用」總帳科目和明細帳借方的財務費用，結轉到「本年利潤」科目，並編製如下會計分錄：

借：本年利潤　　　　　　　　　　　　　　　　　　　　1,900
　貸：財務費用　　　　　　　　　　　　　　　　　　　　1,900

本章小結

本章主要介紹了兩大類費用的歸集與分配方法，一是各項要素費用，二是綜合性費用。

各項要素費用的歸集和分配主要講述了產品成本項目中直接材料費用、外購動力費用和直接人工費用等計入產品成本的方法。材料費用包括企業生產經營過程中所耗費原材料、燃料、低值易耗品、包裝物等的費用。材料費用的核算要按實際成本或計劃成本進行計價，採用按重量或定額用量比例分配、系數分配等方法，分配結轉直接材料費用。人工費用主要包括支付給職工的工資及實際發生的職工福利費。人工費用應採用計時工資和計件工資的形式按生產工時、直接材料成本系數等分配方法，分配計入各種產品成本。動力費用的分配方法與材料費用分配方法基本相同。資產折舊要先進行計算，然後再分配折舊費用。

綜合性費用包括輔助生產費用、製造費用、廢品損失和停工損失等。輔助生產是指為基本生產車間、企業行政管理部門等單位進行的產品生產和勞務供應。輔助生產費用的歸集和分配是通過「輔助生產成本」帳戶進行的。通常採用的分配方法有直接分配法、交互分配法和計劃成本分配法。製造費用是指企業生產單位為生產產品和提供勞務而發生的各項間接費用。基本生產車間的製造費用，如果該車間只生產一種產品，可以直接計入該產品的生產成本；如果基本生產車間生產多種產品，則應採取諸如生產工時比例法、生產工人工資比例法、按年度計劃分配率分配法等方法對製造費用進行分配。廢品損失的歸集和分配，應根據廢品損失計算表和分配表等有關憑證，通過「廢品損失」帳戶進行，按廢品所耗實際費用或按廢品所耗定額費用計算廢品的成本。

謹記問題

1. 材料費用的分配方法主要有按照產品重量（體積、面積、產量、產值等）比例分配法、定額消耗量（或定額費用）比例分配法、標準產量分配法等。具體選擇哪種方法取決於會計人員的主觀判斷。

2. 輔助生產是為保證基本生產正常進行而向基本生產車間和行政管理部門等單位提供產品或勞務的生產活動。輔助性費用的歸集和分配正確與否，將會影響產品成本和當期損益計算的正確性。因此，會計人員應將輔助生產費用按一定的方法直接計入當期產品。

思考與練習

一、單項選擇題

1. 直接費用和間接費用是生產費用按其（　　）劃分的類別。
   A. 經濟性質　　　　　　　　B. 經濟用途
   C. 與產品關係　　　　　　　D. 與產量關係

2. 如果月末有剩餘材料，為了正確計算本月所消耗材料的數量，企業應填製（　　）辦理退料手續。
   A. 退料單　　　　　　　　　B. 限額領料單
   C. 領料登記簿　　　　　　　D.「假」領料單

3. 下列費用中，企業既可以採用待攤的方法，也可以採用預提的方法進行核算的是（　　）。
   A. 固定資產的大修理費用　　B. 預付保險費
   C. 企業的開辦費　　　　　　D. 借款利息

4. 產品成本中的「工資及福利費」項目不包括（　　）。
   A. 直接參加生產的工人的工資　　B. 按生產工人工資計提的福利費
   C. 直接參加生產的工人的計件工資　D. 生產車間管理人員的工資

5. （　　）項目應計入製造費用帳戶。
   A. 非季節性停工損失　　　　B. 考勤記錄
   C. 職工教育經費　　　　　　D. 車間管理人員的工資

6. 企業非正常停工的原因有（　　）。
   A. 季節性停工　　　　　　　B. 大修理停工
   C. 機器設備故障停工　　　　D. 停電和待料停工

7. 廢品損失包括（　　）。
   A. 實行「三包」的企業在產品出售以後發現廢品時所發生的一切損失
   B. 不需要返修，可以降價出售的不合格品的降價損失
   C. 可修復廢品返修以前發生的費用

D. 不可修復廢品的生產成本
8. 在不單獨核算廢品損失的企業中，回收廢品殘料時應（　　）。
   A. 借記「原材料」帳戶
   B. 借記「銀行存款」帳戶
   C. 貸記「廢品損失」帳戶
   D. 貸記「基本生產成本」帳戶

二、計算題

1. 某企業 2005 年 6 月實際發給職工的計時工資為 52 萬元、超產獎金 0.2 萬元、車貼 0.15 萬元、書報費 0.1 萬元、出差的伙食補貼 0.2 萬元、退休金 0.3 萬元。請計算該企業的職工工資總額。

2. 某企業 2005 年 2 月初應提折舊的固定資產原值 600 萬元；2 月 4 日該公司租給外單位一臺價值 20 萬元的生產用設備；2 月 15 日，報廢一臺價值 30 萬元的設備；3 月 2 日購入一臺價值 40 萬元的新設備，當即投入使用；3 月 20 日，將去年 12 月價驗收的辦公大樓投入使用，價值 200 萬元。請計算該公司 3 月應提折舊的固定資產原價。

3. 職工李華月工資標準為 635.10 元，5 月請病假 3 天、事假 1 天（在病事假期間無節假日），星期休假 9 天，出勤 18 天。據規定，李華的病假工資按工資標準的 80% 計算給付，在按 21 天計算日工資率並且按缺勤日數扣工資的情況下，計算李華 5 月應得計時工資數額。

三、核算題

練習一

（一）目的
練習存貨發出計價方法的核算。

（二）資料
某企業 2005 年 12 月 31 日以前對發出存貨的計價採用後進先出法，2006 年 1 月 1 日起改為先進先出法。該企業 2006 年 1 月 1 日存貨的帳面餘額為 88,000 元，結存數量為 1,100 噸，1 月 8 日購入存貨 1,000 噸，每噸單價 82 元；1 月 10 日發出 2,000 噸存貨；1 月 18 日又購入 650 噸存貨，單價 84 元。該企業採用永續盤存制。

（三）要求
1. 計算該企業 2006 年 1 月 31 日存貨帳面餘額。
2. 比較由於改變存貨計價方法而對期末存貨價值產生的影響。

練習二

（一）目的
練習材料費用的分配。

（二）資料
1. 某企業生產甲、乙、丙三種產品，原料及主要材料耗用的計劃成本如下：

單位：元

材料類別＼用途	甲產品	乙產品	丙產品	車間修理領用
A	218,000		120,000	
B	80,000	220,000		7,000
C		22,000		

2. 產量和單位產品定額耗用量資料如下：

	產量/件	單位產品定額耗用量/千克 A材料	B材料	C材料
甲產品	600	6	14	20
乙產品	400	8	12	10
丙產品	1,000	5	20	4

該企業的材料按計劃成本核算，本月材料成本差異率為−2%。當月乙產品領用的A材料剩餘6,000元，辦理了假退料手續。A、B材料按定額耗用量比例分配，C材料按產品產量比例分配。

(三) 要求

編製該月材料費用分配的會計分錄。

練習三

(一) 目的

練習工資費用分配的核算。

(二) 資料

某廠生產甲、乙、丙三種產品，六月份發生的生產工人工資為14,700元，甲產品的定額工時為2,500小時，乙產品的定額工時為980小時，丙產品的定額工時為720小時。

(三) 要求

1. 按生產工時比例法計算三種產品應負擔的工資及福利費（職工福利費實際發生額為工資的14%）；
2. 編製工資費用分配匯總表；
3. 編製工資費用分配的會計分錄。

練習四

(一) 目的

練習折舊費用分配的核算。

(二) 資料

某企業各車間、部門7月的固定資產以及當月的增減變化情況如下：

單位：元

車間、部門	7月固定資產帳面餘額	7月增加固定資產	7月減少固定資產
基本生產車間——甲	9,700,000	100,000	
基本生產車間——乙	7,800,000		80,000
供電車間	1,120,000	50,000	100,000
廠部	2,350,000		

（三）要求

1. 根據上述資料，按折舊率10%計算折舊額並編製該企業8月的折舊費用分配表；
2. 根據折舊費用分配表，編製折舊費用分配的會計分錄。

練習五

（一）目的

練習輔助生產費用分配的核算。

（二）資料

某企業設有供電、供氣兩個輔助生產車間，2005年6月份歸集的費用和提供的勞務數量如下：

輔助生產車間	待分配費用	計量單位	勞務耗用量					合計
			供電車間	供氣車間	基本生產車間		車間一般耗用	管理部門耗用	
					甲產品	乙產品			
供電	3,200	度		500	1,300	1,000	800	400	4,000
供氣	5,000	立方米	1,000				7,500	1,500	10,000

（三）要求

1. 採用直接分配法編製輔助生產費用分配表和會計分錄；
2. 採用順序分配法編製輔助生產費用分配表和會計分錄；
3. 採用一次交互分配法編製輔助生產費用分配表和會計分錄；
4. 採用計劃成本法編製輔助生產費用表和會計分錄（電的計劃單位成本為1.0元，蒸汽的計劃單位成本為0.52元）；
5. 採用代數分配法編製輔助生產費用分配表和會計分錄。

練習六

（一）目的

練習製造費用歸集與分配的核算。

（二）資料

某企業的一個基本生產車間生產甲、乙兩種產品。生產工時總計20,000小時，其中甲產品14,000小時，乙產品6,000小時。本月發生各種生產費用如下：

1. 車間領用一般消耗材料950元；
2. 應付車間管理人員工資3,200元；

3. 職工福利費實際發生額為工資的 14%；
4. 計提固定資產折舊 2,530 元；
5. 以銀行存款支付辦公費、勞動保護等共計 2,310 元；
6. 輔助生產車間轉入 2,800 元。

(三) 要求

根據以上資料，編製各項費用發生和分配的會計分錄。

練習七

(一) 目的

練習廢品損失的核算。

(二) 資料

某企業 2005 年 9 月基本生產車間生產 A 產品時產生不可修復廢品 15 件。每件廢品的直接材料定額為 120 元，定額工時總計 140 小時，每小時的費用定額為：直接人工 4 元、製造費用 5 元。該月該產品還產生了 25 件可修復廢品，全部修復費用為直接材料 420 元、直接人工 340 元、製造費用 500 元，廢品的殘料 210 元作輔助材料入庫，向責任人索賠 350 元。廢品淨損失由當月同種產品成本負擔。

(三) 要求

設置「廢品損失」帳戶及成本項目，單獨核算廢品損失，編製不可修復廢品損失計算表，登記廢品損失明細帳和基本生產成本明細帳，並編製有關廢品損失的會計分錄。

練習八

(一) 目的

練習不可修復廢品損失的核算。

(二) 資料

某生產車間本月生產甲產品，在生產過程中發現不可修復廢品 10 件，按所耗定額費用計算不可修復廢品的生產成本。單件產品的原材料費用定額為 35 元，已完成的定額工時共計 100 小時，每小時的直接人工為 4 元，製造費用為 1.5 元；另外，不可修復廢品的殘料作價 240 元，應由過失人賠款 30 元。

(三) 要求

根據以上資料，計算甲產品不可修復廢品的生產成本及廢品損失，並編製相應的會計分錄。

第四章　生產費用在完工產品與在產品之間的歸集與分配

教學目的與要求

通過本章的學習，學員應懂得在產品與完工產品之間的關係，明確生產費用在完工產品與期末在產品之間進行分配的程序，知道在產品的概念、期末在產品數量的確定方法，以及計算期末在產品成本的七種方法，掌握計算期末在產品成本的固定成本計算法、約當產量法、定額成本法和定額比例法。根據提供的資料，學員應能計算出完工產品的成本，並能進行完工產品成本結轉。

本章重點提示

1. 在產品與完工產品的關係
2. 生產費用在完工產品與月末在產品之間的分配方法

開篇小案例[1]

興華公司生產的甲產品經過兩道工序加工完成，20××年8月末各工序在產品數量為：第一道工序100件，第二道工序150件，其中第二道工序在產品中有正在返修的廢品20件。另外，在企業的半成品明細帳中，有本月加工完成入庫的第一道工序產品100件，第二道工序本月加工完成的產品有800件，其中有200件儘管已完工，但尚未來得及辦理入庫手續，另外有10件在驗收時發現有嚴重質量問題而未能入庫並等待返修。月末在分配生產費用和確定在產品數量時，財務科的小張和小王產生分歧。小張認為月末在產品數量應為250件，小王說月末在產品應為560件。

根據以上資料，分析小王和小張發生分歧的原因何在。從分配完工產品和月末在產品應負擔的生產費用角度看，月末在產品應為多少？

第一節　在產品數量的核算

工業企業在生產經營過程中發生的各項費用要素，經過在各種產品之間的歸集與分配之後，均已按相應的成本項目集中反應在「基本生產成本」帳戶及其所屬明細帳

---

[1] 本案例選自內江職業技術學院成本會計精品課程網頁。

戶的借方。當企業月末計算成本時，如果某種產品已經全部完工，沒有月末在產品，計入這種產品成本的全部生產費用之和，就是該種完工產品的成本，再除以完工產量，即為完工產品單位成本；如果某種產品全部沒有完工，計入這種產品成本的全部生產費用，就是其月末在產品成本；如果既有完工產品，又有月末在產品，還應將全部生產費用，採用適當的分配方法，在本月完工產品與期末在產品之間進行分配，才能計算出本月完工產品成本與期末在產品成本。

本月生產費用與月初、月末在產品及本月完工產品成本的關係，可表述為下列公式：

月初在產品成本＋本月生產費用＝本月完工產品成本＋月末在產品成本

從上述公式可以看出，在前面兩項已知的情況下，要確定完工產品的成本有兩種方法：一是將前兩項費用之和按一定比例在完工產品和在產品之間進行分配，同時求得完工產品成本和月末在產品成本；二是先確定期末在產品成本，再計算求得完工產品成本，公式為：

本月完工產品成本＝月初在產品成本＋本月生產費用－月末在產品成本

上述兩種分配方法，無論企業採用其中的任何一種，都首先應對在產品的數量進行及時準確的核算。

一、完工產品和在產品

完工產品按其內容所涉及的範圍，有狹義和廣義之分。狹義完工產品是指已經完成全部生產過程，隨時可供銷售的產品，即產成品，又稱最終產品；廣義完工產品不僅包括產成品，還包括已完成部分生產步驟或工序，但尚未完成全部生產過程的自製半成品。與此相應地，在產品也有狹義和廣義之分，狹義在產品僅指某一車間或步驟正在加工中的那部分產品，已完工的半成品不包括在內。廣義在產品則指除完成所有步驟的產品以外的全部在製品，包括狹義在產品和本步驟（或本車間）已完工但還需繼續加工的半成品及正在返修的廢品。不可修復的廢品應當及時報廢，不應列入在產品成本之內。對外銷售的自製半成品，屬於商品產品，驗收入庫後應單獨核算，也不應列入在產品之內。本章所指的生產費用的分配是指在廣義完工產品（即產成品和自製半成品）和狹義在產品之間進行分配。

二、在產品數量的核算

為了正確計算產品成本，加強生產資金的管理，掌握生產進度，檢查在產品是否帳實相符。企業核算在產品數量時，應與原材料等其他存貨的核算一樣，需同時具備帳面核算資料和實地盤點資料，即一方面建立在產品收發結存的日常核算資料，另一方面又要做好在產品的定期清查工作。這樣做，企業不僅從帳面可以隨時掌握在產品的動態，還可以定期查清在產品的實存數量。

（一）在產品的日常收發結存核算

車間在產品收發結存的日常核算，通常是通過設置在產品臺帳進行的。該臺帳分

別按車間、車間內的產品品種和在產品的品名（如零部件的名稱）設置，提供車間各種在產品收發結存動態的業務核算資料。對於多工序生產的企業，也可按加工工序反應。該帳應根據領料憑證、在產品內部轉移憑證以及產品交庫憑證隨時登記，最後由車間核算人員審核匯總。其簡化格式舉例如下，見表4－1。

表4－1　　　　　　　　　　　　　　在產品臺帳
車間：鍛壓　　　　　　零件名稱：1001#　　　　　　計量單位：只

日期	摘要	收入毛坯		制成零件			交出零件			未完工	備註
		憑證號	數量	憑證號	合格品	廢品	憑證號	數量	使用部門		
1/4	上月結轉										
2/4		83#	360	225#	720	14	413#	720	裝配		126
8/4		95#	500	293#	560	6	485#	560	裝配		60
…											
	合計		8,200		6,440	120		6,440		2,140	

（二）在產品清查的核算

為了核實在產品的數量，保證在產品的安全完整，企業必須認真做好在產品的清查工作。企業對在產品應定期進行清查，也可以不定期輪流清查。會計人員應根據清查結果編製「在產品盤點清單」，然後再對照「在產品臺帳」和「在產品盤點清單」，編製「在產品盤點溢缺報告表」，表中應列明在產品的實有數、帳面數、盤盈盤虧數以及盈虧的原因和處理意見等。會計人員對盤盈及盤虧的在產品應及時進行相應帳務處理：

1. 在產品盤盈的核算
（1）發生盤盈時
借：基本生產成本——××產品
　　貸：待處理財產損溢——待處理流動資產損溢
其金額可以按同種在產品的帳面平均成本或定額成本等計算。
（2）經批准轉銷時
借：待處理財產損溢——待處理流動資產損溢
　　貸：管理費用
2. 在產品盤虧及毀損的核算
（1）發生盤虧及毀損時
借：待處理財產損溢——待處理流動資產損溢
　　貸：基本生產成本——××產品
（2）經批准轉銷時，根據不同原因和責任
借：原材料
　　其他應收款

营业外支出

管理费用

贷：待处理财产损溢——待处理流动资产损溢

第二节　完工产品和在产品之间分配费用的方法

生产费用在完工产品与在产品之间的分配，在成本计算工作中是一个重要而又比较复杂的问题。企业应根据完工产品数量和在产品数量的多少、各月数量变化的大小、各项费用在成本中比重的大小，以及定额管理的基础好坏等具体条件，采用既合理又简便的分配方法。计算月末在产品成本的方法比较多，目前用于计算在产品成本的方法有：不计算在产品成本法、在产品成本按年初固定数计算法、在产品按所耗材料计算法、在产品按完工产品计算成本法、在产品按定额成本计价法、约当产量法和定额比例法七种。企业可以根据实际情况选择使用，在产品成本的计算方法一经确定，不得随意变更，以保证产品成本资料的可比性。

一、不计算在产品成本法

如果企业各月在产品的数量很少，其在产品成本计算结果对于完工产品成本的影响也很小，并且管理上也不要求计算在产品的成本，为了简化核算工作，企业可以不计算在产品成本，而将某种产品的生产费用全部由完工产品负担。比如，自来水生产企业、采掘企业、食品加工行业的生产周期较短，月末在产品的数量一般都很少，为了简化计算，月末可以不考虑计算在产品成本。

二、在产品成本按其年初固定数计算

如果企业在产品的数量较小，或者在产品数量虽然较大，但各月之间变化很小，则月初月末在产品成本的差额对于完工产品成本的影响不大，为了简化核算工作，企业在各月末可以不具体计算当月在产品的实际数额，而固定地以年初数来代替各月期末在产品的数额，这样每月的生产费用应全部作为当月完工产品的生产成本。采用这种方法，会计人员到年终时，必须对在产品进行实际盘点，根据盘点的数量，重新计算确定在产品成本，并作为下一年度各个月份固定的在产品成本，以免在产品成本与实际出入过大而影响成本计算的正确性。比如，利用高炉、反应装置和管道进行生产的冶炼、化工企业可以采用这种方法。

［例4－1］某企业产品成本的计算采用在产品成本按年初固定数计算的方法，本年初在产品成本为：直接材料9,000元，燃料及动力1,400元，职工薪酬7,200元，制造费用4,400元，合计22,000元。本月的生产费用为：直接材料12,000元，燃料及动力47,500元，职工薪酬68,500元，制造费用76,000元，合计342,000元。其完工产品成本如表4－2所示。

表4-2　　　　　　　　　　　產品成本明細帳

產品名稱：甲產品　　　　　　　20××年5月　　　　　　　　　　單位：元

摘要	直接材料	直接人工	燃料及動力	製造費用	合計
月初在產品成本	9,000	7,200	1,400	4,400	22,000
本月生產費用	128,000	68,500	47,500	76,000	320,000
生產費用累計	137,000	75,700	48,900	80,400	342,000
本月完工產品成本	128,000	68,500	47,500	76,000	320,000
月末在產品成本	9,000	7,200	1,400	4,400	22,000

三、在產品按完工產品成本計算

如果月末在產品已經接近完工，或已完工只是尚未包裝或尚未驗收入庫，為簡化成本計算，可將其視同完工產品，按完工產品數量和在產品數量比例分配原材料及職工薪酬等各項目費用。

[例4-2] 某企業生產甲產品，月初在產品材料費用為13,000元，直接人工5,400元，燃料及動力4,800元，製造費用6,000元，合計29,200元。本月發生的生產費用如下：直接材料為168,200元，燃料及動力65,200元，直接人工84,600元，製造費用80,000元，合計398,000元。本月完工產品800件，月末在產品200件，都已完工，只是尚未驗收入庫，可以視同完工產品分配各項費用，其成本如表4-3所示。

表4-3　　　　　　　　　　　產品成本明細帳

產品名稱：甲產品　　　　　　　20××年5月　　　　　　　　　　單位：元

摘要		直接材料	直接人工	燃料及動力	製造費用	合計
月初在產品成本		13,000	5,400	4,800	6,000	29,200
本月生產費用		168,200	84,600	65,200	80,000	398,000
生產費用累計		181,200	90,000	70,000	86,000	427,200
費用分配率		181.2	90	70	86	427.2
本月完工產品	數量	800	800	800	800	800
	成本	144,960	72,000	56,000	68,800	341,760
月末在產品成本	數量	200	200	200	200	200
	成本	36,240	18,000	14,000	17,200	85,440

四、在產品成本只按所耗原材料費用計算

如果企業各月末的在產品數量較大，並且各月末在產品數量的變動也較大，但產品成本所耗原材料費用在全部成本中佔有較大的比重。如紡織、造紙、釀酒等行業，其原材料費用占產品成本的比重都較大。為了簡化核算工作，在產品成本可以只計算原材料費用，其他各項費用在全部成本中所占比重很小，將其全部計入完工產品成本。這樣全部生產費用減去只按原材料費用計算的在產品成本後，餘額即為完工產品成本。

[例4-3] 某企業生產甲產品，該產品的原材料費用在產品成本中所占比重較大，在產品只計算原材料費用。甲產品月初在產品成本8,000元，本月發生的生產費用如下：直接材料47,800元，燃料及動力1,000元，直接人工5,200元，製造費用3,100元，合計57,100元。本月完工產品260件，月末在產品50件。該種產品的原材料是在生產開始時一次投入的。其成本見表4-4，計算過程如下：

原材料費用分配率 = $\dfrac{8,000+47,800}{260+50} = 180$

完工產品原材料費用 = 260×180 = 46,800（元）

月末在產品成本 = 50×180 = 9,000（元）

由於月末在產品不計算其他成本項目，其他成本項目的當月發生數全部計入完工產品成本，所以完工產品成本為：

完工產品成本 = 8,000 + 57,100 - 9,000 = 56,100（元）

或者也可這樣計算，即

完工產品成本 = 46,800 + 5,200 + 1,000 + 3,100 = 56,100（元）

表4-4　　　　　　　　　　　產品成本明細帳

產品名稱：甲產品　　　　　　　20××年5月　　　　　　　　　　　單位：元

摘要	直接材料	直接人工	燃料及動力	製造費用	合計
月初在產品成本	8,000				8,000
本月生產費用	47,800	5,200	1,000	3,100	57,100
生產費用累計	55,800	5,200	1,000	3,100	65,100
本月完工產品成本	46,800	5,200	1,000	3,100	56,100
月末在產品成本	9,000				9,000

五、在產品按定額成本計算

如果企業制定了比較準確的消耗定額和成本定額，月末在產品成本可按定額成本計算。在產品按定額成本計算就是在月末計算產品成本時，先按定額成本計算出在產品成本，然後用全部生產費用減去在產品成本，再求出完工產品的成本。其計算公式如下：

期末在產品定額成本 = 在產品數量×產品成本定額×投料程度或完工程度

完工產品成本 = 期初在產品定額成本 + 本期生產費用 - 期末在產品定額成本

[例4-4] 某企業生產乙產品，20××年5月完工120臺，月末在產品30臺，材料在開始時一次投入，完工程度為60%。其成本定額為：直接材料210元，職工薪酬100元，製造費用120元，月初在產品直接材料成本5,000元，職工薪酬2,000元，製造費用2,200元。本月發生的生產費用為：直接材料60,000元，職工薪酬20,800元，製造費用25,600元。其計算結果為：

（1）月末在產品定額成本

在產品直接材料定額成本 = 30×210 = 6,300（元）

在產品職工薪酬定額成本 = 30 × 100 × 60% = 1,800（元）
在產品製造費用定額成本 = 30 × 120 × 60% = 2,160（元）
小計 10,260 元。

（2）完工產品成本

完工產品直接材料成本 = 5,000 + 60,000 − 6,300 = 58,700（元）
完工產品職工薪酬成本 = 2,000 + 20,800 − 1,800 = 21,000（元）
完工產品製造費用成本 = 2,200 + 25,600 − 2,160 = 25,640（元）

具體計算結果見表 4−5。

表 4−5　　　　　　　　　　產品成本明細帳

產品名稱：乙產品　　　　　　　20××年5月　　　　　　　　　　單位：元

摘要	直接材料	直接人工	製造費用	合計
月初在產品成本	5,000	2,000	2,200	9,200
本月生產費用	60,000	20,800	25,600	106,400
生產費用累計	65,000	22,800	27,800	115,600
本月完工產品成本	58,700	21,000	25,640	105,340
月末在產品成本	6,300	1,800	2,160	10,260

[**例 4−5**] 甲產品由三道工序制成，原材料隨生產進度分工序投料，在每道工序開始時一次投料。第一道工序投入原材料定額為 18 千克，月末在產品數量 80 件；第二道工序投入原材料定額為 12 千克，月末在產品數量 60 件；第三道工序投入原材料定額為 10 千克，月末在產品數量 70 件；每千克材料成本為 5 元。第一道工序工時定額為 6 小時，第二道工序工時定額為 4 小時，第三道工序工時定額為 4 小時；小時工資率為 4 元，小時製造費用率為 3 元，各道工序月末在產品完工程度均為 50%，完工產品為 1,000 件。月初在產品和本月發生的實際原材料費用如表 4−6 所示。

表 4−6　　　　　　　月初在產品和本月生產費用表

　　　　　　　　　　20××年5月　　　　　　　　　　單位：元

項目	直接材料	直接人工	製造費用	合計
月初在產品成本	29,500	6,350	5,150	41,000
本月生產費用	168,500	32,800	44,200	245,500

根據上述資料，首先可以計算出月末在產品的定額成本：

第一道工序直接材料定額成本 = 80 × 18 × 5 = 7,200（元）
第一道工序直接人工定額成本 = 80 × 6 × 50% × 4 = 960（元）
第一道工序製造費用定額成本 = 80 × 6 × 50% × 3 = 720（元）
小計 8,880 元。

第二道工序直接材料定額成本 = 60 ×（18 + 12）× 5 = 9,000（元）
第二道工序直接人工定額成本 = 60 ×（6 + 4 × 50%）× 4 = 1,920（元）

第二道工序製造費用定額成本 = 60 × （6 + 4 × 50%） × 3 = 1,440（元）

小計 12,360 元。

第三道工序直接材料定額成本 = 70 × （18 + 12 + 10） × 5 = 14,000（元）

第三道工序直接人工定額成本 = 70 × （6 + 4 + 4 × 50%） × 4 = 3,360（元）

第三道工序製造費用定額成本 = 70 × （6 + 4 + 4 × 50%） × 3 = 2,520（元）

小計 19,880 元。

合計 41,120 元。

可以將上述在產品定額成本的計算結果填入在產品定額成本計算表（見表 4-7）。

表 4-7　　　　　　　　　月末在產品定額成本計算表

產品名稱：甲產品　　　　　　20××年 5 月　　　　　　　　單位：元

工序	數量（件）	直接材料 累計費用定額	直接材料 定額費用	工時 累計工時定額	工時 定額工時	直接人工	製造費用	合計
1	80	90	7,200	3	240	960	720	8,880
2	60	150	9,000	8	480	1,920	1,440	12,360
3	70	200	14,000	12	840	3,360	2,520	19,880
合計	210		30,200		1,560	6,240	4,680	41,120

其次，再計算出完工產品的實際成本。

直接材料分配額 = 29,500 + 168,500 - 30,200 = 167,800（元）

直接人工分配額 = 6,350 + 32,800 - 6,240 = 32,910（元）

製造費用分配額 = 5,150 + 44,200 - 4,680 = 44,670（元）

合計 245,380 元。

本月完工產品成本與月末在產品成本的計算和分配見表 4-8。

表 4-8　　　　　　　　　　產品成本明細帳

產品名稱：甲產品　　　　　　20××年 5 月　　　　　　　　單位：元

摘要	直接材料	直接人工	製造費用	合計
月初在產品成本	29,500	6,350	5,150	41,000
本月發生的生產費用	168,500	32,800	44,200	245,500
合計	198,000	39,150	49,350	286,500
本月完工產品的成本	167,800	32,910	44,670	245,380
月末在產品定額成本	30,200	6,240	4,680	41,120

採用這一分配方法，月末在產品脫離定額的差異全部由完工產品成本負擔，因而只宜在各項消耗定額或費用定額比較準確穩定、各月在產品數量變化不大、月初在產品成本所應負擔的差異和月末在產品成本所應負擔的差異基本上可以互相抵消的情況下採用，否則就會影響費用分配的合理性和準確性。

六、約當產量比例法

約當產量比例法是指按照完工產品數量和在產品的約當產量的比例分配計算完工產品費用和月末在產品費用的一種分配方法。

約當產量是指將月末在產品的數量按其完工程度折算為相當於完工產品的數量，即在產品約當產量。

由於生產過程較複雜，在產品的各成本項目費用發生程度參差不齊，將在產品折合為完工產品時，必須按成本項目分別進行。直接材料費用一般按其投料程度計算，其他費用項目則按加工程度（又稱完工率）計算。如果原材料是分次投入生產的，則應按在產品的投料或耗料程度確定，先將在產品按投料程度折合為約當產量，然後按約當產量比例分配原材料費用。工資等其他成本項目則一律按在產品完工程度折算為約當產量，再進行費用的分配。計算公式如下：

在產品約當產量 = 在產品數量 × 在產品的完工程度（或投料程度）

$$某成本項目費用分配率 = \frac{月初在產品生產成本 + 本月生產費用}{完工產品產量 + 月末在產品約當產量}$$

完工產品某成本項目的分配金額 = 該成本項目費用分配率 × 完工產成品數量

月末在產品成本 = 月初在產品生產成本 + 本月生產費用 − 完工產品成本
　　　　　　　= 該成本項目費用分配率 × 月末在產品約當產量

［例4−6］某企業生產甲產品，當月完工 285 件，月末在產品 50 件，完工程度為 60%。月初在產品成本為 10,260 元，其中直接材料 4,000 元，直接人工 3,210 元，燃料及動力 1,470 元，製造費用 1,580 元。本月發生的生產費用為 105,465 元，其中直接材料 40,220 元，直接人工 22,305 元，燃料及動力 18,690 元，製造費用 24,250 元。材料在生產開始時一次投入。

其計算如下：

直接材料成本項目在產品的約當產量 = 50（件）

其他成本項目在產品的約當產量 = 50 × 60% = 30（件）

$$直接材料費用分配率 = \frac{4,000 + 40,220}{285 + 50} = 132（元）$$

$$直接人工分配率 = \frac{3,210 + 22,305}{285 + 30} = 81（元）$$

$$燃料及動力分配率 = \frac{1,470 + 18,690}{285 + 30} = 64（元）$$

$$製造費用分配率 = \frac{1,580 + 24,250}{285 + 30} = 82（元）$$

完工產品總成本 = 285 ×（132 + 81 + 64 + 82）= 102,315（元）

期末在產品成本 = 50 × 132 + 30 ×（81 + 64 + 82）= 13,410（元）

或者，期末在產品成本 = 10,260 + 105,465 − 102,315 = 13,410（元）

各成本項目的詳細情況見表 4−9。

表4-9　　　　　　　　　　　　　產品成本明細帳

產品名稱：甲產品　　　　　　　　　20××年×月　　　　　　　　　　　　　單位：元

摘要	直接材料	直接人工	燃料及動力	製造費用	合計
月初在產品成本	4,000	3,210	1,470	1,580	10,260
本月生產費用	40,220	22,305	18,690	24,250	105,465
生產費用累計	44,220	25,515	20,160	25,830	115,725
完工產品數量（件）	285	285	285	285	285
在產品約當量（件）	50	30	30	30	
分配率	132	81	64	82	359
本月完工產品成本	37,620	23,085	18,240	23,370	102,315
月末在產品成本	6,600	2,430	1,920	2,460	13,410

　　在上述計算過程中，當成本項目中分配率的計算不能整除求得時，會出現多分費用或少分費用的情況。在實際工作中，產品的單位成本（即分配率，下同）一般精確到分位（即保留兩位小數），由單位成本四捨五入造成的分配差額均由期末在產品成本負擔。因此期末在產品成本的計算一般應採用生產費用累計減去完工產品成本總額求得。

　　採用約當產量比例法分配費用時，在產品的投料程度和完工程度的測定，對於費用分配的正確性影響很大。所以下面分別就投料程度和完工程度的確定方法進行講述。

　　1. 投料程度的確定

　　通常來講，企業產品生產所需的材料有以下四種投放方式：

　　（1）若原材料是在生產開始時一次投入的，在產品的投料程度為100%，不論完工程度如何，都應與完工產品一樣按分配原材料費用。

　　（2）如果原材料是隨生產進度陸續投入的，則在產品的投料程度就是其完工程度。

　　[例4-7] 沿用例4-6的資料，假定材料隨產品加工進度陸續投入，則直接材料、直接人工和製造費用成本項目在產品的約當產量均為30件（30=50×60%），剩下的分配率和分配額的計算方法與例4-6一樣，在此省略。計算結果見表4-10。

表4-10　　　　　　　　　　　　　產品成本明細帳

產品名稱：甲產品　　　　　　　　　20××年×月　　　　　　　　　　　　　單位：元

摘要	直接材料	直接人工	燃料及動力	製造費用	合計
月初在產品成本	4,000	3,210	1,470	1,580	10,260
本月生產費用	40,220	22,305	18,690	24,250	105,465
生產費用累計	44,220	25,515	20,160	25,830	115,725
完工產品數量（件）	285	285	285	285	285
在產品約當量（件）	30	30	30	30	
分配率	140.38	81	64	82	367.38
本月完工產品成本	40,008.30	23,085	18,240	23,370	104,703.30
月末在產品成本	4,211.70	2,430	1,920	2,460	11,021.70

（3）如果原材料隨著生產進度分工序投入，即在每道工序開始時就一次投入本工序所耗原材料，則應將一次投入的計算方法與陸續投入的計算方法結合起來計算投料程度。其計算公式為：

$$某工序月末在產品投料程度 = \frac{前面各工序累計消耗定額（或費用定額） + 本工序消耗定額（或費用定額）}{該完工產品消耗定額（或費用定額）}$$

[**例4-8**] 某企業生產的 A 產品經過三道工序制成，其材料分三次並在每道工序開始時一次投入，有關該產品的投料程度及月末在產品的約當產量的計算如表4-11所示。

表4-11　　　　按投料程度折算的在產品約當產量計算表

工序	月末在產品數量（件）	材料消耗定額（千克）	投料程度	在產品約當量（件）
1	200	15	$\frac{15}{60} \times 100\% = 25\%$	$200 \times 25\% = 50$
2	400	27	$\frac{15+27}{60} \times 100\% = 70\%$	$400 \times 70\% = 280$
3	170	18	$\frac{15+27+18}{60} \times 100\% = 100\%$	$170 \times 100\% = 170$
合計	770	60		500

（4）如果原材料隨著生產進度分工序投入，並且根據每道工序的加工進度投入本工序所耗的原材料，則其投料程度的計算公式為：

$$某工序月末在產品投料程度 = \frac{前面各工序累計消耗定額（或費用定額） + 本工序消耗定額（或費用定額） \times 加工進度}{該完工產品消耗定額（或費用定額）}$$

[**例4-9**] 沿用例4-8的資料，如果材料隨每道工序的進度陸續投入，各工序月末在產品的加工進度分別為60%、80%和50%，有關該產品的投料程度及月末在產品的約當產量的計算如表4-12所示。

表4-12　　　　按投料程度折算的在產品約當產量計算表

工序	月末在產品數量（件）	材料消耗定額（千克）	各工序加工進度	投料程度	在產品約當量（件）
1	200	15	60%	$\frac{15 \times 60\%}{60} \times 100\% = 15\%$	$200 \times 15\% = 30$
2	400	27	80%	$\frac{15+27 \times 80\%}{60} \times 100\% = 61\%$	$400 \times 61\% = 244$
3	170	18	50%	$\frac{15+27+18 \times 50\%}{60} \times 100\% = 85\%$	$170 \times 85\% = 144.5$
合計	770	60			418.5

2. 完工程度的確定

除直接材料成本以外的成本項目（如直接人工、燃料及動力、製造費用等）通常按完工程度（又稱加工進度）計算約當產量。

在產品的完工程度一般可通過技術測定或用其他方法測定。在生產進度比較均衡，各工序在產品的加工數量相差不多的情況下，由於後道工序多加工的程度可以抵補前面幾道工序少加工的程度，此時全部在產品的加工程度均可以按50%平均計算。否則，各工序在產品的完工程度應按工序分別測定。

各工序在產品的完工程度是指各工序累計工時定額占完工產品工時定額的比率。其計算公式如下：

$$\text{某工序月末在產品完工程度} = \frac{\text{前面各工序累計工時定額} + \text{本工序工時定額} \times \text{本工序加工進度}}{\text{完工產品工時定額}} \times 100\%$$

上述公式中的「本工序加工進度」是指在產品在本工序的完成進度，測定方法同前，一般可以簡化按50%計算。

[例4-10]沿用例4-9中關於在產品數量的資料，有關三道工序的工時定額、加工進度及約當產量的計算過程見表4-13。

表4-13　　　　按完工程度折算的在產品約當產量計算表

工序	月末在產品數量（件）	工時定額（小時）	各工序加工進度	投料程度	在產品約當量（件）
1	200	10	60%	$\frac{10 \times 60\%}{30} \times 100\% = 20\%$	$200 \times 20\% = 40$
2	400	7	80%	$\frac{10 + 7 \times 80\%}{30} \times 100\% = 52\%$	$400 \times 52\% = 208$
3	170	13	50%	$\frac{10 + 7 + 13 \times 50\%}{30} \times 100\% \approx 78\%$	$170 \times 78\% = 132.6$
合計	770	30			380.6

約當產量比例法的適用範圍非常廣泛，只要企業能較準確的統計出月末在產品的數量和正確估計月末在產品的完工程度，就能比較客觀地確定完工產品和月末在產品的成本。如果各月末的在產品數量較大，各月末在產品數量的變化也較大，而產品成本中直接材料、直接人工和製造費用等各項費用的比重相差不多時，採用約當產量比例分配法是最適宜的。

七、定額比例分配法

如果企業制定了比較準確的消耗定額，定額也比較穩定，各月在產品數量的變動較大，則產品的生產費用可以按完工產品和月末在產品的定額比例法進行分配。定額比例分配法是根據產品成本項目制定的單位消耗定額和完工產品及在產品數量，計算出定額耗用量或定額成本，然後按照定額消耗量或定額成本的比例，將每一個成本項目的費用在完工產品和在產品之間進行分配的方法。直接材料成本項目一般按材料的

定額消耗量或定額成本的比例進行分配，其他項目按定額工時或定額成本的比例進行分配。其計算公式為：

$$某成本項目分配率 = \frac{期初在產品成本 + 本月生產費用}{本月完工產品定額 + 期末在產品定額}$$

$$\begin{matrix}完工產品定額消耗量\\(或定額工時或定額成本)\end{matrix} = 完工產品產量 \times 產品消耗定額(或工時定額或成本定額)$$

$$\begin{matrix}期末在產品定額消耗量\\(或定額工時或定額成本)\end{matrix} = \begin{matrix}期末在產品\\數量\end{matrix} \times \begin{matrix}產品消耗定額\\(或定額工時或定額成本)\end{matrix} \times \begin{matrix}投料程度\\(或完工程度)\end{matrix}$$

[例4-11] 伊達工廠乙產品20××年8月初的在產品費用為：直接材料為76,980元，燃料及動力費6,210元，直接人工15,200元，製造費用18,655元；本月生產費用為：直接材料105,020元，燃料及動力8,350元，直接人工23,800元，製造費用32,305元。本月完工產品產量為1,000件，在產品數量為600件，完工程度為50%，材料費用定額為100元，工時定額為20小時。材料隨加工進度陸續投入。完工產品和在產品成本採用定額比例法分配。有關成本的計算如表4-14所示。

表4-14　　　　　　　　　產品成本明細帳

產品名稱：乙產品　　　　　　　　20××年8月　　　　　　　　單位：元

摘　要	直接材料	直接人工	燃料及動力	製造費用	合　計
月初在產品成本	76,980	15,200	6,210	18,655	117,045
本月發生的生產費用	105,020	23,800	8,350	32,305	169,475
合計	182,000	39,000	14,560	50,960	286,520
分配率	1.40	1.50	0.56	1.96	5.42
本月完工產品的成本	140,000	30,000	11,200	39,200	220,400
月末在產品成本	42,000	9,000	3,360	11,760	66,120

完工產品定額原材料費用 = 1,000 × 100 = 100,000（元）

期末在產品定額原材料費用 = 600 × 100 × 50% = 30,000（元）

材料費用分配率 = $\frac{76,980 + 105,020}{100,000 + 30,000}$ = 1.40

完工產品定額工時 = 1,000 × 20 = 20,000（小時）

在產品定額工時 = 600 × 20 × 50% = 6,000（小時）

直接人工分配率 = $\frac{15,200 + 23,800}{20,000 + 6,000}$ = 1.50（元/工時）

燃料及動力分配率 = $\frac{6,210 + 8,350}{20,000 + 6,000}$ = 0.56（元/工時）

製造費用分配率 = $\frac{18,655 + 32,305}{20,000 + 6,000}$ = 1.96（元/工時）

在定額比例法下以產品的定額耗用量為分配標準，有利於分析和考核各項消耗定額的執行情況；同時，實際成本脫離定額的差異由完工產品和月末在產品共同按負擔，

彌補了在產品按定額成本計價的不足。因此，這種方法適用於定額管理基礎較好，各項消耗定額或費用定額比較準確、穩定，各月末在產品數量變動較大的產品。

八、完工產品成本的結轉

將工業企業的產品生產費用經過各個帳戶採用不同的方法匯集到「基本生產成本」帳戶，並且經過在完工產品和在產品之間的分配之後，會計人員就可計算得到完工產品的實際成本和仍滯留在「基本生產成本」帳戶中的在產品的實際成本；工業企業的完工產品，包括產成品、自制半成品、自制材料、自制工具等。完工產品經過檢驗入庫後，會計人員應填製「產品入庫單」作為產品入庫的原始憑證。月末，財務部門應根據「產品入庫單」和入庫產品的實際成本編製有關會計分錄。

產成品及自制半成品完工入庫的會計分錄如下：

借：庫存商品──××產品
　　自制半成品──××產品
貸：基本生產成本──××產品（直接材料）
　　　　　　　──××產品（直接人工）
　　　　　　　──××產品（製造費用）

[例4-12] 沿用例4-11的資料，當月完工入庫產品成本的待轉分錄如下：

借：庫存商品──乙　　　　　　　　　　　　　　　220,400
貸：基本生產成本──乙　　　　　　　　　　　　　220,400

本章小結

生產費用在完工產品和月末在產品之間的分配方法有兩大類：一是倒算法；二是比例分配法。分配方法的主要選擇依據有：①月末在產品數量的多少；②各月在產品數量變化的大小；③各項費用比重的大小；④定額管理基礎的好壞等。當月末在產品數量較少時，可以採用不計算月末在產品成本的方法；當月末在產品數量較多時，各月在產品數量變化較大，並且原材料費用在產品成本中所占比重較大時，可以採用月末在產品成本按所耗原材料費用計算的方法；當產品的定額管理基礎較好，並且各月在產品數量變化不大時，可以採用月末在產品成本按定額成本計算的方法。對於定額管理基礎較好，但各月末在產品數量變化較大的產品，可以採用定額比例法將費用在完工產品和月末在產品之間進行分配。而對於各月末在產品數量較大，其變化也較大，產品成本中直接材料、直接人工和製造費用等各項費用比重相差不多的企業，採用約當產量比例分配法是最適宜的。

謹記問題

分配完工產品和月末在產品之間的生產費用時，會計人員應結合企業生產的特點和管理要求，以盡量簡化核算為目的來選擇適當的方法，不能盲目生搬硬套某種方法。

思考與練習

一、單項選擇題

1. 企業生產車間進行在產品盤點，發現一批因管理不善而造成損毀的在產品，經批准應記入（　　）。
   A. 製造費用　　　　　　　　B. 基本生產成本
   C. 管理費用　　　　　　　　D. 營業外支出

2. 在產品成本按所耗直接材料費用計算的方法適用於（　　）。
   A. 各月末在產品數量不多　　B. 各月末在產品數量較多
   C. 各月末在產品數量不穩　　D. 直接材料在成本中所占比重較大

3. 採用在產品成本按年初固定成本計價法，將生產費用在完工產品與期末在產品之間的分配，適用於（　　）。
   A. 各月在產品數量很大
   B. 各月末在產品數量雖大，但各月之間變化不大
   C. 各月末在產品數量變化較大
   D. 各月成本水準相差不大

4. 企業某種產品的各項定額準確、穩定，並且各月末在產品數量的變化不大，為了簡化成本計算工作，其生產費用在完工產品與在產品之間分配應採用（　　）。
   A. 定額比例法　　　　　　　B. 在產品按完工產品計價法
   C. 約當產量法　　　　　　　D. 在產品按定額成本計價法

5. 由於處於各工序的在產品完工程序不同，有的已近完成，有的剛剛開始加工，為簡化計算，對各工序內部的在產品在本工序的加工過程可按（　　）計算。
   A. 50%　　　　　　　　　　B. 100%
   C. 定額工時比例　　　　　　D. 消耗定額比例

6. 某種產品經兩道工序加工而成。單位產品的工時定額為40小時，其中第一道工序為10小時，第二道工序為30小時，各道工序的在產品在本道工序的加工程度按工時定額的50%計算。第一道工序的在產品數量為80件，第二道工序的在產品數量為40件，則期末在產品的約當產量為（　　）件。
   A. 120　　　　　　　　　　B. 35
   C. 25　　　　　　　　　　　D. 60

7. 完工產品與在產品之間分配費用的不計算在產品成本法，適用於（　　）產品。

A. 各月在產品數量很小　　　　　B. 各月在產品數量很大
C. 沒有在產品　　　　　　　　　D. 各月在產品數量變化很小

8. 在編有完整定額資料並且月末在產品數量比較穩定的企業裡，在產品成本通常按（　）計算。

A. 定額成本　　　　　　　　　　B. 定額比例
C. 生產工時比例　　　　　　　　D. 計劃成本

9. 如果原材料在每道工序開始時一次投料，分配原材料費用的在產品投料程度，是（　）與完工產品原材料消耗定額的比率。

A. 在產品所在工序原材料累計消耗定額的 50%
B. 在產品所在工序原材料消耗定額的 50%
C. 在產品所在工序原材料消耗定額
D. 在產品所在工序原材料累計消耗定額

10. 當企業月末在產品數量較大且數量變化也較大，而產品成本中直接材料費用和薪酬等加工費用在成本中所占比重相當，應選用的費用分配方法是（　）。

A. 定額比例法　　　　　　　　　B. 在產品按原材料費用計價法
C. 約當產量法　　　　　　　　　D. 在產品按定額成本計價法

二、多項選擇題

1. 本月發生的生產費用與月初、月末在產品及本月完工產品成本之間的關係是（　）。

A. 月初在產品成本＋本月發生的生產費用＝本月完工產品成本＋月末在產品成本
B. 月初在產品成本＋本月完工產品成本＝本月發生的生產費用＋月末在產品成本
C. 本月完工產品成本＝月初在產品成本＋本月發生的生產費用－月末在產品成本
D. 本月完工產品成本＝月末在產品成本＋本月發生的生產費用－月初在產品成本

2. 企業的在產品包括（　）。

A. 正在車間加工中的在製品
B. 已完成某個或幾個加工步驟需進一步加工的半成品
C. 返修中的廢品
D. 未經檢驗入庫的產品

3. 完工產品與月末在產品之間分配費用的方法有（　）。

A. 交互分配法　　　　　　　　　B. 不計算在產品成本法
C. 約當產量比例法　　　　　　　D. 在產品按定額成本計價法

4. 確定完工產品與月末在產品之間費用分配的方法時，應考慮的條件是（　）。

A. 各項費用比重的大小　　　　　B. 在產品數量的多少

C. 定額管理基礎的好壞　　　　　　D. 各月在產品數量變化的程度
5. 採用在產品按原材料費用計價法分配生產費用時，應具備以下條件（　　）。
　　A. 原材料費用在產品成本中占比重的大　B. 各月末在產品數量較大
　　C. 各月末在產品數量變化較大　　　　D. 各月在產品數量比較穩定
6. 採用定額比例法在完工產品和月末在產品之間分配生產費用，應考慮的條件是（　　）。
　　A. 各月末在產品數量變化不大　　　　B. 消耗定額比較穩定
　　C. 各月末在產品數量變化較大　　　　D. 消耗定額比較準確
7. 約當產量比例法下，測定在產品完工程度，應（　　）測定。
　　A. 分工序　　　　　　　　　　　　　B. 分完工數量
　　C. 分成本項目　　　　　　　　　　　D. 分生產週期
8. 採用約當產量比例法分配完工產品和月末在產品費用，適用於（　　）產品。
　　A. 月末在產品數量不大　　　　　　　B. 月末在產品數量較大
　　C. 產品成本中各項費用所占比重相差不多　D. 各月在產品數量變動較大

三、判斷題

1. 「在產品臺帳」一般由廠部成本核算人員登記。（　　）
2. 採用按年初數固定計算在產品成本法時，某種產品本月發生的生產費用就是本月完工產品的成本。（　　）
3. 計算產品成本，都要在完工產品與月末在產品之間分配費用。（　　）
4. 如果原材料在生產開始時一次投入，不管在產品完工的程度如何，原材料費用的投料程度均為100%。（　　）
5. 約當產量比例法適用於月末在產品數量較大，各月末在產品數量變化也較大，產品成本中原材料費用和工資等加工費用比重相差較大的產品。（　　）
6. 在產品成本的大小，一般與完工產品成本的大小無直接關係。（　　）
7. 狹義在產品包括車間或生產步驟完工的半成品在內。（　　）
8. 原材料費用的投料率與加工費用的完工率一定相等。（　　）
9. 車間領用但月末尚未投入使用的原材料應作為期末在產品成本。（　　）
10. 不論投料方式如何，原材料費用的投料率都等於100%。（　　）
11. 在產品按所消耗原材料費用計價法，適用於在產品數量較多且比較穩定的企業。（　　）
12. 企業在完工產品和月末在產品之間分配生產費用時，應按成本項目分別計算。（　　）
13. 月末在產品按定額成本計價法，適用於在產品數量不多且比較穩定的企業。（　　）

四、核算題

練習一

（一）目的

練習按所耗原材料費用計價法分配完工產品和期末在產品成本。

（二）資料

20××年7月某企業生產的甲產品，原材料費用在產品成本中所占比重很大，月末在產品只計算原材料費用，原材料在生產開始時一次投入。該種產品月初直接材料費用為6,500元，本月發生直接材料費用123,500元，直接人工1,500元，製造費用1,000元。本月完工產品180件，月末在產品20件。

（三）要求

根據在產品按所耗原材料費用計價法計算本月完工產品和期末在產品成本，完成產品成本計算單。

練習二

（一）目的

練習約當產量比例分配法。

（二）資料

20××年9月企業生產的乙產品，經兩道工序連續加工而成，原材料在每道工序開始生產時投入，各工序在產品的完工程度均為50%，本月完工乙產品515件，有關定額、各工序在產品數量及成本的資料如下：

定額及各工序在產品數量表

工序	原材料消耗定額（千克）	工時定額（小時）	在產品數量（件）
1	24	48	150
2	16	12	50
合計	40	60	200

月初及本月發生成本費用表

20××年9月　　　　　　　　　　　　　　　單位：元

項目	直接材料	直接人工	製造費用	合計
月初在產品成本	10,400	6,430	5,350	22,180
本月發生的生產費用	35,450	19,610	10,770	65,830
合計	45,850	26,040	16,120	88,010

（三）要求

1. 計算各工序的投料程度；
2. 計算各工序的完工程度；
3. 用約當產量比例法計算完工產品成本和月末在產品成本。

練習三

(一) 目的

練習定額比例分配法。

(二) 資料

某廠生產的甲產品需依次經過第一、第二、第三道工序加工制成。原材料分別在各道工序開始時一次投入，各工序在產品在本工序的完工率為50%。甲產品本月完工驗收入庫數量1,200件。甲產品生產成本明細帳歸集的生產費用為：月初在產品成本5,280元，其中直接材料2,500元、直接人工1,800元、製造費用980元；本月生產甲產品的生產費用為73,500元，其中直接材料58,000元、直接人工8,000元、製造費用7,500元。其他資料見下表：

工序	在產品數量（件）	材料消耗定額（千克）	工時定額（小時）
1	120	50	30
2	80	20	40
3	200	30	30
合計	40	100	10

(三) 要求

1. 計算月末在產品和完工產品的定額耗用量（或定額工時）；
2. 計算月末在產品成本和完工產品成本。

練習四

(一) 目的

練習在產品按定額成本計價法。

(二) 資料

某企業甲產品原材料費用定額為20元，原材料在生產開始時一次投入。該產品的各項消耗定額比較準確、穩定，並且各月在產品數量的變化不大，月末在產品按定額成本計價。該產品各工序工時定額和7月末在產品數量如下表所示。

產品名稱	所在工序號	本工序工時定額(小時)	在產品數量（件）
甲產品	1	4	300
	2	6	350
	小　計	10	550

各工序在產品完工程度均為50%。該產品的小時費用定額為：職工薪酬6元、製造費用8元。

該種產品7月初的在產品成本為：直接材料8,000元，直接人工12,000元，製造費用15,000元。7月份的生產費用為：直接材料86,000元，直接人工45,000元，製造費用54,600元。

(三) 要求

計算月末在產品成本和完工產品成本。

練習五

(一) 目的

練習約當產量比例法。

(二) 資料

1. 某企業生產丙產品，該產品20××年10月月初及當月發生的生產費用資料如下：

單位：元

項目	直接材料	直接人工	製造費用	合計
月初在產品成本	12,000	5,400	6,800	24,200
本月發生的生產費用	95,910	26,610	45,580	168,100
合計	107,910	32,010	52,380	192,300

2. 生產丙產品所耗原材料在開始生產時投入40%，在加工進度達到40%時再投料30%，在加工進度達到60%時再投剩餘30%的原材料。職工薪酬等加工費用隨加工進度逐漸發生。

3. 丙產品的相關產量資料如下：

項目	完工產品	月末在產品			不可修復廢品
		加工程度30%	加工程度50%	加工程度70%	加工程度50%
實際產量（件）	2,000	800	490	600	10

(三) 要求

1. 計算不可修復廢品的成本並作相關帳務處理；

2. 用約當產量比例法計算完工產品成本和月末在產品成本，並結轉完工產品成本。

第五章　產品成本計算的基本方法

教學目的與要求

　　產品成本計算的基本方法包括品種法、分批法和分步法，其中最基本的產品成本計算方法是品種法。通過本章學習，學員應明確三種產品成本計算方法的概念、內容和適用範圍，懂得各種產品成本計算方法的應用程序，掌握各種產品成本計算方法的操作，能確定產品成本計算對象，設置生產成本計算單，歸集各種生產費用，並運用一定的方法將歸集的生產費用進行分配，能確定期末在產品成本和本期完工產品成本，並能進行產品成本計算過程的會計處理。

本章重點提示

1. 品種法的成本計算程序
2. 分批法的成本計算程序
3. 簡單分批法的適用範圍、特點及計算程序
4. 逐步結轉分步法的成本計算程序
5. 平行結轉分步法的成本計算程序

開篇小案例[1]

　　李明畢業於某財經大學會計系，現在某會計諮詢公司工作。最近，公司經理派李明去新成立的××可樂飲料公司幫助設計可樂飲料產品的成本核算制度。李明調查得知，該公司主要生產罐裝可樂飲料，該飲料所需用的直接材料是糖漿、碳酸水和易拉罐。可樂的生產過程如下：第一步是生產糖漿。第二步是將糖漿與碳酸水混合制成可灌裝的液體。在這一步驟中，直接材料成本是糖漿與碳酸水的成本。第三步是將可樂液體裝入易拉罐。這一步驟的成本主要是人工成本。第四步是在罐上加蓋，然後將已裝罐的可樂包裝成箱，從而完成整個生產流程。根據調查掌握的資料，李明認為該企業生產產品的方式是典型的分步生產方式，因而將其成本核算方法設計為分步成本計算法。

　　請思考這種成本核算方法的設計是否科學合理。

---

[1] 本案例選自內江職業技術學院成本會計精品課程網頁。

第一節　產品成本計算方法概述

準確的成本計算是進行成本預測、決策等管理職能以及計算損益的基礎。因此，產品成本計算方法的選擇至關重要，它主要取決於企業生產的特點和管理要求。而企業生產的特點，又具體表現為生產組織和工藝技術流程的特點。從本章開始，我們將學習成本核算的一般程序如何與企業生產的特點和管理要求結合起來，以確定產品成本計算所採用的方法。

一、生產工藝過程和管理要求對成本計算的影響

工業企業的工藝技術過程，簡稱工藝過程，是將勞動對象加工成預期產品的過程。生產按生產工藝的特點可分為單步驟生產和多步驟生產。

（1）單步驟生產也稱簡單生產，是指生產工藝不能間斷的生產，或者是不能分散在幾個不同地點進行的生產。這類生產的生產週期較短，生產過程一般只能在同一生產地點進行。如發電、供水、採掘等企業的生產方式都屬於簡單生產。

（2）多步驟生產也稱複雜生產，是指生產工藝可以間斷的生產，生產過程可在不同時間、不同地點，由幾個可間斷的生產步驟協作完成。多步驟生產按照加工方式的不同，還可分為連續式多步驟生產和裝配式多步驟生產。連續式多步驟生產是指原材料需按先後順序、經幾個連續的加工步驟才能被加工成產成品的生產。如紡織、造紙、水泥等企業的生產方式都屬於連續式多步驟生產。裝配式多步驟生產是指將原材料平行地在各步驟分別進行加工，制成各種零部件，最後裝配成產成品的生產方式。如汽車、電視、自行車等企業的生產方式都屬於裝配式多步驟生產。

生產工藝和管理要求對成本計算也有很重要的影響。在單步驟生產方式下，生產工藝過程不可或不需間斷，因而不能按生產步驟來計算產品成本，只能以產品品種作為成本計算對象；同時，單步驟生產一般都是大量重複生產，所以只能以會計報告期作為成本計算期，每月月末定期計算產品成本。

在連續式多步驟生產下，生產一般為大量生產，會計人員進行成本管理不僅應按產品品種計算產品成本，而且還要按生產步驟計算產品成本，此時應以產品品種及其生產步驟作為產品成本計算對象。由於產品連續生產，會計人員只能在每月月末定期地計算產品成本。在連續式多步驟生產方式下，一般各生產步驟在月末都結存有一定的在產品，這就要求會計人員在月末採用適當的分配方法，將生產費用在完工產品和月末在產品間進行分配。

在裝配式多步驟生產下，生產的組織形式有大量生產、成批生產、單件生產。如為大量、大批生產，成本計算方法與連續式、多步驟生產基本一樣。如為單件、小批生產，成本的計算只能以產品的批別作為產品成本計算對象；同時，又由於其產量小且基本上是同時完工，成本計算只能在產品完工後才能進行，因此其產品成本計算期與生產週期一致，也就不存在生產費用在完工產品和月末在產品之間進行分配的問

題了。

二、生產組織和管理要求對產品成本計算的影響

工業企業生產組織的特點是指工業企業生產的專業化程度，一般具體包括產品產量的大小、產品生產的重複性及產品品種的穩定性。工業企業的生產按生產組織的特點，可分為大量生產、成批生產和單件生產三種方式。

（1）大量生產是指企業大量重複地生產一種或少數幾種產品的生產組織方式。這種生產組織方式的主要特點是產品產量大、產品品種少且很穩定。如冶金、採掘、紡織、造紙等工業企業的生產均屬於這種生產組織方式。

（2）成批生產是指企業按照預定的產品批別和數量輪番生產幾種產品的生產組織方式。這種生產組織方式的主要特點是產品的品種較多，企業在幾種產品品種間成批地輪換組織生產。服裝生產就是較為典型的成批生產組織方式。成批生產組織方式按照所生產的產品產量大小還可細分為大批生產和小批生產，大批生產類似於大量生產，小批生產類似於單件生產。

（3）單件生產是指企業按照訂貨單位的要求為其生產產品的生產組織方式。這種生產組織方式所生產的產品大多為性質特別的產品或專用產品，其主要特點為產品品種較多，經常應訂貨客戶要求而更換品種，產品產量一般不大。如專用設備、重型車輛、機械或船舶等工業企業的生產即屬於這種生產組織方式。

生產組織和管理要求對成本計算的影響，主要表現在成本計算對象的確定上。在大量生產方式下，企業大量地生產著同一種產品，因此從管理上只要求，並且也只能以產品品種作為成本計算對象；在大批生產方式下，產品產量較大，品種也較穩定，一般也只能以產品品種作為成本計算對象；在小批生產方式下，產品批量較小且同批產品大多同時完工，因此可按產品批別作為產品成本計算對象，此外在管理上也要求按產品的批別來計算產品成本；在單件生產方式下，生產按件組織，與小批生產方式一樣，有可能也有必要按產品的件別（批別）計算產品成本。

三、成本計算方法

（一）基本方法

為了適應各種類型生產的特點和管理要求，在產品成本計算工作中有三種不同的產品成本計算對象，與之相聯繫，在會計核算上也存在以產品成本計算對象為主要標誌的三種不同的產品成本計算方法（見表5－1）。

（1）品種法。這種方法以產品品種為成本計算對象進行產品成本計算。

（2）分批法。這種方法以產品批別為成本計算對象進行產品成本計算。

（3）分步法。這種方法以產品生產步驟為成本計算對象進行產品成本計算。

表5-1　　　　　　　　　　基本成本計算方法的特點及適用範圍

成本計算方法	成本計算對象	成本計算期	生產費用在完工產品與在產品之間的分配	適應範圍
品種法	產品品種	定期於月末計算	一般不需要分配，但大量大批多步驟生產的企業採用該方法需要分配	單步驟大量大批生產；不需要分步驟計算成本的大量大批多步驟生產
分批法	產品批別	不定期計算	一般不需要分配	單件小批單步驟生產；管理上不要求分步驟計算成本的多步驟生產
分步法	產品生產步驟	定期於月末計算	需要進行分配	管理上要求分步驟計算成本的大量大批多步驟生產

這三種方法是計算產品實際成本必不可少的方法，因而是產品成本計算的基本方法。其中，品種法是最簡單和基本的產品成本計算方法。

(二) 產品成本計算的輔助方法

在產品品種、規格繁多的工業企業中，為了簡化成本計算工作，會計人員還可採用一種簡便的產品成本計算方法——分類法；在定額管理工作有一定基礎的工業企業中，為了配合和加強生產費用和產品成本的定額管理，還可採用一種將符合定額的費用和脫離定額的差異分別核算的產品成本計算方法——定額法。此外，為了加強企業內部成本控制和分析，會計人員還可採用一種只計算產品的標準成本，而將成本差異直接計入當期損益的標準成本法。分類法、定額法、標準成本法等，從計算產品實際成本的角度來說，不是必不可少的，因而可以通稱為輔助方法。但是，這些方法也很重要，如定額法對於控制生產費用、降低產品成本，起著重要的作用。

第二節　產品成本計算的品種法

產品成本計算的品種法是指以產品品種為成本計算對象，歸集和分配產品成本的一種方法。

品種法適用於大量大批的單步驟生產，例如發電、採掘等企業的生產。在大量大批多步驟生產中，如果企業或車間的規模較小，或者車間是封閉式的，也就是從原材料投入到產品產出的全部生產過程都在一個車間內進行，或者說生產是按流水線組織的，而且在管理上不要求按生產步驟計算產品成本，那麼也可以採用這種方法計算產品成本。例如，小型水泥廠的生產，以及大量大批的鑄件熔鑄和玻璃製品的熔制等，如果管理上不要求分成熔煉與鑄造或製造兩個生產步驟計算產品成本，也可以用品種法計算產品成本。

一、品種法的基本特點

品種法在成本計算對象、成本計算期以及費用在完工產品與在產品之間的分配方面有如下特點：

（一）以產品品種作為成本計算的對象

在採用品種法計算產品成本的企業或車間裡，如果只生產一種產品，會計人員只需為該產品開設一級產品成本明細帳，在明細帳內按成本項目設立專欄。在這種情況下，所發生的全部生產費用都是直接費用，可以直接記入該產品成本明細帳的有關成本項目，而不存在在各成本計算對象之間分配費用的問題。如果該企業或車間生產多種產品，會計人員應採用適當的方法將間接費用在各成本計算對象之間進行分配。

（二）每月月末進行成本計算

大量大批單步驟生產企業，由於不斷重複生產一種或幾種產品，很難確定各產品的生產週期，因而不能在產品完工時計算出其成本；在多步驟生產中，如果採用品種法計算成本，也定期於每月末計算。總之，為了定期反應產品的生產費用信息，在品種法下，成本計算期一般按公曆月份劃分，與會計報告期一致，而與產品生產週期不一致。

（三）費用在完工產品與在產品之間的分配

在單步驟生產中，由於生產週期短，月末在產品數量較少，因而可以不計算在產品成本，成本明細帳歸集的生產費用之和為完工產品成本。在多步驟生產中，月末一般都有在產品，而且數量一般較多，所以應當選擇適當的分配方法，將歸集的生產費用在完工產品與在產品之間進行分配，以便於計算完工產品的總成本和單位成本。

二、品種法的一般計算程序

按照產品的品種計算成本，是成本管理對於成本計算的最一般的要求，品種法的成本計算程序，一般可按以下步驟進行：

1. 確定成本計算對象，設置產品成本計算單

企業採用品種法計算產品成本時，應按照產品的品種設置基本生產成本明細帳，同時設置「輔助生產成本」「製造費用」等明細帳。

2. 歸集和分配費用

（1）根據各項要素費用發生的原始憑證和其他有關資料，分配要素費用，編製各項要素費用分配表，並據此登記基本生產成本、製造費用和輔助生產成本明細帳等。

（2）將輔助生產成本明細帳所歸集的全月費用，採用適當的分配方法，在各受益部門之間進行分配，編製輔助生產費用分配表，並據以登記基本生產成本、製造費用明細帳等。

（3）將製造費用明細帳所歸集的全月費用，採用適當的分配方法，在各種產品之間進行分配，編製製造費用分配表，並據以登記基本生產成本明細帳。

3. 計算完工產品成本

月末，會計人員應將基本生產成本明細帳中所歸集的全部費用，採用適當的方法在本月完工產品和月末在產品之間分配。

（1）按產品品種開設基本生產成本明細帳，明細帳按成本項目開設專欄或專行，用以歸集費用和計算成本。

（2）根據各項費用的原始憑證和其他有關資料，編製各種要素費用分配表，如材料費用分配表、職工薪酬分配表、折舊費用分配表、外購動力費分配表、其他費用分配表等。

（3）歸集和分配輔助生產成本，編製輔助生產費用分配表。

（4）歸集和分配製造費用，編製製造費用分配表。

（5）依據上述各種費用分配表，編製會計分錄，並將分配結果登記在基本生產成本明細帳或產品成本計算單上。

（6）最後將記入產品成本明細帳的各項生產費用匯總，如果月末有未完工產品，要將歸集的費用在完工產品與在產品之間進行分配，計算完工產品成本和月末在產品成本。其計算程序見圖5-1。

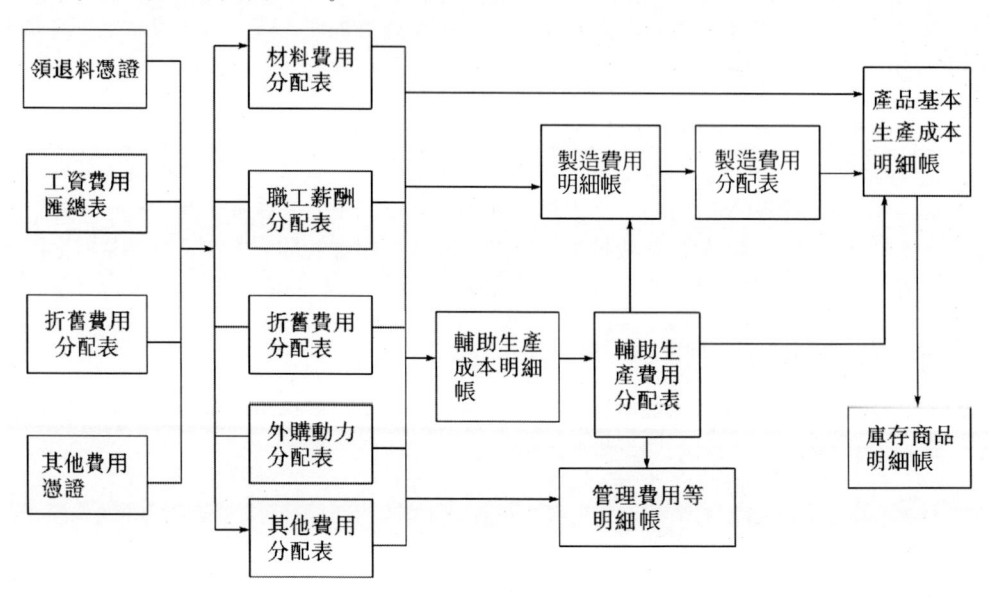

圖5-1　品種法下產品成本計算流程圖

三、品種法應用舉例

[例5-1] 達宇公司是一家大量大批單步驟生產的企業，採用品種法計算產品成本。企業設有一個基本生產車間，生產甲、乙兩種產品，還設有兩個輔助生產車間，即運輸車間和供電車間。基本生產車間生產所需的材料係生產開始時一次性投入。該廠20××年5月有關產品成本的核算資料見表5-2、表5-3。

1. 月初在產品成本資料

表 5－2　　　　　　　　　　　月初在產品成本　　　　　　　　　　單位：元

產品名稱	直接材料	直接人工	製造費用	合計
乙	12,400	2,596	3,525	18,521

2. 產量資料

表 5－3　　　　　　　　　　　　產量資料　　　　　　　　　　　　單位：件

產品名稱	月初在產品	本月投產	本月完工產品	月末在產品	完工率
甲		400	360	40	66%
乙	180	620	600	200	50%

3. 該月發生的生產費用

（1）本月共發生材料費用 140,970 元，其中生產甲產品耗用 A 材料 32,800 元，生產乙產品耗用 B 材料 28,000 元，甲、乙產品共同耗用材料 6,100 千克，實際單位成本為 12 元，共計 73,200 元。甲產品材料消耗定額為 6 千克，乙產品材料消耗定額耗為 4 千克。產品所耗用材料在生產開始時一次投入。運輸車間耗用材料 1,000 元，供電車間耗用材料 900 元，基本生產車間消耗材料 4,120 元，廠部管理部門耗用材料 950 元。

（2）本月應付職工工資共計 76,600 元，其中基本生產車間工人工資 48,000 元，基本生產車間管理人員工資 8,000 元，運輸車間人員工資 3,000 元，供電車間人員工資 2,600 元，廠部管理人員工資 15,000 元。該企業按工資總額的 2% 和 1.5% 計提工會經費和職工教育經費。

（3）運輸車間固定資產折舊費為 2,800 元，水電費為 200 元，辦公費為 100 元；供電車間固定資產折舊費為 4,000 元，維修費為 400 元，辦公費為 150 元；基本生產車間廠房、機器設備折舊費為 16,900 元，固定資產修理費為 2,100 元，辦公費為 685 元，其他費用為 4,231 元；廠部管理部門固定資產折舊費為 7,900 元，辦公費為 4,300 元，其他費用為 1,600 元。除折舊費用外的其他費用均已付現。

（4）甲產品實際耗用工時為 3,500 小時，乙產品實際耗用工時為 1,500 小時。

（5）本月運輸車間共完成 9,700 千米運輸工作量，其中：供電車間耗用 500 千米，基本生產車間耗用 5,080 千米，企業管理部門耗用 4,120 千米。

（6）本月供電車間共提供 9,400 度電，其中：運輸車間耗用 600 度電，基本生產車間耗用 3,870 度電，企業管理部門耗用 4,050 度電。

要求：將甲、乙產品共同耗用的材料按定額消耗量比例分配；將生產工人工資按甲、乙產品實際耗用工時的比例分配；將輔助生產費用按計劃成本分配，每千米運輸工作量的計劃成本為 0.8 元，每度電的計劃成本為 0.9 元；將製造費用按甲、乙產品實際耗用工時的比例分配；按約當產量法分配計算甲、乙完工產品和月末在產品成本。

4. 費用的分配和帳務處理

（1）分配材料費用（見表 5－4）。

表 5-4　　　　　　　　　　　材料費用分配表

20××年 5 月　　　　　　　　　　　單位：元

應借科目		直接計入金額	分配計入金額		合計
			分配標準（分配率：15/千克）	分配金額	
基本生產成本	甲產品	32,800	2,400	36,000	68,800
	乙產品	28,000	2,480	37,200	65,200
	小計	60,800	4,880	73,200	134,000
輔助生產成本	運輸車間	1,000			1,000
	供電車間	900			900
製造費用		4,120			4,120
管理費用		950			950
合計		67,770		73,200	140,970

共同材料費用分配率 = 6,100 × 12 ÷（400 × 6 + 620 × 4）

　　　　　　　　　　＝ 73,200 ÷ 4,880 = 15（元/千克）

甲產品應分配材料費用 = 2,400 × 15 = 36,000（元）

乙產品應分配材料費用 = 2,480 × 15 = 37,200（元）

應編製會計分錄如下：

　借：基本生產成本——甲產品（直接材料）　　　　　　　68,800
　　　　　　　　　　——乙產品（直接材料）　　　　　　　65,200
　　　輔助生產成本——運輸車間　　　　　　　　　　　　1,000
　　　　　　　　　　——供電車間　　　　　　　　　　　　900
　　　製造費用　　　　　　　　　　　　　　　　　　　　4,120
　　　管理費用　　　　　　　　　　　　　　　　　　　　950
　　貸：原材料　　　　　　　　　　　　　　　　　　　140,970

（2）分配職工薪酬（見表 5-5）。

表 5-5　　　　　　　　　　　職工薪酬分配表

20××年 5 月　　　　　　　　　　　單位：元

應借科目		生產工時（分配率：9.6）	工資	工會經費	職工教育經費	合計
基本生產成本	甲產品	3,500	33,600	672	504	34,776
	乙產品	1,500	14,400	288	216	14,904
	小計	5,000	48,000	960	720	49,680
輔助生產成本	運輸車間		3,000	60	45	3,105
	供電車間		2,600	52	39	2,691
製造費用			8,000	160	120	8,280
管理費用			15,000	300	225	15,525
合計			76,600	1,532	1,149	79,281

應編製會計分錄如下：

借：基本生產成本——甲產品（直接人工）　　　　　　　34,776
　　　　　　　　——乙產品（直接人工）　　　　　　　14,904
　　輔助生產成本——運輸車間　　　　　　　　　　　　 3,105
　　　　　　　　——供電車間　　　　　　　　　　　　 2,691
　　製造費用　　　　　　　　　　　　　　　　　　　　 8,280
　　管理費用　　　　　　　　　　　　　　　　　　　　15,525
　　貸：應付職工薪酬——工資　　　　　　　　　　　　76,600
　　　　　　　　　　——工會經費　　　　　　　　　　 1,532
　　　　　　　　　　——職工教育經費　　　　　　　　 1,149

（3）匯總其他費用。

應編製會計分錄如下：

借：輔助生產成本——運輸車間　　　　　　　　　　　　 3,100
　　　　　　　　——供電車間　　　　　　　　　　　　 4,550
　　製造費用　　　　　　　　　　　　　　　　　　　　23,916
　　管理費用　　　　　　　　　　　　　　　　　　　　13,800
　　貸：累計折舊　　　　　　　　　　　　　　　　　　31,600
　　　　庫存現金　　　　　　　　　　　　　　　　　　13,766

（4）歸集和分配輔助生產費用（見表5-6、表5-7、表5-8）。

表5-6　　　　　　　　　　　輔助生產成本明細帳

車間名稱：運輸車間　　　　　　　　　　　　　　　　　　　　　　　單位：元

月	日	摘要	材料	職工薪酬	折舊費	水電費	其他	合計	轉出
5	31	分配材料費用	1,000					1,000	
	31	分配工資費用		3,105				3,105	
	31	匯總其他費用			2,800	200	100	3,100	
	31	合計	1,000	3,105	2,800	200	100	7,205	
	31	分配轉出							7,205

表5-7　　　　　　　　　　　輔助生產成本明細帳

車間名稱：供電車間　　　　　　　　　　　　　　　　　　　　　　　單位：元

月	日	摘要	材料	職工薪酬	折舊費	修理費	其他	合計	轉出
5	31	分配材料費用	900					900	
	31	分配工資費用		2,691				2,691	
	31	匯總其他費用			4,000	400	150	4,550	
	31	合計	900	2,691	4,000	400	150	8,141	
	31	分配轉出							8,141

表 5-8　　　　　　　　　　　　　輔助生產費用分配表

20××年 5 月　　　　　　　　　　單位：元

勞務部門 受益部門		運輸車間			供電車間			合計
		數量	計劃成本 (分配率)	分配 金額	數量	計劃成本 (分配率)	分配 金額	
待分配的費用		9,700	0.8	7,205	9,400	0.9	8,141	15,346
按計劃 成本分配	運輸車間				600		540	540
	供電車間	500		400				400
	車間一般耗用	5,080		4,064	4,300		3,870	7,934
	行政管理部門	4,120		3,296	4,500		4,050	7,346
	按計劃成本分配的合計			7,760			8,460	16,220
輔助生產實際成本				7,745			8,541	16,286
差異額（尾差）				-15			81	66

應編製會計分錄如下：

借：輔助生產成本——運輸車間　　　　　　　　　　　540
　　　　　　　　　——供電車間　　　　　　　　　　400
　　製造費用　　　　　　　　　　　　　　　　　　7,934
　　管理費用　　　　　　　　　　　　　　　　　　7,346
　貸：輔助生產成本——運輸車間　　　　　　　　　7,760
　　　　　　　　　——供電車間　　　　　　　　　8,460

計算結轉分配差異：

運輸車間差異額 = 7,205 + 540 - 7,760 = -15（元）

供電車間差異額 = 8,141 + 400 - 8,460 = 81（元）

差異合計 66 元。

借：管理費用　　　　　　　　　　　　　　　　　　　66
　貸：輔助生產成本——運輸車間　　　　　　　　　　15
　　　　　　　　　——供電車間　　　　　　　　　　81

(5) 歸集和分配基本生產車間製造費用（見表 5-9、表 5-10）。

表 5-9　　　　　　　　　　　　　製造費用明細帳

車間名稱：基本生產車間　　　　　　　　　　　　　　單位：元

月	日	摘要	職工 薪酬	機物料 消耗	折舊費	修理費	辦公費	運輸費	電費	其他	合計
5	31	根據表 5-4		4,120							4,120
	31	根據表 5-5	8,280								8,280

表 5-9（續）

月	日	摘　要	職工薪酬	機物料消耗	折舊費	修理費	辦公費	運輸費	電費	其他	合計
	31	匯總其他費用			16,900	2,100	685			4,231	23,916
	31	根據表5-8						4,064	3,870		7,934
	31	合計	8,280	4,120	16,900	2,100	685	4,064	3,870	4,231	44,250
	31	分配轉出	8,280	4,120	16,900	2,100	685	4,064	3,870	4,231	44,250

表 5-10　　　　　　　　　基本生產車間製造費用分配表

20××年5月　　　　　　　　　　　　　　　　　　單位：元

應借科目		實際耗用工時	分配率	分配額
總帳科目	明細科目			
基本生產成本	甲產品	3,500		30,975
基本生產成本	乙產品	1,500		13,275
合計		5,000	8.85	44,250

製造費用分配會計分錄如下：
　　借：基本生產成本——甲產品（製造費用）　　　　30,975
　　　　　　　　　　——乙產品（製造費用）　　　　13,275
　　　貸：製造費用　　　　　　　　　　　　　　　　　　　44,250

（6）匯總本月發生的管理費用，登記管理費用明細表（本例略）。

（7）登記基本生產成本明細帳，計算完工產品成本（表5-11、表5-12、表5-13）。

表 5-11　　　　　　　　　　產品成本明細帳

產品名稱：甲產品　　　　　　　　　　　　　　　　　　單位：元

月	日	摘　要	直接材料	直接人工	製造費用	合計
	31	根據分配表5-5	68,800			68,800
	31	根據分配表5-6		34,776		34,776
	31	根據分配表5-10			30,975	30,975
	31	生產費用合計	68,800	34,776	30,975	134,551
	31	約當產量	400	386.40	386.40	
	31	單位成本	172	90	80.16	342.16
	31	完工產品成本轉出	61,920	32,400	28,857.60	123,177.60
	31	月末在產品成本	6,880	2,376	2,117.40	11,373.40

表 5－12　　　　　　　　　　　　產品成本明細帳

產品名稱：乙產品　　　　　　　　　　　　　　　　　　　　　　　　　單位：元

月	日	摘　　要	直接材料	直接人工	製造費用	合計
5	1	月初在產品成本	12,400	2,596	3,525	18,521
5	31	根據分配表 5－5	65,200			65,200
	31	根據分配表 5－6		14,904		14,904
	31	根據分配表 5－10			13,275	13,275
	31	生產費用合計	77,600	17,500	16,800	111,900
		約當產量	800	700	700	
		單位成本	97	25	24	146
		完工產品成本轉出	58,200	15,000	14,400	87,600
		月末在產品成本	19,400	2,500	2,400	24,300

表 5－13　　　　　　　　　　　　產成品成本匯總表

20××年 5 月　　　　　　　　　　　　　　　　　　　　　　　　　單位：元

產品名稱	單位	數量	直接材料	直接人工	製造費用	合計
甲	件	360	61,920	32,400	28,858.7	123,178.60
乙	件	600	58,200	15,000	14,400	94,680
合計			120,120	47,400	43,258.7	217,858.60

產成品入庫會計分錄：
　　借：庫存商品——甲產品　　　　　　　　　　　　　　　123,178.60
　　　　　　　　——乙產品　　　　　　　　　　　　　　　 94,680
　　　貸：基本生產成本——甲產品　　　　　　　　　　　　123,178.60
　　　　　　　　　　——乙產品　　　　　　　　　　　　　 94,680

第三節　產品成本計算的分批法

一、分批法的概念及特點

　　產品成本計算的分批法是以產品的批別作為成本計算對象，開設成本明細帳，歸集費用，計算產品成本的一種方法。

　　產品成本計算的分批法主要適用於單件、小批生產，並且在管理上不要求分步驟計算成本的企業，如重型機械、船舶、精密儀器和專用設備的製造企業等。另外，新產品的實驗或試製、專業修理、不斷變化款式的小批高檔時裝生產等也可以採用分批法計算產品成本。

在這種生產類型的企業中，產品的品種和每批產品的數量大多是根據購貨單位的訂貨單來確定的，因而按照產品批別計算產品成本，通常也就是按照訂單計算產品成本。所以產品成本計算的分批法，也稱為訂單法。

分批法與其他成本計算方法相比，具有明顯的特殊性，主要表現如下：

(一) 產品成本計算對象就是產品的批次或件別

在小批單件生產的企業中，生產活動基本上是根據購買單位的訂單直接分批組織的，所以分批法的成本計算對象，是各批（或各訂單）產品。但是，如果一張訂單中規定的產品不止一種，為了便於生產管理、考核和分析各種產品成本計劃的完成情況，會計人員還要按照產品種類劃分批別，然後組織生產並計算成本。如果一張訂單中只有一種產品，會計人員可直接用分批法計算其成本。

(二) 以產品生產週期為成本計算期進行成本計算

會計人員採用分批法計算產品成本時，需要像品種法一樣按月歸集各產品的生產費用，但往往在該批產品全部完工後才計算整批產品的成本。因此，分批法的成本計算期通常具有以下特點：①產品成本計算不定期；②成本計算期與產品生產週期一致，而與會計期間不一致。

(三) 生產費用在完工產品與月末在產品之間的分配

由於分批法的成本計算對象是每一批產品，其成本計算期是該批產品的生產週期，故在一般情況下不存在生產費用在完工產品和在產品之間分配的問題。具體來講，分批法下生產費用的分配有以下幾種情況：

如果是單件生產，產品完工以前，成本計算單中所登記的生產費用，都是在產品成本；產品完工時，其所登記的生產費用，就是產成品成本。因而在月末計算成本時，沒有在完工產品和在產品之間分配費用的問題。

如果是小批生產，由於產品批量小，批內產品一般都能同時完工。月末計算成本時，這批產品往往全部已經完工或者全部沒有完工，因而通常也不需要在完工產品和在產品之間分配費用。

但在批內產品跨月陸續完工的情況下，月末計算成本時，一部分產品已完工，另外一部分尚未完工，這就有必要在完工產品和在產品之間分配費用，以便正確計算產成品成本和月末在產品成本。如果批內產品跨月陸續完工的情況不多，或者批內完工產品數量占全部批量的比重較小，可用簡單的分配方法，即按計劃單位成本、成本定額或最近一期相同產品的實際單位成本計算產品成本，並從成本計算單中轉出，以其餘額作為在產品成本。

如果批內產品跨月完工的情況較多，並且期末批內完工產品的數量占全部批量的比重較大，為了正確計算產品成本，會計人員就要根據具體情況採用適當的分配方法，如約當產量比例法、定額比例法等將生產費用在完工產品和在產品之間進行分配。

二、分批法的計算程序

採用分批法計算產品成本的程序如下：

（1）按產品批別（或生產令號）開設基本生產成本明細帳，並分別按成本項目設置專欄或專行，用以歸集該批產品在生產過程中所發生的各項成本費用。在生產開始時，企業的生產計劃部門下達生產任務通知單，財會部門根據每一生產任務通知單的副本開設成本明細帳，並在成本計算單上註明產品批號以及生產任務通知單上所提供的其他規定性或說明性信息。

（2）歸集和分配生產費用。企業在生產產品領用各種原材料、耗用有關費用時，都要在有關的原始憑證上註明生產通知單號。月末，會計人員根據費用的原始憑證，編製各種費用分配表，將各批產品的直接費用，按產品批別並區分成本項目直接記入各成本明細帳內，將發生的間接費用按照一定的方法在各批產品之間進行分配，記入有關各批產品成本明細帳內。

（3）計算完工產品成本。通常情況下，生產週期內，各月月末結帳時，成本明細帳上累計的生產費用，都是在產品成本；當某批別或生產通知單的產品完工並檢驗合格後，應由生產車間填製完工通知單，報送財會部門。此時成本明細帳上的全部費用，就是產成品成本。如果某批產品出現跨月完工情況，會計人員需要將成本明細帳中全部的費用，採用一定的方法在完工產品與在產品之間進行分配，並計算出完工產品和月末在產品成本。

三、分批法應用舉例

下面，以小批生產的某企業的產品成本計算為例，說明分批法的核算程序。

[例5-2] 某企業按照購貨單位的要求，小批生產某些產品，採用分批法計算產品成本。該廠20××年5月生產產品情況如下：

3月投產A產品60件，批號為3001，本月完工50件，並已交貨，還有10件尚未完工，完工產品和在產品的成本按約當產量比例法計算，原材料在生產開始時一次投入，月末在產品完工程度為50%；

4月投產B產品10件，批號為4001，本月全部完工；

5月投產C產品30件，批號為5001，本月完工5件，並已交貨，還有25件尚未完工，完工產品成本按定額成本結轉，其成本定額為870元，其中直接材料320元，直接人工200元，製造費用350元；

5月投產D產品8件，批號為5002，月末尚未完工。

本月各批產品月初在產品成本和發生的生產費用如表5-14所示，各批產品的計算如表5-15、表5-16、表5-17、表5-18所示。

表5-14　　　　　　　　　各批產品生產費用分配表

20××年5月　　　　　　　　　　　　　　　　單位：元

項　目		直接材料	直接人工	製造費用	合　計
月初在產品成本	3001	66,000	28,485	36,000	130,485
	4001	16,500	6,000	7,500	30,000
	合計	82,500	34,485	43,500	160,485

表 5 – 14（續）

項　　目		直接材料	直接人工	製造費用	合　　計
本月生產費用	3001		11,500	14,050	25,550
	4001	3,500	2,000	1,500	7,000
	5001	12,000	7,200	8,100	27,300
	5002	5,400	3,800	4,250	13,450
	合計	20,900	24,500	27,900	73,300

表 5 – 15　　　　　　　　　　　　產品成本明細帳

批號：3001　　　　　　批量：60 件　　　　　　開工日期：3 月 9 日
產品名稱：A 產品　　　本月完工：50 件　　　　完工日期：　　　　單位：元

項　　目	直接材料	直接人工	製造費用	合　　計
月初在產品成本	66,000	28,485	36,000	130,485
本月生產費用	—	11,500	14,050	25,550
合計	66,000	39,985	50,050	156,035
結轉完工產品成本	55,000	36,350	45,500	136,850
單位成本	1,100	727	910	2,737
月末在產品成本	11,000	3,635	4,550	19,185

表 5 – 15 中，完工產品單位成本（即費用分配率）計算如下：
直接材料費用分配率 = 66,000 ÷（50 + 10）= 1,100（元/件）
直接人工費用分配率 = 39,985 ÷（50 + 10 × 50%）= 727（元/件）
直接材料費用分配率 = 45,500 ÷（50 + 10 × 50%）= 910（元/件）
完工產品成本用完工產量乘以各成本項目分配率求得。

表 5 – 16　　　　　　　　　　　　產品成本明細帳

批號：4001　　　　　　批量：10 件　　　　　　開工日期：4 月 2 日
產品名稱：B 產品　　　本月完工：10 件　　　　完工日期：5 月 25 日　　單位：元

項　　目	直接材料	直接人工	製造費用	合　　計
月初在產品成本	16,500	6,000	7,500	30,000
本月生產費用	3,500	2,000	1,500	7,000
合計	20,000	8,000	9,000	37,000
結轉完工產品成本	20,000	8,000	9,000	37,000
單位成本	2,000	800	900	3,700

表 5-17　　　　　　　　　　　　產品成本明細帳

批號：5001　　　　　　　批量：30件　　　　　　　開工日期：5月4日

產品名稱：C產品　　　　　本月完工：5件　　　　　完工日期：5月27日　　　單位：元

項　　目	直接材料	直接人工	製造費用	合　　計
月初在產品成本				
本月生產費用	12,000	7,200	8,100	27,300
合計	12,000	7,200	8,100	27,300
結轉完工產品成本	1,600	1,000	1,750	4,350
成本定額	320	200	350	870
月末在產品成本	10,400	6,200	6,350	22,950

表 5-18　　　　　　　　　　　　產品成本明細帳

批號：5002　　　　　　　批量：8件　　　　　　　開工日期：5月5日

產品名稱：D產品　　　　　本月完工：　　　　　　完工日期：　　　　　　單位：元

項　　目	直接材料	直接人工	製造費用	合　　計
月初在產品成本				
本月生產費用	5,400	3,800	4,250	13,450
合計	5,400	3,800	4,250	13,450
結轉完工產品成本				
單位成本				
月末在產品成本	5,400	3,800	4,250	13,450

四、簡化分批法及其運用

在單件、小批生產的企業或車間中，同一月份投產的產品批別往往很多，有時多至幾十批，甚至上百批。如果將當月發生的間接費用全部分配給各批產品，而不管各批產品是否已經完工，費用分配的核算工作將很繁重。

簡化的分批法，是指只有在各批產品完工時，才分配各項間接計入費用，對於各批未完工的在產品，不分配間接計入費用，不計算各批產品的在產品成本，而是將間接計入費用累計起來，在基本生產成本二級帳中以總數反應，也就是不分批計算在產品成本的分批法。這樣，可以將間接計入費用在各批產品之間的分配與在完工產品和在產品之間的分配結合起來一次完成，簡化了成本核算程序。

（一）簡化分批法的適用範圍

簡化分批法適用於生產批次較多，並且跨月完工的情況較為常見，而月末未完工批數也較多的企業，或者在成本管理上不要求對在產品成本進行核算的企業。這樣就可以減少完工產品較少月份的間接費用分配的工作量。

(二) 簡化分批法的主要特點

首先，它最突出的特點就是增設了基本生產成本二級帳。基本生產成本二級帳的作用是按月提供企業或車間全部批次產品的累計生產費用和生產工時資料，以便進行間接費用的分配。

其次，與一般分批法的最大不同點還在於其間接費用在各批產品間的分配（橫向分配）與在同批次內完工產品和月末在產品之間的分配（縱向分配）是合併到一起完成的，其分配的依據均為累計的間接費用分配率和累計生產工時。

(三) 簡化的分批法的成本計算程序

(1) 設置基本生產產成本二級帳，在帳內除成本項目外，增設生產工時專欄。

(2) 按批別設置基本生產成本明細帳（或成本計算單），其格式同二級帳，只是平時只登記直接材料和生產工時，間接費用不按月登記。

(3) 月末如果有完工產品，應根據基本生產成本二級帳上的累計間接費用和累計工時，計算間接計入費用的累計分配率。其計算公式如下：

$$\frac{\text{某項間接計入費用}}{\text{的累計分配率}} = \frac{\text{月初某項累計間接費用餘額} + \text{本月某項間接費用發生額}}{\text{月初累計生產工時數} + \text{本月發生生產工時數}}$$

(4) 根據各批完工產品的累計工時和間接計入費用的累計分配率，計算各批完工產品應負擔的費用，將其匯總，計算出完工產品成本。其計算公式如下：

$$\frac{\text{某批已完工產品}}{\text{應負擔的間接費用}} = \frac{\text{該批已完工產品全部}}{\text{累計工時數}} \times \frac{\text{某項間接計入費用的}}{\text{累計分配率}}$$

(5) 根據基本生產成本明細帳記錄的完工產品生產工時和應負擔的間接計入費用，匯總登記基本生產成本二級帳應轉出完工產品的成本和生產工時。

(6) 根據基本生產成本明細帳和產品入庫單，編製產成品入庫分錄。

(四) 簡化的分批法應用舉例

[例 5-3] 某廠屬於小批生產，由於投產的批數很多且月末未完工批數也較多，各月份的間接費用水準相差也不大，因而採用簡化的分批法計算成本。該廠 5 月的生產情況如下：

(1) 月初在產品成本以及工時資料（見表 5-19）。

表 5-19　　　　　　　　　月初在產品成本　　　　　　　　　單位：元

產品批號	生產工時	直接材料	直接人工	製造費用	合計
301#	3,485	32,900			32,900
302#	1,900	14,650			14,650
401#	780	13,650			13,650
402#	1,780	14,000			14,000
合計	7,945	75,200			75,200

（2）基本生產成本二級帳（見表5-20）。

表5-20　　　　　　　　　基本生產成本二級帳　　　　　　　　單位：元

月	日	摘 要	生產工時	直接材料	直接人工	製造費用	合計
5	1	月初在產品成本	7,945	75,200	84,295	136,000	295,495
	31	本月發生生產費用	6,150	41,200	42,560	33,140	116,900

（3）本月發生的各批次產品直接材料費用及生產工時見表5-21。本月投產501#、502#，本月301#、401#生產完工，其餘批別均未生產完工。

表5-21　　　　　　各批次產品直接材料及生產工時表　　　　　　單位：元

產品批號	生產工時	直接材料	直接人工	製造費用	合計
301#	1,530	4,000			4,000
302#	700	4,350			4,350
401#	920	2,350			2,350
402#	900	2,000			2,000
501#	1,120	16,000			16,000
502#	980	12,500			12,500
合計	6,150	41,200			41,200

表5-22　　　　　　　　　基本生產成本二級帳
20××年5月　　　　　　　　　　　　　　　　　單位：元

月	日	摘 要	生產工時	直接材料	直接人工	製造費用	合計
5	1	月初在產品成本	7,945	75,200	84,295	136,000	295,495
	31	本月發生生產費用	6,150	41,200	42,560	33,140	116,900
	31	生產費用合計	14,095	116,400	126,855	169,140	412,395
	31	間接費用累計分配率			9	12	
	31	本月完工產品轉出	6,715	52,900	62,195	79,965	195,060
	31	月末在產品成本	7,380	63,500	64,660	89,175	217,335

表5-22中，直接人工累計分配率＝126,855÷14,095＝9；製造費用累計分配率＝169,140÷14,095＝12。

「本月完工產成品轉出」中的生產工時、直接材料、直接人工和製造費用，應根據產品成本明細帳中的有關合計數確定。「月末在產品成本」可倒擠求得，也可根據有關產品成本明細帳匯總登記。各批產品計算結果見表5-23、表5-24、表5-25、表5-26、表5-27、表5-28。

表 5－23 產品成本明細帳
20××年 5 月

產品批號：301#　　　　　　　　　　　　　　　投產日期：3 月 4 日
產品名稱：A 產品　　　批量：300 件　　　　　完工日期：5 月 28 日　　　　單位：元

月	日	摘　要	生產工時	直接材料	直接人工	製造費用	合計
5	1	月初在產品成本	3,485	32,900			32,900
	31	本月發生生產費用	1,530	4,000			4,000
	31	生產費用合計	5,015	36,900			36,900
	31	間接費用累計分配率			9	12	
	31	完工產品成本轉出	5,015	36,900	45,135	60,180	142,215
	31	完工產品單位成本		123	150.45	200.60	474.05

表 5－24 產品成本明細帳
20××年 5 月

產品批號：302#　　　　　　　　　　　　　　　投產日期：3 月 7 日
產品名稱：B 產品　　　批量：80 件　　　　　　完工日期：5 月 29 日　　　　單位：元

月	日	摘　要	生產工時	直接材料	直接人工	製造費用	合計
5	1	月初在產品成本	1,900	14,650			14,650
	31	本月發生生產費用	700	4,350			4,350
	31	生產費用合計	2,600	19,000			19,000
	31	間接費用累計分配率					
	31	完工產品成本轉出					
	31	完工產品單位成本					

表 5－25 產品成本明細帳
20××年 5 月

產品批號：401#　　　　　　　　　　　　　　　投產日期：4 月 2 日
產品名稱：C 產品　　　批量：200 件　　　　　完工日期：5 月 30 日　　　　單位：元

月	日	摘　要	生產工時	直接材料	直接人工	製造費用	合計
5	1	月初在產品成本	780	13,650			13,650
	31	本月發生生產費用	920	2,350			2,350
	31	生產費用合計	1,700	16,000			16,000
	31	間接費用累計分配率			9	12	
	31	完工產品成本轉出	1,700	16,000	15,300	20,400	51,700
	31	完工產品單位成本		80	76.50	102	258.50

表 5-26 　　　　　　　　　　　產品成本明細帳
20××年 5 月

產品批號：402#　　　　　　　　　　　　　　　投產日期：4 月 4 日
產品名稱：D 產品　　　批量：45 件　　　　　完工日期：　　　　　　　　　單位：元

月	日	摘　　要	生產工時	直接材料	直接人工	製造費用	合計
5	1	月初在產品成本	1,780	14,000			14,000
	31	本月發生生產費用	900	2,000			2,000
	31	生產費用合計	2,680	16,000			16,000

表 5-27 　　　　　　　　　　　產品成本明細帳
20××年 5 月

產品批號：501#　　　　　　　　　　　　　　　投產日期：5 月 4 日
產品名稱：E 產品　　　批量：20 件　　　　　完工日期：　　　　　　　　　單位：元

月	日	摘　　要	生產工時	直接材料	直接人工	製造費用	合計
5	31	本月發生生產費用	1,120	16,000			16,000

表 5-28 　　　　　　　　　　　產品成本明細帳
20××年 5 月

產品批號：502#　　　　　　　　　　　　　　　投產日期：5 月 5 日
產品名稱：F 產品　　　批量：60 件　　　　　完工日期：　　　　　　　　　單位：元

月	日	摘　　要	生產工時	直接材料	直接人工	製造費用	合計
5	31	本月發生生產費用	980	12,500			12,500

從上述實例我們可以發現，簡化的分批法和分批法的不同之處在於：

（1）分配間接計入費用的時間，只在有完工產品時進行，沒有完工產品時不分配間接計入費用；

（2）在各批完工產品之間、完工批別與月末在產品批別之間，以及某批產品的完工產品與月末在產品之間分配某項間接計入費用，採用的是同一間接計入費用分配率。

簡化的分批法的優點是：簡化了間接費用在各批產品之間進行分配的工作量，特別是在月末未完工的批數較多、完工的批數較少的情況下，核算工作尤其簡化。

簡化的分批法的缺點是：在各月間接費用水準相差懸殊的情況下，採用該法會影響各月產品成本的正確性。還有，如果月末未完工產品的批數不多，也不宜採用這一方法，因為在這種情況下，絕大多數的產品批數仍然要分配登記各項間接費用，核算的工作量減少不多，但計算的正確性卻會受到影響。

第四節　　產品成本計算的分步法

產品成本計算的分步法是按照產品的生產步驟計算產品成本的一種方法。它適用

於大量大批的多步驟生產，如紡織、冶金、機械製造企業的生產。在這類企業中，產品生產可以分為若干個生產步驟，成本管理往往不僅要求按照產品品種計算成本，而且還要求按照生產步驟計算成本，以便為考核和分析各種產品及各生產步驟的成本計劃的執行情況提供資料。

在實際工作中，根據成本管理對各生產步驟成本資料的不同要求（是否要求計算半成品成本）和簡化核算的要求，會計人員對各生產步驟成本的計算和結轉，一般採用逐步結轉和平行結轉兩種方法，即逐步結轉分步法和平行結轉分步法。逐步結轉分步法按照成本在下一步驟成本計算單中的反應方式，還可以分為綜合結轉和分項結轉兩種方法。分步法的分類具體見圖5-2。

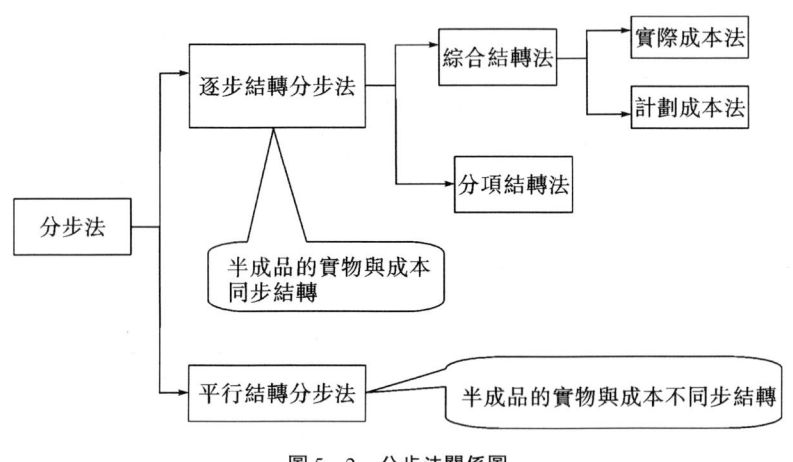

圖5-2 分步法關係圖

一、逐步結轉分步法

逐步結轉分步法是按照產品加工的順序，逐步計算並結轉半成品成本，直到最後一個加工步驟才能計算產成品成本的一種方法。它是按照產品加工順序先計算第一個加工步驟的半成品成本，然後結轉給第二個加工步驟；第二步驟再把第一步驟轉來的半成品成本加上本步驟耗用的材料和加工費用，求得第二個加工步驟的半成品成本，如此按順序逐步轉移累計，直到最後一個加工步驟才能計算出產成品成本。逐步結轉分步法就是為了分步計算半成品成本而採用的一種分步法，也稱計算半成品成本分步法。

（一）逐步結轉分步法的特點

逐步結轉分步法在完工產品與在產品之間分配費用，是指將費用在各步驟完工產品與狹義在產品之間的分配。

這種方法適用於大量大批連續式複雜生產企業。這種企業中，有的不僅將產成品作為商品對外銷售，而且各生產步驟中所產半成品也經常作為商品對外銷售。例如，鋼鐵廠的生鐵、鋼錠，紡織廠的棉紗等，故需要計算半成品的成本。

(二) 逐步結轉分步法的核算程序

1. 半成品不通過倉庫收發

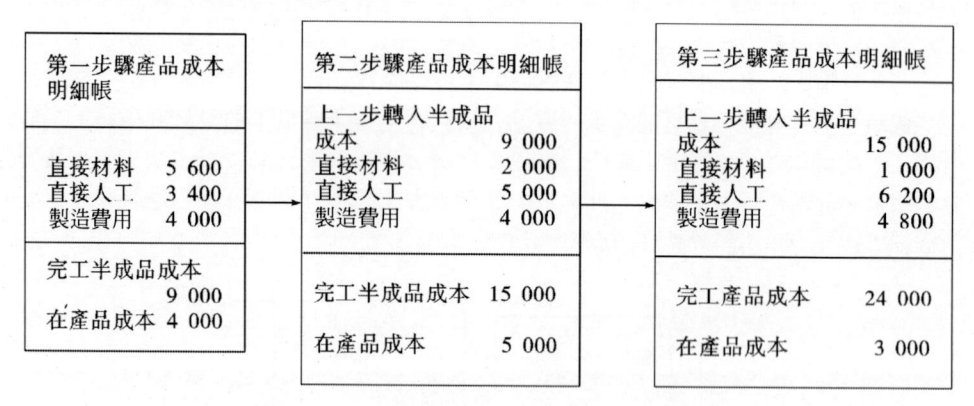

第一步驟產品成本明細帳		第二步驟產品成本明細帳		第三步驟產品成本明細帳	
直接材料	5 600	上一步轉入半成品成本	9 000	上一步轉入半成品成本	15 000
直接人工	3 400	直接材料	2 000	直接材料	1 000
製造費用	4 000	直接人工	5 000	直接人工	6 200
		製造費用	4 000	製造費用	4 800
完工半成品成本	9 000	完工半成品成本	15 000	完工產品成本	24 000
在產品成本	4 000	在產品成本	5 000	在產品成本	3 000

圖 5-3　半成品不通過倉庫收發的成本核算程序

2. 半成品通過倉庫收發

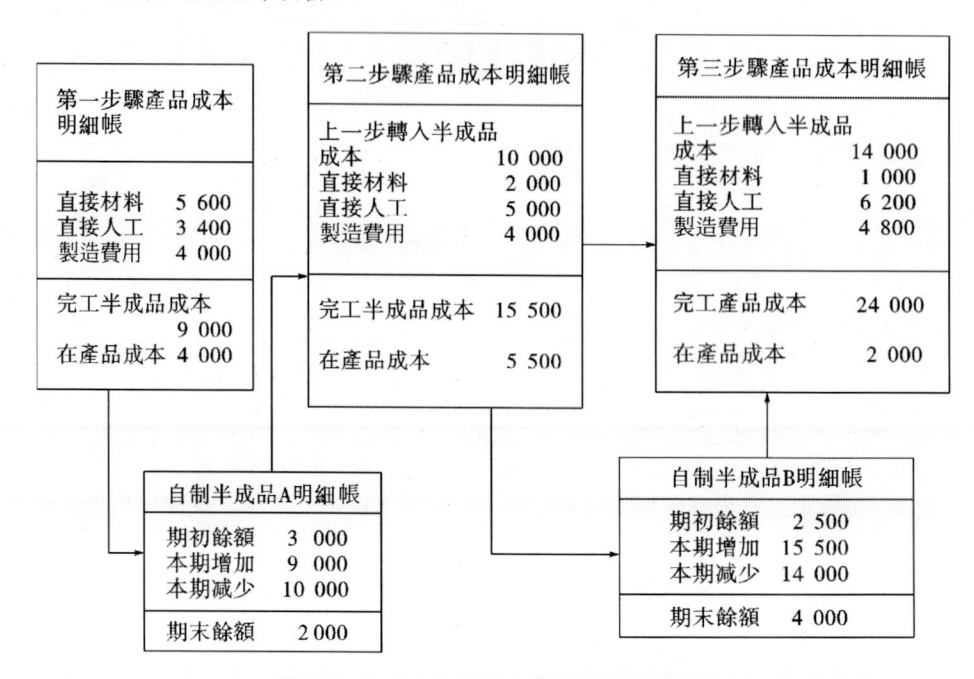

第一步驟產品成本明細帳		第二步驟產品成本明細帳		第三步驟產品成本明細帳	
直接材料	5 600	上一步轉入半成品成本	10 000	上一步轉入半成品成本	14 000
直接人工	3 400	直接材料	2 000	直接材料	1 000
製造費用	4 000	直接人工	5 000	直接人工	6 200
		製造費用	4 000	製造費用	4 800
完工半成品成本	9 000	完工半成品成本	15 500	完工產品成本	24 000
在產品成本	4 000	在產品成本	5 500	在產品成本	2 000

自制半成品A明細帳		自制半成品B明細帳	
期初餘額	3 000	期初餘額	2 500
本期增加	9 000	本期增加	15 500
本期減少	10 000	本期減少	14 000
期末餘額	2 000	期末餘額	4 000

圖 5-4　半成品通過倉庫收發的成本核算程序

(三) 綜合結轉法及舉例

綜合結轉法，是指上一步驟轉入下一步驟的半成品成本，以「直接材料」或專設的「自制半成品」項目綜合列入下一步驟的成本計算單中。如果半成品通過半成品倉庫收發，由於各月所生產的半成品的單位成本不同，因而所耗半成品的單位成本可以

如同材料核算一樣，採用先進先出法或加權平均法等計算求得。半成品成本的綜合結轉可以按照半成品的實際成本結轉也可以按照半成品的計劃成本結轉。

1. 半成品按實際成本綜合結轉

現以按實際成本計價為例說明採用綜合結轉法進行成本計算的具體過程。

[例5-4] 某企業的甲產品經過三個車間連續加工製成，一車間生產A半成品，完工後進入半成品庫，二車間按需領用並加工制成B半成品，B半成品直接轉入三車間加工成甲產成品。其中，1件甲產品耗用1件B半成品，1件B半成品耗用1件A半成品。原材料於生產開始時一次投入，各車間月末在產品完工率均為50%。各車間的生產費用採用約當產量法在完工產品和在產品之間進行分配。期初A半成品庫存300件，其成本為55,400元。有關資料見表5-29、表5-30。

表5-29　　　　　　　　　　　　本月各車間產量資料　　　　　　　　　　　單位：件

摘要	一車間	二車間	三車間
月初在產品數量	200	400	300
本月投產數量或上步轉入	1,800	1,400	1,500
本月完工產品數量	1,600	1,500	1,700
月末在產品數量	400	300	100

表5-30　　　　　　　　　　各車間月初及本月生產費用資料　　　　　　　　　單位：元

摘　要		直接材料（自制半成品）	直接人工	製造費用	合計
一車間	月初在產品成本	4,000	2,800	3,600	10,400
	本月生產費用	206,000	35,000	45,000	286,000
二車間	月初在產品成本	68,600	2,650	1,500	72,750
	本月生產費用		32,000	48,000	80,000
三車間	月初在產品成本	15,000	2,400	3,800	21,200
	本月生產費用		34,350	25,950	60,300

（1）根據各種費用分配表、半成品產量月報和第一車間在產品成本資料（這些費用的歸集分配與品種法一樣，故過程均省略，下同）登記甲產品第一車間（半成品）成本計算單，如表5-31所示。

表5-31　　　　　　　　　　　　　　產品成本明細帳

第一車間：A半成品　　　　　　　　　20××年5月　　　　　　　　　　　單位：元

摘要	直接材料	直接人工	製造費用	合計
月初在產品成本	4,000	2,800	3,600	10,400
本月發生費用	206,000	35,000	45,000	286,000
合計	210,000	37,800	48,600	296,400

表 5 – 31（續）

摘要	直接材料	直接人工	製造費用	合計
約當產量合計	2,000	1,800	1,800	—
單位成本	105	21	27	153
完工半成品成本	168,000	33,600	43,200	244,800
月末在產品成本	42,000	4,200	5,400	51,600

根據第一車間甲產品（半成品）成本明細帳（表 5 – 31）和半成品入庫單，編製會計分錄如下：

借：自制半成品——A 半成品　　　　　　　　　　　244,800
　　貸：基本生產成本——第一車間　　　　　　　　　　244,800

（2）根據第一車間甲產品（半成品）成本計算單、半成品入庫單，以及第二車間領用半成品的領用單，登記半成品明細帳，如表 5 – 32 所示。

表 5 – 32　　　　　　　　　自制半成品明細帳

產品名稱：A 半成品　　　　　　　　　　　　　　　　　　　　　　　單位：件

月份	月初餘額		本月增加		合計			本月減少	
	數量	實際成本	數量	實際成本	數量	實際成本	單位成本	數量	實際成本
5	300	55,400	1,600	244,800	1,900	300,200	158	1,400	221,200
6	500	79,000							

根據半成品明細帳所列半成品單位成本資料和第二車間半成品領用單，編製會計分錄如下：

借：基本生產成本——第二車間（自制半成品）　　　　221,200
　　貸：自制半成品——A 半成品　　　　　　　　　　　221,200

（3）根據各種費用分配表、半成品領用單、產成品產量月報，以及第二車間在產品成本資料，登記第二車間（半成品）成本明細帳，如表 5 – 33 所示。

表 5 – 33　　　　　　　　　產品成本明細帳

第二車間：B 半成品　　　　　　20××年 5 月　　　　　　　　　單位：元

摘要	自制半成品	直接人工	製造費用	合計
月初在產品成本	68,600	2,650	1,500	72,750
本月發生費用	221,200	32,000	48,000	301,200
合計	289,800	34,650	49,500	373,950
約當產量合計	1,800	1,650	1,650	—
單位成本	161	21	30	212
完工半成品成本	241,500	31,500	45,000	318,000
月末在產品成本	48,300	3,150	4,500	55,950

根據第二車間 B 半成品成本計算單和半成品領用單編製會計分錄如下：
借：基本生產成本——第三車間（自制半成品）　　　318,000
　　貸：基本生產成本——第二車間　　　　　　　　　　　　　318,000

（4）根據各種費用分配表、半成品領用單、產成品產量月報，以及第三車間在產品成本資料，登記第三車間（產成品）成本明細帳，如表 5-34 所示。

表 5-34　　　　　　　　　　　產品成本明細帳
第三車間：甲產品　　　　　　　20××年5月　　　　　　　　　單位：元

摘要	自制半成品	直接人工	製造費用	合計
月初在產品成本	15,000	2,400	3,800	21,200
本月發生費用	318,000	34,350	25,950	378,300
合計	333,000	36,750	29,750	399,500
約當產量合計	1,800	1,750	1,750	—
單位成本	185	21	17	223
完工產品成本	314,500	35,700	28,900	379,100
月末在產品成本	18,500	1,050	850	20,400

根據第三車間甲產品（產成品）成本計算單和產成品入庫單編製會計分錄如下：
借：庫存商品——甲產品　　　　　　　　　　　　　　379,100
　　貸：基本生產成本——第三車間　　　　　　　　　　　　　379,100

2. 半成品按計劃成本綜合結轉

採用這種方法時，半成品的收、發、結存一律按計劃成本計價，其核算類似於原材料按計劃成本計價的核算。半成品的實際成本計算出來以後，再計算半成品計劃成本與實際成本的差異率，所耗半成品成本差異的調整、結轉則是通過自制半成品明細帳核算的，其格式見表 5-35。

這種方法與按實際成本結轉相比較，除半成品收發必須採用計劃成本核算以外，在各個步驟的產品基本生產成本明細帳中，對自制半成品項目必須分設「計劃成本」「成本差異」「實際成本」三個專欄，分別核算，其格式參見表 5-36。

[例 5-5] 仍用例 5-3 的有關資料，假定 A 自制半成品的計劃單位成本為 170 元。此處限於篇幅，僅以第二車間為例進行簡要說明。

第一步驟完工半成品成本的計算同例 5-3，不同之處在於帳務處理，這裡應為：
借：自制半成品　　　　　　　　　　　(170×1,600) 272,000
　　貸：基本生產成本——第一車間（甲）　　　　　　　244,800
　　　　半成品成本差異——A　　　　　　　　　　　　　27,200

第二步驟領用 A 半成品的計劃成本 = 1,400×170 = 238,000（元）
成本差異累計 = (55,400 - 51,000) - 27,200 = -22,800（元）
成本差異率 = -22,800÷(51,000 + 272,000) ≈ -0.070,6

第二步驟領用 A 半成品負擔的成本差異 = -0.070,6 × 238,000 ≈ -16,800（元）

實際成本 = 238,000 - 16,800 = 221,200（元）

上述計算結果如表 5-35 所示。

表 5-35　　　　　　　　　　　自制半成品明細帳

產品名稱：A 半成品　　　　　　20××年 5 月　　　　　計劃單價：170 元　　單位：元

摘要	數量（件）	計劃成本	成本差異	實際成本	差異率
期初餘額	300	51,000	4,400	55,400	
本月增加	1,600	272,000	-27,200	244,800	
合計	1,900	323,000	-22,800	300,200	-0.070,6
本月減少	1,400	238,000	-16,800	221,200	
期末餘額	500	85,000	-6,000	79,000	

依據上述資料計算第二步驟完工半成品的成本，方法同例 5-3，結果見表 5-36。

表 5-36　　　　　　　　　　　產品成本明細帳

第二車間：B 半成品　　　　　　20××年 5 月　　　　　　　　　　　　單位：元

摘要	自制半成品 計劃成本	自制半成品 成本差異	自制半成品 實際成本	直接人工	製造費用	合計
月初在產品成本	68,000	600	68,600	2,650	1,500	72,750
本月發生費用	238,000	-16,800	221,200	32,000	48,000	301,200
合計	306,000	-16,200	289,800	34,650	49,500	373,950
約當產量合計		1,800		1,650	1,650	
單位成本	170		161	21	30	212
完工產品成本	255,000	-13,500	241,500	31,500	45,000	318,000
月末在產品成本	51,000	-2,700	48,300	3,150	4,500	55,950

之後的第三步驟類似，在此不再贅述。

3. 綜合結轉法的成本還原

採用綜合結轉法，成本可以在各生產步驟的產品成本明細帳中反應出該步驟所耗半成品費用的水準和該步驟的加工費用，便於考核分析各步驟產品所耗半成品費用的水準，有利於各步驟的成本管理。但是，採用這種方法結轉成本，各步驟所耗半成品的成本是以「直接材料」或專設的「自制半成品」項目綜合反應的，並且最後計算出的產成品成本中，絕大部分是半成品費用，而反應不出原始成本項目的比重。為了從整個企業角度反應企業的產品成本構成，從而提供按原始成本項目反應的資料，就需要進行成本還原。

所謂成本還原，是指將產成品中的半成品成本分解成為原始成本項目，從而按原

始成本項目反應產成品的成本構成，即將產品成本中「自制半成品」項目的成本逐步分解為「直接材料」「直接人工」「製造費用」等原始成本項目。

成本還原的方法是：從最後一個生產步驟起，將其耗用的上一個生產步驟的自制半成品的綜合成本，按照上一生產步驟完工半成品的成本項目的比例，分解還原為原來的成本項目。如此自後向前逐步分解還原，直到第一生產步驟為止，最後再將各生產步驟相同成本項目的數額加以匯總，即可求得按原始成本項目反應的產品成本。其具體計算公式為：

$$綜合還原分配率 = \frac{本月產成品所耗上一步半成品成本金額}{本月所產該種半成品成本合計}$$

某成本項目還原數 = 上一步驟本月所產該種半成品的某成本項目金額 × 綜合還原分配率

[例5-6] 仍用例5-3的有關資料，採用綜合還原分配率法編製產品成本還原計算表，見表5-37。

表5-37　　　　　　　　　　產品成本還原計算表
產品名稱：甲產品　　　　　　　20××年5月　　　　產量：1,700件　　　　單位：元

行次	項目	還原分配率	B半成品	A半成品	直接材料	直接人工	製造費用	合計
1	還原前甲產品成本		314,500			35,700	28,900	379,100
2	B半成品成本			241,500		31,500	45,000	318,000
3	第一次成本還原	0.989,0	-314,500	238,843.50		31,153.50	44,503	
4	A半成品成本				168,000	33,600	43,200	244,800
5	第二次成本還原	0.975,7		238,843.50	16,917.60	32,783.52	42,142.38	
6	還原後甲產品成本				163,917.60	99,637.02	115,545.38	379,100
7	單位甲產品成本				96.42	58.61	67.97	223

表5-37中的相關計算如下：

第一次綜合還原分配率 = 314,500 ÷ 318,000 = 0.989,0

還原後的成本項目金額：

半成品A金額 = 0.989,0 × 241,500 = 238,843.50（元）

直接人工金額 = 0.989,0 × 31,500 = 31,153.50（元）

製造費用金額 = 314,500 - 238,843.50 - 31,153.50 = 44,503（元）

小計314,500元。

第二次綜合還原分配率 = 238,843.50 ÷ 244,800 = 0.975,7

直接材料金額 = 0.975,7 × 168,000 = 163,917.60（元）

直接人工金額 = 0.975,7 × 33,600 = 32,783.52（元）

製造費用金額 = 238,843.50 - 163,917.60 - 32,783.52 = 42,142.38（元）

小計 238,843.50 元。

還原後各原始成本項目總金額：

直接材料金額 = 163,917.60（元）

直接人工金額 = 35,700 + 31,153.50 + 32,783.52 = 99,637.02（元）

製造費用金額 = 28,900 + 44,503 + 42,142.38 = 115,545.38（元）

合計 379,100 元。

4. 綜合結轉法的優缺點和應用條件

綜合結轉法的優點是：半成品成本的結轉簡便，可以加快成本的計算，同時可以在各生產步驟的產品明細帳中反應該步驟所耗半成品的費用和該步驟的加工費用，有利於各步驟的成本管理。

綜合結轉法的缺點是：為了從整個企業的角度反應產品成本的構成，加強成本管理，必須進行成本還原，成本還原工作比較複雜，從而增加了核算的工作量。因此，這種結轉方法適合於在管理上要求計算各步驟完工產品所耗的半成品費用，而不要求進行成本還原的企業。

（四）分項結轉法

分項結轉法就是將各生產步驟所耗上一步驟的半成品成本，分別按各原始成本項目對應轉入該步驟成本計算單中的相同項目，即將上步驟半成品成本中的「直接材料」「直接人工」「製造費用」等對應轉入各領用步驟成本計算單的同名成本項目中，從而自始至終保持各原始成本項目的本來面目。也就是說，分項結轉就是強調區別成本項目予以結轉，保持產品成本的原始構成，因而不存在成本還原問題。

採用分項結轉方式時，從理論上說，既可按半成品的實際成本結轉，也可按半成品的計劃成本結轉。但半成品按計劃成本分項結轉後，還得按成本項目分項調整成本差異，顯然計算工作量過大。因此，實踐中大多採用按實際成本分項結轉的方法。

[例 5-7] 仍沿用例 5-4 的有關資料，假設該廠生產的半成品通過倉庫收發，按實際成本計價分項結轉。其產量資料（見表 5-29）、第一車間產品成本明細帳（見表 5-31）、月初在產品成本和本月生產費用表根據需要細化後見表 5-38。

表 5-38　　　　　　　月初在產品成本和本月生產費用表　　　　　　　單位：元

	摘要	直接材料	直接人工	製造費用	合計
一車間	月初在產品成本	4,000	2,800	3,600	10,400
	本月生產費用	206,000	35,000	45,000	286,000
二車間	月初在產品成本	38,600	17,650	16,500	72,750
	本月生產費用		32,000	48,000	80,000
三車間	月初在產品成本	6,000	7,600	7,600	21,200
	本月生產費用		34,350	25,950	60,300

（1）根據各種費用分配表、半成品產量月報和第一車間在產品成本資料登記甲產品第一車間（半成品）成本明細帳（見表5-31），分錄也同前。

（2）根據第一車間甲產品（半成品）成本明細帳、半成品入庫單，以及第二車間領用半成品的領用單，登記半成品明細帳，如表5-39所示。

表5-39　　　　　　　　　　半成品明細帳
產品名稱：A半成品　　　　　　　20××年5月　　　　　　產量：1,600件

月份	月初餘額					本月增加					本月減少				
	數量	直接材料	直接人工	製造費用	小計	數量	直接材料	直接人工	製造費用	小計	數量	直接材料	直接人工	製造費用	小計
5	300	30,000	8,000	17,400	55,400	1,600	168,000	33,600	43,200	244,800	1,400	145,895	30,653	44,653	221,200
6	500	52,105	10,947	15,947	79,000										

根據半成品明細帳所列半成品單位成本資料和第二車間半成品領用單，編製會計分錄如下：

借：基本生產成本——第二車間　　　　　　　　　　　　221,200
　　貸：自制半成品　　　　　　　　　　　　　　　　　　221,200

（3）根據各種費用分配表、半成品領用單、產成品產量月報，以及第二車間在產品成本資料，登記第二車間（產成品）成本明細帳，見表5-40。

表5-40　　　　　　　　　　產品成本明細帳
第二車間：B半成品　　　　　　　20××年5月　　　　　　單位：元

摘要	直接材料	直接人工	製造費用	合計
月初在產品成本	38,600	17,650	16,500	72,750
上一步轉入	145,895	30,653	44,653	221,200
本月發生費用		32,000	48,000	80,000
合計	184,495	80,303	109,153	373,950
約當產量合計	1,800	1,650	1,650	—
單位成本	102.50	48.67	66.15	217.32
完工半成品成本	153,750	73,002	99,230	325,982
月末在產品成本	30,745	7,300	9,923	47,968

根據第二車間B半成品成本明細帳和半成品領用單編製會計分錄如下：

借：基本生產成本——第三車間　　　　　　　　　　　　325,478
　　貸：基本生產成本——第二車間　　　　　　　　　　　325,478

（4）根據各種費用分配表、半成品領用單、產成品產量月報，以及第三車間在產品成本資料，登記第三車間（產成品）成本明細帳，見表5-41。

表 5-41   產品成本明細帳
第三車間：甲產品   20××年5月   單位：元

摘要	直接材料	直接人工	製造費用	合計
月初在產品成本	6,000	7,600	7,600	21,200
上一步轉入	153,246	73,002	99,230	325,478
本月發生費用		34,350	25,950	60,300
合計	159,750	114,952	132,780	407,482
約當產量合計	1,800	1,750	1,750	—
單位成本	88.75	65.69	75.87	230.31
完工產品成本	150,875	111,668	128,986	391,529
月末在產品成本	8,875	3,284	3,794	15,953

根據第三車間甲產品（產成品）成本明細帳和產成品入庫單編製會計分錄如下：

借：庫存商品——甲產品　　　　　　　　　　　　　　392,469
　　貸：基本生產成本——第三車間　　　　　　　　　　　　392,469

（五）逐步結轉分步法的評價

通過上述對逐步結轉分步法的系統介紹，我們可以看出它具有如下優點：①它不僅可提供產成品成本資料，而且還可提供各步驟半成品的成本資料；②半成品成本隨著實物轉移而結轉，有利於加強半成品和在產品的實物管理和資金管理；③在綜合結轉方式下，有利於對各加工步驟完工產品的成本進行分析和考核。

當然，逐步結轉分步法也存在一定的不足，歸納起來主要有如下缺點：①各加工步驟的半成品成本按加工順序逐步結轉，影響了成本計算工作的及時性；②在綜合結轉方式下，如果要從整個企業角度分析產成品的成本構成，成本還原工作量較大；在分項結轉方式下，各步驟半成品成本結轉的工作量較大；③在分項結轉方式下，不利於對各加工步驟完工產品的成本進行分析和考核。

二、平行結轉分步法

平行結轉分步法是指在計算各步驟成本時，不計算各步驟所產半成品成本，也不計算各步驟所耗上一步驟的半成品成本，而只計算本步驟發生的各項其他費用，以及這些費用中應計入產成品成本的份額，再將相同產品在各步驟成本明細帳中的這些份額平行結轉、匯總，即可計算出該種產品的產成品成本。這種結轉各步驟成本的方法，稱為平行結轉分步法，也稱不計算半成品成本分步法。

（一）平行結轉分步法的基本特點

在大量大批多步驟生產的企業中，平行結轉分步法除具有分步法的一般特點外，還具有以下特點：

(1) 各步驟之間不結轉半成品成本。在生產過程中，各步驟之間只進行實物轉移，不結轉半成品成本。各生產步驟只歸集本步驟發生的生產費用。

(2) 不計算各步驟半成品成本。不論半成品在各生產步驟之間是直接轉移還是通過半成品庫收發，均不通過「自制半成品」帳戶進行總分類核算。

(3) 按廣義在產品分配生產費用。為了正確計算各步驟應計入產成品成本的份額，月末應將各步驟發生的生產費用在完工產品與在產品之間進行分配。這裡的生產費用只指本步驟發生的費用，不包括上一步驟轉入的費用。本月完工產品，是指企業最後步驟完工的產成品，也稱最終產品。完工產品成本，是各生產步驟的生產費用中應計入產成品成本的份額。廣義的在產品，包括本步驟正在加工中的在製品（即狹義在產品），還包括本步驟已經加工完成轉入倉庫的半成品，以及本步驟完工後轉入以後各生產步驟，但尚未最終制成產成品的半成品。所以這裡的在產品成本，是指廣義在產品成本。

(4) 匯總各生產步驟應計入產成品成本的份額，確定完工產品成本。

(二) 平行結轉分步法的核算程序

採用平行結轉分步法的成本計算對象是各種產成品及其經過的各生產步驟中的成本份額。而各步驟產品的生產費用並不隨著半成品實物的轉移而結轉。平行結轉分步法的成本計算程序如下：

(1) 按照產品生產步驟和產品品種設置產品成本明細帳。

(2) 各步驟的直接費用直接記入各步驟的成本明細帳內；間接費用（如製造費用等）則要先歸集，然後採用一定的分配方法，在各步驟之間進行分配之後再記入各步驟的基本生產成本明細帳。

(3) 月末計算產品成本時，各步驟所發生的費用要採用一定的分配方法，如約當產量比例法、定額比例法等，在計入產成品的「份額」和「廣義在產品」之間進行分配。

採用約當產量比例法計算各步驟計入產成品成本份額的計算公式如下：

某步驟某項費用的分配率 = $\dfrac{該步驟的月初在產品成本＋該步驟的本月生產費用}{該步驟的約當總產量}$

某步驟的約當總產量＝產成品數量＋後續各步驟的月末在產品數量＋該步驟的月末狹義在產品數量×完工程度（或投料程度）

或者，也可按以下公式計算：

某步驟的約當總產量＝後續各步驟的月初在產品數量＋本步驟的完工半成品數量＋該步驟的月末狹義在產品數量×完工程度（或投料程度）

某步驟應計入產成品成本的份額＝產成品數量×單位產成品所耗該步驟半成品的數量×某步驟某項費用的分配率

(4) 月末計算完工產品時，只需將各步驟計入產成品的份額從各步驟成本計算單中平行結轉、匯總即可計算出該種產成品的總成本和單位成本。

其成本計算程序見圖 5－5：

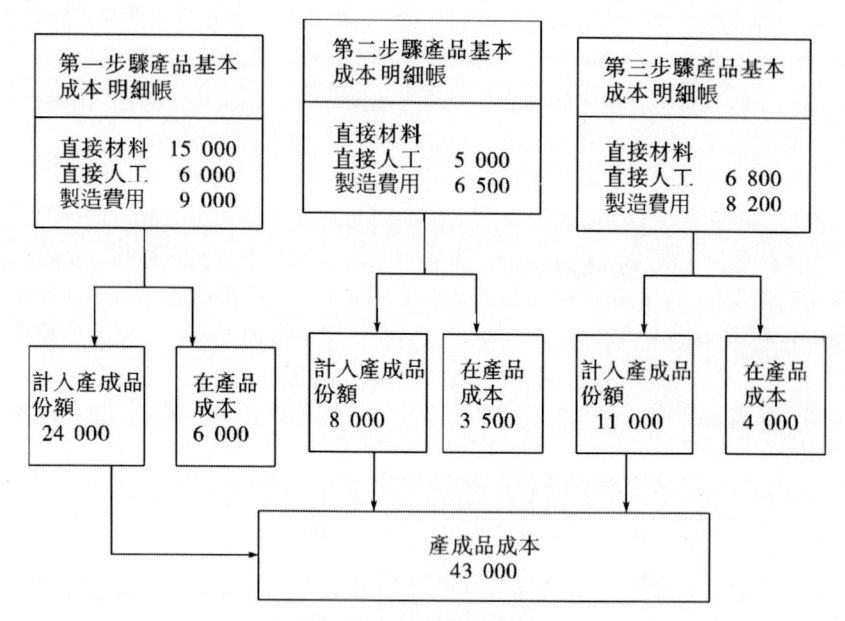

```
┌─────────────────┐      ┌─────────────────┐      ┌─────────────────┐
│ 第一步驟產品基本 │      │ 第二步驟產品基本 │      │ 第三步驟產品基本 │
│ 成本明細帳       │      │ 成本明細帳       │      │ 成本明細帳       │
├─────────────────┤      ├─────────────────┤      ├─────────────────┤
│ 直接材料 15 000 │      │ 直接材料         │      │ 直接材料         │
│ 直接人工  6 000 │      │ 直接人工   5 000 │      │ 直接人工   6 800 │
│ 製造費用  9 000 │      │ 製造費用   6 500 │      │ 製造費用   8 200 │
└─────────────────┘      └─────────────────┘      └─────────────────┘
```

图 5-5　平行結轉法成本核算程序

從圖 5-5 中，我們可以看出，各生產步驟不計算本步驟的半成品成本，儘管半成品的實物轉入下一生產步驟繼續加工，但其成本並不結轉到下一生產步驟的成本計算單中去，只是在產品最後完工進入產成品庫時，才將各步驟費用中應由完工產成品負擔的份額，從各步驟成本計算單中轉出，平行匯總計算產成品的成本。

(三) 平行結轉分步法應用舉例

[例 5-8] 天勤公司設有三個基本生產車間，第一車間生產 C 半成品，第二車間將 C 半成品加工為 B 半成品，第三車間將 B 半成品加工成 A 產品。成本計算採用平行結轉分步法（連續加工方式），原料在生產開始時一次投入，各車間的狹義在產品完工程度為 50%，有關資料見表 5-42、表 5-43。在最終產品和廣義在產品之間的生產費用按約當產量比例法進行分配。相關計算結果見表 5-44、表 5-45、表 5-46 和表 5-47。

表 5-42　　　　　　　　　　　各步驟產量資料

20××年9月　　　　　　　　　　　　　　　　　　　　　單位：件

項目	一車間	二車間	三車間
期初在產品	480	360	120
本期投產	2,040	2,400	2,160
完工轉出	2,400	2,160	1,800
期末在產品	120	600	480

表 5-43　　　　　　　　　各步驟月初在產品成本及本月生產費用

20××年9月　　　　　　　　　　　　　　　單位：元

摘	要	直接材料	直接人工	製造費用	合計
一車間	月初在產品成本	16,800	4,250	2,850	23,900
	本月生產費用	97,200	8,980	29,490	135,670
二車間	月初在產品成本		3,200	4,265	7,465
	本月生產費用		9,700	21,535	31,235
三車間	月初在產品成本		1,900	2,150	4,050
	本月生產費用		8,300	16,210	24,510

表 5-44　　　　　　　　　　　　產品成本明細帳

一車間：C半成品　　　　　　　20××年9月　　　　　　　　　　　單位：元

項目	直接材料	直接人工	製造費用	合計
月初在產品成本	16,800	4,250	2,850	23,900
本月生產費用	97,200	8,980	29,490	135,670
生產費用合計	114,000	13,230	32,340	159,570
總約當產量	3,000	2,940	2,940	
分配率（單位成本）	38	4.5	11	53.5
計入產成品的成本份額	68,400	8,100	19,800	96,300
月末廣義在產品成本	45,600	5,130	12,540	63,270

表 5-44 中相關計算如下：

直接材料約當總產量 = 1,800 + 480 + 600 + 120 = 3,000（件）

直接人工約當總產量 = 1,800 + 480 + 600 + 120 × 50% = 2,940（件）

製造費用約當總產量 = 1,800 + 480 + 600 + 120 × 50% = 2,940（件）

表 5-45　　　　　　　　　　　　產品成本明細帳

二車間：B半成品　　　　　　　20××年9月　　　　　　　　　　　單位：元

項目	直接材料	直接人工	製造費用	合計
月初在產品成本		3,200	4,265	7,465
本月生產費用		9,700	21,535	31,235
生產費用合計		12,900	25,800	38,700
總約當產量		2,580	2,580	
分配率（單位成本）		5	10	15
計入產成品成本份額		9,000	18,000	27,000
月末廣義在產品成本		3,900	7,800	11,700

表5-45中相關計算如下：

直接人工約當總產量＝1,800＋480＋600×50%＝2,580（件）

製造費用約當總產量＝1,800＋480＋600×50%＝2,580（件）

表5-46　　　　　　　　　　產品成本明細帳

三車間：A產品　　　　　　　　20××年9月　　　　　　　　　　單位：元

項目	直接材料	直接人工	製造費用	合計
月初在產品成本		1,900	2,150	4,050
本月生產費用		8,300	16,210	24,510
生產費用合計		10,200	18,360	28,560
總約當產量		2,040	2,040	
分配率（單位成本）		5	9	14
計入產成品成本份額		9,000	16,200	25,200
月末廣義在產品成本		1,200	2,160	3,360

表5-46中相關計算如下：

直接人工約當總產量＝1,800＋480×50%＝2,040（件）

製造費用約當總產量＝1,800＋480×50%＝2,040（件）

表5-47　　　　　　　　　　產品成本匯總計算表

產品名稱：A產品　　　　　　20××年9月　　　　產量：1,800件　　　　單位：元

項目	直接材料	直接人工	製造費用	合計
一車間	68,400	8,100	19,800	96,300
二車間		9,000	18,000	27,000
三車間		9,000	16,200	25,200
總成本	68,400	26,100	54,000	148,500
單位成本	38	14.5	30	82.5

根據上述產品成本匯總計算單和產成品入庫單編製會計分錄如下：

借：庫存商品——A產品　　　　　　　　　　　　　　　148,500
　　貸：基本生產成本——第一車間　　　　　　　　　　68,400
　　　　　　　　　　——第二車間　　　　　　　　　　26,100
　　　　　　　　　　——第三車間　　　　　　　　　　54,000

（四）平行結轉分步法的評價

1. 平行結轉分步法的優點

（1）不需要逐步結轉半成品成本。各步驟可以同時平行計算產品成本，簡化和加速了成本計算工作。成本項目平行結轉匯總，可以正確反應產品的成本結構和實際

情況。

（2）產品成本是由各步驟的份額平行結轉匯總確定的，由此我們可以直接瞭解各步驟成本的增減對產品成本的影響，有利於加強成本分析。

2. 平行結轉分步法的缺點

（1）各步驟不計算不結轉半成品成本，不能提供各步驟半成品的成本資料，不利於分析各步驟生產的耗費水準。

（2）半成品的實物轉移與費用結轉脫節，不利於各生產步驟在產品的實物管理和資金管理。因此，企業如果採用平行結轉分步法，應加強各步驟在產品收發結存的數量核算和清查工作，以利於在產品管理和全面反應各步驟生產的耗費水準。

三、逐步結轉分步法與平行結轉分步法的區別

1. 適用範圍不同

逐步結轉分步法適用於：企業各步驟所產半成品種類較少品，或者有自製半成品對外銷售，管理上要求計算半成品成本。

平行結轉分步法適用於：企業各步驟所產半成品的種類較多，不要求計算半成品成本。

2. 成本結轉方式不同

逐步結轉分步法是按步驟順序計算成本，逐步計算和結轉半成品成本，直到最後步驟才計算出產成品總成本。採用綜合結轉方式時，還要進行成本還原。

平行結轉分步法不需要計算半成品成本，而是將各生產步驟應計入相同產成品成本的份額平行結轉匯總，求得產成品總成本。各步驟應計入產成品成本的份額，可同時進行計算。

3. 在產品的涵義不同

逐步結轉分步法下的月末在產品屬於狹義在產品，是指本步驟正在加工的在製品。

平行結轉分步法下的月末在產品屬於廣義在產品，既包括本步驟正在加工的在製品，又包括已經完工交給以後各步驟，但尚未最終完工的半成品。

4. 帳戶設置不同

逐步結轉分步法下，如果半成品通過半成品庫收發，企業應設置「自製半成品」帳戶；若不通過半成品庫收發，則不必設置。

平行結轉分步法下，半成品不論是否通過半成品庫收發，企業都不設置「自製半成品」帳戶。

本章小結

本章在介紹工業企業生產特點、組織方式和管理要求及對產品成本計算的影響的基礎上系統地闡述了成本計算的三種基本方法——品種法、分批法和分步法的概念、特點、適用範圍、核算程序以及對三種方法的評價，並配以完整的實例。

品種法是按照產品的品種歸集生產費用、計算產品成本的一種方法。品種法是最

基本的成本計算方法，其計算程序體現了產品成本計算的一般程序，按產品品種計算成本，是產品成本計算最一般、最基本的要求。

分批法是按照產品的批別（件別）歸集生產費用、計算產品成本的一種方法。一張訂單或幾張訂單可以組成一個批別，一張訂單也可以分為幾個批別來組織生產。通過本章的學習，學員應重點掌握分批法的一般核算程序，尤其關注簡化分批法的適用條件及其具體的操作程序。

分步法是按照產品的生產步驟歸集生產費用、計算產品成本的一種方法。通過本章的學習，學員應重點掌握分步法的成本計算程序及綜合結轉分步法中成本還原的計算，真正理解平行結轉分步法中在產品的內涵，深入瞭解逐步結轉分步法和平行結轉分步法各自的優缺點。

謹記問題

1. 切忌忽視生產特點和管理要求濫用品種法。品種法是最基本的成本計算方法，廣泛應用於製造業，企業不能因為它簡單，易於操作，而忽視自身的生產特點和管理要求而濫用品種法。

2. 忌簡化分批法應用不當。簡化分批法的使用具有嚴格的條件限制，它適用於投產批次繁多且月末未完工批次也較多以及各月間接計入費用水準相差不大的情況。

3. 忌混淆「廣義在產品」與「狹義在產品」概念。「廣義在產品」是指除最終產品以外的其他未完工產品，而「狹義在產品」僅指某步驟沒完工的在製品。平行結轉分步法中使用的是「廣義在產品」概念，而逐步結轉分步法中使用的是「狹義在產品」概念。

思考與練習

一、單項選擇題

1. 品種法的特點是（　　）。
   A. 分批計算產品成本　　　　B. 分步計算產品成本
   C. 既分品種又分步計算產品成本　D. 分品種計算產品成本
2. 區分各種成本計算基本方法的主要標誌是（　　）。
   A. 成本計算對象　　　　　　B. 成本計算日期
   C. 間接費用的分配方法　　　D. 完工產品與在產品之間分配費用的方法
3. 品種法的成本計算期與（　　）是一致的。
   A. 生產週期　　　　　　　　B. 會計月度
   C. 會計年度　　　　　　　　D. 產品完工日期
4. 採用簡化的分批法，在產品完工之前，產品明細帳（　　）。
   A. 不登記任何費用　　　　　B. 只登記直接費用和生產工時
   C. 只登記材料費用　　　　　D. 登記間接費用，不登記直接費用

5. 成本計算最基本的方法是（　　）。
   A. 品種法　　　　　　　　　B. 分批法
   C. 分類法　　　　　　　　　D. 分步法
6. 品種法的成本計算對象是（　　）。
   A. 產品品種　　　　　　　　B. 產品的批別或訂單
   C. 產品生產工序　　　　　　D. 各種產品的類別
7. 如果企業只生產一種產品，那麼發生的費用（　　）。
   A. 都要進行分配後計入　　　B. 全部是間接計入費用
   C. 全部是直接計入費用　　　D. 部分直接計入，部分間接計入
8. 分批法適用的生產組織形式是（　　）。
   A. 大量大批生產　　　　　　B. 小批單件生產
   C. 大量小批生產　　　　　　D. 單件成批生產
9. 某企業採用分批法計算產品成本。該企業將不同日期投產的產品作為不同的批別，分別計算產品成本。7月5日投產甲產品4件，乙產品3件；7月15日投產甲產品3件，丙產品6件；7月25日投產乙產品5件；7月26日投產丙產品4件。該企業7月應開設產品成本計算單的張數是（　　）。
   A. 4張　　　　B. 5張　　　　C. 6張　　　　D. 3張
10. 成本還原的對象是（　　）。
    A. 庫存商品成本
    B. 各步驟所耗上一步半成品的綜合成本
    C. 完工產品中所耗各步驟半成品成本
    D. 各步驟半成品成本
11. 簡化的分批法與分批法的區別主要表現在（　　）。
    A. 不分批計算在產品成本　　B. 不分批計算完工產品成本
    C. 不進行間接費用的分配　　D. 不分批核算原材料費用
12. 分步法適用於（　　）。
    A. 大量大批多步驟生產　　　B. 單件生產
    C. 小批生產　　　　　　　　D. 大量大批單步驟生產
13. 採用逐步結轉分步法，並在完工產品與在產品之間分配費用，是指在（　　）之間的費用分配。
    A. 完工產品與月末在產品
    B. 完工半成品與月末加工中的在產品
    C. 完工產品與廣義的在產品
    D. 前面步驟的完工半成品與加工中的在產品，最後步驟的完工產品與加工中的在產品
14. 在平行結轉分步法下，在完工產品與在產品之間分配費用，是指（　　）之間的費用分配。
    A. 各步驟完工的半成品與月末在產品

B. 完工產品與狹義在產品

C. 完工產品與月末廣義在產品

D. 各步驟完工的半成品與廣義的在產品

15. 企業將各生產步驟所耗用的半成品成本全部計入該步驟產品基本生產成本明細帳的「自制半成品」成本項目，這種結轉方式是（　　）。

 A. 分項結轉法   B. 平行結轉分步法

 C. 逐步結轉分步法   D. 綜合結轉法

16. 企業將各生產步驟所耗用的半成品成本按其成本項目構成分別計入該步驟產品基本生產成本明細帳的相關成本項目，這種結轉方式是（　　）。

 A. 綜合結轉法   B. 分項結轉法

 C. 逐步結轉分步法   D. 平行結轉分步法

二、多項選擇題

1. 品種法適用於（　　）。

 A. 大量大批單步驟生產

 B. 大量大批多步驟生產

 C. 大量大批且管理上不要求分步驟計算成本的多步驟生產

 D. 小批單件生產

2. 平行結轉分步法與逐步結轉分步法相比，缺點有（　　）。

 A. 各步驟不能同時計算產品成本

 B. 需要進行成本還原

 C. 不能為實物管理和資金管理提供資料

 D. 不能提供各步驟的半成品成本資料

3. 以下各項中，屬於品種法特點的有（　　）。

 A. 以產品的品種為成本計算對象 B. 計算期與生產週期一致

 C. 一般適用於大量大批的生產 D. 按月定期計算產品成本

 E. 月末通常要計算在產品成本

4. 下面對品種法表述正確的有（　　）。

 A. 以產品品種作為成本計算對象 B. 成本計算程序較為複雜

 C. 成本計算期與會計報告期一致 D. 可用於大量單步驟生產產品的企業

 E. 是大量大批多步驟企業必須採用的成本計算方法

5. 品種法的成本核算程序包括（　　）。

 A. 按品種開設的成本計算單歸集各種生產費用

 B. 歸集並分配輔助生產費用

 C. 歸集並分配製造費用

 D. 月末將歸集的生產費用在完工產品與在產品之間分配

 E. 計算出的各種產品成本編製「完工產品成本匯總計算表」並結轉完工產品成本

7. 分批法下，產品批別可以按（　　）確定。

A. 客戶的訂單　　　　　　　　B. 一張訂單下不同的產品
C. 相同產品的不同訂單　　　　D. 產品的種類
E. 不同時期的不同訂單

8. 採用分批法計算產品成本時，如果批內產品跨月陸續完工的情況較多，完工產品數量占全部批量的比重較大，可以採用（　　）方法在完工產品和在產品之間分配費用。

A. 約當產量比例法　　　　　　B. 按近期相同產品的實際單位成本計價
C. 定額比例法　　　　　　　　D. 按計劃單位成本計價
E. 按定額單位成本計價

9. 採用簡化的分批法（　　）。

A. 必須設立基本生產成本二級帳
B. 在產品完工之前，基本生產成本明細帳只登記直接計入費用和生產工時
C. 在生產成本二級帳中只登記間接費用
D. 必須對每批產品開設基本生產成本明細帳

10. 基本生產成本二級帳中在產品的各項間接費用的金額，可根據（　　）計算。

A. 二級帳中的月末在產品生產工時分別乘以該費用的分配率
B. 該費用的累計數分別減去完工產品的相應費用
C. 各批產品基本生產成本明細帳中月末在產品的各項費用分別匯總
D. 各批產品基本生產成本明細帳中月末在產品的生產工時之和乘以該費用的累計分配率

11. 對於逐步結轉分步法，下列說法中正確的有（　　）。

A. 各步驟的在產品成本是狹義在產品成本
B. 半成品成本不隨半成品實物轉移而轉移
C. 需要計算各步驟的半成品成本
D. 半成品成本隨著半成品實物的轉移而轉移

12. 採用逐步結轉分步法，按照結轉的半成品成本在下一步驟基本生產成本明細帳中反應方法的不同，可分為（　　）。

A. 綜合結轉法　　　　　　　　B. 分項結轉法
C. 按實際成本結轉　　　　　　D. 按計劃成本結轉

13. 採用綜合結轉法結轉半成品成本的優點是（　　）。

A. 便於各生產步驟進行成本管理
B. 便於各生產步驟完工產品的成本分析
C. 便於從整個企業的角度反應產品成本的構成
D. 可以反應本步驟加工費用的水準
E. 可以反應各生產步驟完工產品所耗上一步驟半成品的費用水準

14. 採用平行結轉分步法下，完工產品與在產品之間的費用分配，是指（　　）之間的費用分配。

A. 完工產品與廣義在產品

B. 完工產品與前面各步驟的廣義在產品
C. 各步驟完工半成品與月末加工中的在產品
D. 前面步驟的完工半成品與廣義的在產品
E. 最後步驟的完工產品與狹義的在產品。

15. 採用分步法，作為成本計算對象的生產步驟，可以(　　)。
    A. 按生產車間設立
    B. 按實際生產步驟設立
    C. 按一個車間中的幾個生產步驟分別設立
    D. 按幾個車間合併成的一個生產步驟設立

16. 半成品成本綜合結轉可以採用的方法有(　　)。
    A. 按實際成本結轉　　　　　B. 按計劃成本結轉
    C. 按成本項目結轉　　　　　D. 按原材料成本結轉

三、判斷題

1. 工業企業按其生產工藝過程的特點可分為大量生產、成批生產和單件生產。(　　)
2. 成本計算的基本方法一般是以成本計算對象命名的。(　　)
3. 品種法和分步法的成本計算期與會計報告期一致。(　　)
4. 產品成本計算的品種法是以產品品種為成本計算對象，歸集生產費用、計算產品成本的一種方法。(　　)
6. 採用分批法，由於成本計算期與生產週期一致。因此在任何情況下，月末都不存在在完工產品與在產品之間分配費用的問題。(　　)
7. 只要產品批數多，就應該採用簡化的分批法計算產品成本。(　　)
8. 簡化的分批法是不分批計算在產品成本的分批法。(　　)
9. 採用簡化的分批法，在間接費用水準相差懸殊的情況下，會影響成本計算的正確性。(　　)
10. 採用分批法，如果批內產品跨月陸續完工的情況不多，完工產品數量佔全部批量的比重較小，完工產品可按計劃成本或定額成本計算。(　　)
11. 如果一張訂單規定有幾種產品，也應合為一批組織生產。(　　)
12. 平行結轉分步法實際上就是品種法的多次連續應用。(　　)
13. 分生產步驟計算產品成本不一定就是分車間計算產品成本。(　　)
14. 在逐步結轉分步法下，半成品的收發都應通過「自制半成品」帳戶核算。
(　　)
15. 採用平行結轉分步法，各步驟不計算半成品成本。(　　)
16. 大量大批的多步驟生產企業都應按分步法計算成本。(　　)
17. 成本還原的對象是還原前的產品成本。(　　)

四、核算題

練習一

（一）目的

練習品種法的核算。

（二）資料

天浩公司是一個單步驟中小型的工業生產型企業，設有一個基本生產車間，大量大批地生產甲乙兩種產品。該公司還設有供水、機修兩個基本生產車間，為全廠提供勞務，輔助生產車間之間相互提供的勞務按交互分配法分配，輔助生產車間不單獨核算製造費用。產品成本需要在完工產品和月末在產品之間分配，分配方法採用約當產量法，月末在產品的完工程度均為50%，原材料是在生產開始時一次投入。其他詳細資料如下：

1. 產量資料

產量資料　　　　　　　　　　　　　　單位：件

產品	月初在產品	本月投入	本月完工產品	月末在產品
甲	30	210	160	80
乙	40	200	180	60

2. 月初在產品成本

月初在產品成本　　　　　　　　　　　單位：元

產品	直接材料	直接人工	製造費用	合計
甲	6,000	2,400	3,360	11,760
乙	5,000	2,200	1,600	8,800

3. 本月發生費用

（1）材料費用表

材料費用表　　　　　　　　　　　　　單位：元

材料用途	直接用料（A）	共同用料（B）	耗用材料合計	B材料消耗定額
甲產品	30,000			550
乙產品	32,000			400
小計	62,000	19,000	81,000	
車間一般耗用	4,000	2,000	6,000	
機修車間	13,000		13,000	
供水車間	3,600		3,600	
合計	82,600	21,000	103,600	

(2) 工資費用計算表

工資費用計算表　　　　　　　　　　單位：元

生產人員類別	工資	社保	合計
生產工人	12,400	4,464	16,864
機修工人	9,000	3,240	12,240
供水工人	5,200	1,872	7,072
車間管理部門	2,400	864	3,264
行政部門	6,000	2,160	8,160
銷售部門	4,000	1,440	5,440
合計	39,000	14,040	53,040

(3) 折舊計算表

折舊計算表　　　　　　　　　　單位：元

車間名稱	金額
基本生產	4,000
機修車間	1,000
供水車間	1,600
行政部門	5,500
銷售部門	2,500
合計	14,600

(4) 其他費用分配表

其他費用分配表　　　　　　　　　　單位：元

車間名稱	通訊費	辦公費	電費	保險費	其他	合計
基本生產	900	160	1,104	736	820	3,720
行政部門	800	200	800	500	520	2,820
銷售部門	700	100	396	224	300	1,720
機修車間	180	300	920	240	200	1,840
供水車間	140	500	1,380	700	760	3,480
合計	2,720	1,260	4,600	2,400	2,600	13,580

4. 工時資料

甲產品耗費工時 520 小時，乙產品耗費工時 480 小時。

5. 輔助生產車間勞務供應量

受益單位	機修（小時）	供水（噸）
基本生產	3,600	13,600
行政部門	200	200
銷售部門	100	100
機修車間		300
供水車間	100	
合計	4,000	14,200

6. 有關費用分配方法
(1) 甲、乙產品共同耗用的材料按定額耗用量比例分配；
(2) 生產工人工資按生產工時比例分配；
(3) 輔助生產費用按一次交互分配法進行分配。
(4) 製造費用按生產工時比例分配。

(三) 要求

根據上述資料，用品種法分別計算甲、乙產品的成本並進行相關帳務處理。

練習二

(一) 目的

掌握產品成本計算的分批法。

(二) 資料

某企業第一生產車間生產 401 批甲產品、501 批次乙產品、402 批次丙產品。該企業 5 月的有關成本計算資料如下：

1. 月初在產品成本

401 甲產品成本為 20,800 元，其中直接材料 16,800 元，直接人工 2,400 元，製造費用 1,600 元；402 丙產品成本為 28,000 元，其中直接材料 24,000 元，直接人工 2,000 元，製造費用 2,000 元。

2. 本月生產情況

401 甲產品 4 月 5 日投產 40 件，本月 28 日已全部完工驗收入庫，本月實際生產工時為 4,000 時；501 乙產品本月 7 日投產 60 件，本月已完工入庫 10 件，本月實際生產工時為 2,200 小時；402 丙產品 4 月 8 日投產 30 件，本月尚未完工，本月實際生產工時為 2,000 小時。

3. 本月發生的生產費用

本月投入原材料 198,000 元，全部為 501 乙產品耗用。本月產品生產工人工資為 24,600 元，製造費用總額為 22,140 元。

4. 產品成本定額

501 乙產品的成本定額為 2,400 元，其中直接材料 1,650 元，直接人工 400 元，製造費用 350 元。

生產工人工資及製造費用均按各批產品的實際生產工時分配。501 乙產品本月少量

完工，其完工產品成本按定額成本結轉。

(三) 要求

根據上述資料採用分批法計算本月完工產品和月末在產品成本，編製結轉完工產品成本的會計分錄。

表1　　　　　　　　　　　　　基本生產成本明細帳

　　　　　　　　　　　　　　　開工日期：　　　　　批量：
批別：401 批次　　產品：甲產品　　完工日期：　　　　　單位：元

摘要	直接材料	直接人工	製造費用	合計

表2　　　　　　　　　　　　　基本生產成本明細帳

　　　　　　　　　　　　　　　開工日期：　　　　　批量：
批別：501 批次　　產品：乙產品　　完工日期：　　　　　單位：元

摘要	直接材料	直接人工	製造費用	合　計

表3　　　　　　　　　　　　　基本生產成本明細帳

　　　　　　　　　　　　　　　開工日期：　　　　　批量：
批別：402 批次　　產品：丙產品　　完工日期：　　　　　單位：元

摘要	直接材料	直接人工	製造費用	合計

練習三

（一）目的

練習簡化分批法的應用。

（二）資料

1. 假定某企業小批量生產多種產品，批數較多，為簡化核算，採用累計間接費用分批法計算各批產品成本。20××年6月該企業生產各批次產品的情況如下：

（1）1001號甲產品10件，4月投產，本月全部完工；

（2）1002號乙產品12件，5月投產，本月完工8件，本月不再發生材料費，單位在產品材料費2,250元，生產工時按約當產量比例法在完工產品和在產品之間進行分配，月末在產品完工程度為50%；

（3）1003號丙產品5件，5月投產，本月全部完工；

（4）1004號丁產品15件，本月投產，本月尚未完工，耗用工時4,000小時，發生材料費用12,000元。

2. 基本生產成本二級帳資料

基本生產成本二級帳　　　　　　　　　單位：元

年		憑證		摘要	生產工時	直接材料	直接人工	製造費用	合計
月	日	字	號						
6	1			期初餘額	18,000	125,000	82,000	64,000	271,000
	30			本月發生額	25,250	35,500	103,975	87,375	226,850
	30			累計發生額	43,250	160,500	185,975	151,375	497,850
	30			分配率					
	30			完工轉出					
	30			期末餘額					

3. 各批產品成本、工時資料

基本生產成本明細帳

批號：1001　　　　　　　　開工日期：20××年4月　　　　　　　　批量：10件

產品名稱：甲產品　　　　　　完工日期：20××年6月　　　　　　　單位：元

年		憑證		摘要	生產工時	直接材料	直接人工	製造費用	合計
月	日	字	號						
4	30			本月發生額	2,800	29,000			
5	31			本月發生額	2,600	12,000			
6	30			本月發生額	4,250	1,000			
6	30			累計數及工資、費用分配率					
6	30			結轉完工產品成本					
6	30			完工產品單位成本					

基本生產成本明細帳

批號：1002　　　　　開工日期：20××年5月　　　　批量：12件
產品名稱：乙產品　　完工日期：20××年6月　　　　單位：元

年		憑證		摘要	生產工時	直接材料	直接人工	製造費用	合計
月	日	字	號						
5	31			本月發生額	10,700	49,000			
6	30			本月發生額	6,200				
6	30			累計數及工資、費用分配率					
6	30			結轉完工8件成本					
6	30			完工產品單位成本					
6	30			月末在產品					

基本生產成本明細帳

批號：1003　　　　　開工日期：20××年5月　　　　批量：5件
產品名稱：丙產品　　完工日期：20××年6月　　　　單位：元

年		憑證		摘要	生產工時	直接材料	直接人工	製造費用	合計
月	日	字	號						
5	31			本月發生額	1,900	35,000			
6	30			本月發生額	10,800	22,500			
6	30			累計數及工資、費用分配率					
6	30			結轉完工產品成本					

基本生產成本明細帳

批號：1003　　　　　開工日期：20××年6月　　　　批量：15件
產品名稱：丁產品　　完工日期：20××年6月　　　　單位：元

年		憑證		摘要	生產工時	直接材料	直接人工	製造費用	合計
月	日	字	號						
6	30			本月發生額	4,000	12,000			

（三）要求

根據上述資料，採用簡化分批法計算各批產品成本並進行帳務處理。

練習四

(一) 目的

掌握成本計算的逐步結轉分步法。

(二) 資料

横峰公司的甲產品分三個步驟在三個基本生產車間陸續進行，一步驟生產甲半成品，二步驟生產乙半成品，三步驟生產丙產品。上一步驟的產品是下一步驟的半成品，半成品經過半成品庫收發。其他相關資料如下：

本月各車間產量資料　　　　　　　　　　　　　　　單位：件

摘要	一車間	二車間	三車間
月初在產品數量	20	50	35
本月投產數量或上步轉入	140	150	165
本月完工產品數量	135	180	150
月末在產品數量	25	20	50

註：材料在生產開始時一次投入，各步驟月末在產品的完工程度均為50%。

各車間月初及本月生產費用　　　　　　　　　　　　單位：元

	摘要	直接材料(自制半成品)	直接人工	製造費用	合計
一車間	月初在產品成本	30,000	18,000	15,000	63,000
	本月生產費用	200,400	68,625	62,175	331,200
二車間	月初在產品成本	139,200	37,500	22,500	199,200
	本月生產費用		59,025	47,700	106,725
三車間		142,767	22,500	12,000	177,267
	本月生產費用		98,400	97,200	195,600

自制半成品明細帳簡表　　　　　　　　　　　　　　數量單位：件
　　　　　　　　　　　　　　　　　　　　　　　　金額單位：元

半成品名稱	月初結存			本月增加			合計			本月減少		
	數量	單價	金額	數量	單價	金額	數量	單價	金額	數量	單價	金額
甲	45	3,480	156,600	135						150		
乙	45	4,744.50	213,502.50	180								

(三) 要求

根據上述資料，採用綜合結轉分步法計算各步驟產品成本並進行成本還原和相關帳務處理。

練習五

(一) 目的

掌握產品成本計算的分項結轉分步法。

(二) 資料

某廠生產乙產品，分兩個步驟分別在兩個車間進行加工。第一步驟生產半成品甲，通過半成品庫收發；第二步驟將半成品甲加工成乙產成品。

該廠6月各生產步驟的有關成本核算資料如下：

單位：元

	項目	直接材料	直接人工	製造費用	合計
第一步驟	月初在產品定額成本	8,100	3,600	4,200	15,900
	本月生產費用	58,470	28,290	30,840	117600
	月末在產品定額成本	8,700	3,450	4,440	16,590
第二步驟	月初在產品定額成本	33,600	18,540	20,394	72,534
	本月生產費用(本步驟)	48,720	30,330	33,363	112,413
	月末在產品定額成本	32,400	17,910	19,701	70,011

該廠6月初半成品庫存為600件，其實際總成本為76,200元，其中直接材料37,200元，直接人工18,900元，製造費用20,100元。本月第一步驟完工入庫半成品900件，第二步驟從半成品庫領用本產品1,200件，本月完工入庫的產成品300件。各步驟在產品按定額成本計算，半成品甲採用一次加權平均法計價。

(三) 要求

採用分項結轉分步法計算半成品甲和產成品乙的成本。

練習六

(一) 目的

練習平行結轉分步法。

(二) 資料

江臨公司生產丙產品，第一步驟生產甲半成品，第二步驟生產乙半成品，第三步驟將甲半成品和乙半成品裝配成丙產品。第一步驟耗用的材料在生產開始時一次投入，第二步驟所耗用的原材料隨著加工進度逐步投入。每件丙產品由二件甲半成品和一件乙半成品組成。第一步驟和第二步驟的月末在產品完工率均為50%，其生產費用採用約當產量法在完工產品和廣義在產品之間分配。第三步驟只有未裝配的半成品，並無在產品。20××年5月該公司的有關成本計算資料如下表所示：

產量記錄   單位：件

項目	第一步驟	第二步驟	第三步驟	
			甲半成品	乙半成品
月初在產品	1,200	200	1,200	720
本月投入	3,600	2,400	4,000	2,000
本月完工轉出	4,000	2,000	4,800	2,400
月末在產品	800	600	400	320

月初在產品成本及本月生產費用   單位：元

項目	直接材料	直接人工	製造費用	合計
月初在產品成本				
第一步驟	36,000	32,400	28,800	97,200
第二步驟	24,600	16,400	13,840	54,840
本月生產費用				
第一步驟	54,000	68,400	49,600	172,000
第二步驟	66,000	40,980	31,460	138,440
第三步驟		21,600	12,000	33,600

（三）要求

1. 計算各步驟應計入完工丙產品的成本份額和月末在產品成本；
2. 編製丙產品成本匯總表，計算完工產品總成本和單位成本；
3. 編製完工產品入庫的記帳憑證。

練習七

（一）目的

練習平行結轉分步法。

（二）資料

某企業的甲產品經過三個車間連續加工制成，一車間生產 A 半成品，直接轉入二車間加工制成 B 半成品，B 半成品直接轉入三車間加工成甲產成品。其中，1 件甲產品耗用 1 件 B 半成品，1 件 B 半成品耗用 1 件 A 半成品。原材料於生產開始時一次投入，各車間月末在產品完工率均為 50%。各車間生產費用在完工產品和在產品之間的分配採用約當產量法。

本月各車間產量　　　　　　　　　　　　　　　　　　　　單位：件

摘要	一車間	二車間	三車間
月初在產品數量	80	200	160
本月投產數量或上步轉入	720	640	720
本月完工產品數量	640	720	800
月末在產品數量	160	120	80

各車間月初及本月費用　　　　　　　　　　　　　　　　單位：元

	摘要	直接材料	直接人工	製造費用	合計
一車間	月初在產品成本	4,000	240	400	4,640
	本月生產費用	73,600	8,800	9,600	92,000
二車間	月初在產品成本		800	480	1,280
	本月生產費用		12,800	19,200	32,000
三車間	月初在產品成本		720	640	1,360
	本月生產費用		13,800	10,200	24,000

(三) 要求

採用平行結轉法計算產成品成本，並且編製各步驟成本計算單和產品成本匯總表。

第六章　產品成本計算的輔助方法

教學目的與要求

通過本章的學習，學員應瞭解分類法、定額法等成本計算輔助方法的特點、適應範圍，理解分類法、定額法等成本計算輔助方法的核算程序，掌握分類法、定額法等成本計算輔助方法的具體細則並能較熟練地運用。

本章重點提示

1. 成本計算分類法
2. 成本計算定額法

開篇小案例

小李和小王到某燈泡廠實習，財務科負責人安排他們學習成本核算的內容。他們已瞭解到該企業20××年5月生產15W、20W、30W、40W、60W、100W的日光燈，生產6W、9W、15W、20W、25W的節能燈，生產15W、25W、40W、60W、100W、200W的白熾燈，也已獲得有關生產費用的資料。財務科負責人讓他們考慮該廠應採用何種成本計算方法，如何設置成本計算科目。

剛開始他們考慮該廠的成本計算應採用分類法與品種法相結合的方法。他們在具體計算時，將所有產品看作一種燈泡，設置生產成本明細帳，把已發生的各項生產費用分別按成本項目記入明細帳中；然後將原材料、直接人工和製造費用各成本項目以原材料定額消耗量、工時定額為分配標準，計算燈泡的完工成本；最後分別按日光燈、節能燈、白熾燈中不同瓦數產品的售價，分配計算出各種不同瓦數產品的完工產品成本。但很快他們又否定了此想法。

為什麼小李和小王會否定這一想法？應如何處理才更科學？

第一節　產品成本計算的分類法

在一些產品品種、規模繁多的企業，按照產品品種或規格匯集生產成本，分別計算各品種、各規格產品的成本，其計算工作十分繁重。為了簡化成本計算工作，對於可按一定標準分類的生產企業，可採用分類法。

一、分類法概述

成本計算的分類法是按產品類別歸集生產費用，在計算出各類產品成本的基礎上，再按一定標準在類內各種產品之間分配費用的一種成本計算方法。

分類法不是一種獨立的成本計算方法，它與生產類型無直接關係，只是為了簡化產品品種和規格繁多的企業的成本計算而採用的一種輔助成本計算方法。因此，分類法必須結合品種法使用。

（一）分類法的適用範圍

分類法適用於產品品種或規格繁多並且可以對產品進行合理分類的企業。具體包括以下類型的企業：

（1）用同樣原材料、經過同樣工藝過程生產出來不同規格的產品。如制鞋廠生產不同號碼的膠鞋。

（2）用同一種原材料進行加工而同時生產出來幾種主要產品，即聯產品。如煉油企業投入原油，加工出汽油、柴油、潤滑油等。

（3）零星產品。雖然零星產品所耗用的原材料和生產工藝有所不同，而且產品品種、規格較多，但由於產品數量較少、費用較小，為了簡化成本計算，可歸類計算產品成本。

（4）在生產主要產品的生產過程中，附帶生產非主要產品，即副產品，如煉鋼廠的爐渣等。對這類企業，會計人員應將主副產品歸為一類計算成本，然後將副產品成本按一定方法計價並從總體成本中扣除，餘額即為主產品成本。

（二）分類法的成本計算程序

分類法的成本計算程序如下：

（1）將產品劃分為不同類別，以產品類別作為成本計算對象，設置產品成本明細帳，歸集生產費用，計算出各類完工產品的總成本。

（2）選擇合理的分配標準將各類完工產品的總成本在類內的各種產品之間進行分配，計算出類內各種產品的成本。

（三）類內產品成本的分配方法

1. 定額比例法

如果企業定額基礎好，各項定額比較齊全、準確和穩定，可採用定額比例法進行類內產品成本的分配。定額比例法就是以類內各種產品的定額消耗指標比例作為分配標準，計算某類完工產品總成本的一種方法，其計算公式如下：

$$\text{某類產品某項費用分配率} = \frac{\text{該類完工產品該項費用定額}}{\sum \text{該類內各種產品該項費用的定額耗用量（或定額工時）}}$$

類內某種產品某項費用的實際成本 = 類內該種產品該項費用的定額耗用量（或定額工時）×該類產品該項費用的分配率

2. 系數法

系數法是將分配標準折算成相對固定的系數，按照固定系數在類內各種產品之間分配費用，以計算類內各種產品成本的一種方法。

系數法的具體做法是：在類內產品中選擇一種產量較大，生產較穩定，規格較適中的產品作為標準產品，把這種產品的系數定為「1」；求出類內其他各種產品的分配標準數額與標準產品的分配標準數額的比率，即系數；再把各種產品的產量乘以系數，折合為標準產品的產量，據以進行費用分配和計算類內各種產品的成本。

某產品標準產量＝該產品實際產量×該產品系數

$$某產品某項費用分配率 = \frac{定額變動差異合計}{定額成本合計}$$

某種產品應負擔的某項費用＝該種產品的標準產量×該類產品該項費用的分配率

由於企業對成本管理的要求不同，系數可分為綜合系數（即以產品的全面因素，如定額成本等，為基礎換算的系數）和單位系數（即以產品成本中某一項目，如直接材料等，為基礎換算的系數）。

（四）分類法的優缺點和應用要求

1. 優缺點

採用分類法，由於類內各種產品的生產費用均作為間接費用採用適當的分配方法進行分配計算，在產品品種規格繁多的情況下，將產品進行合理分類，具有合併成本計算對象、簡化成本核算的優點。

但是由於類內各種產品的成本都是按照一定比例分配計算的，其結果帶有一定的假定性；同時，分類和類距的合理性，會直接影響成本計算的準確性。

2. 應用要求

企業採用分類法進行成本核算時應注意以下幾點：①分類合適。在產品分類時，應將產品的結構、生產工藝技術和所耗原材料基本相同或相近的產品劃為一類；因為這類產品的成本水準比較接近。②類距恰當。類內產品的類距既不能過大，也不能過小。類距定得太大，會影響成本計算的準確；類距定得太小，起不到簡化成本計算工作的作用。③分配標準符合實際。分配標準的選擇，決定了採用分類法時能否做到既簡化成本核算工作，又使成本計算相對正確。會計人員要盡可能選擇與產品成本水準的高低密切聯繫的分配標準。各成本項目可採用同一分配標準，也可採用不同的分配標準。當產品結構、所用原材料或工藝過程發生較大變動時，應修訂分配系數或另選分配標準，以使分配結果更加合理。類內產品常用的分配標準有定額消耗量、定額消耗費用、售價等。

二、分類法的運用

（一）分類法成本的計算

1. 資料

某廠的產品規格很多，其中，A_1、A_2、A_3 三種產品所耗用的原材料和生產工藝技

術過程比較接近，因而該企業將這三種產品歸並為一類（甲類），採用分類法計算產品成本。有關資料如下：

（1）月初、月末在產品的成本和本月生產費用資料，見表6-1。

表6-1　　　　　　　　　　　　　產品費用　　　　　　　　　　　　單位：元

項目	直接材料費	直接人工費	製造費用	合計
月初在產品	6,600	5,850	3,200	15,650
本月費用	157,200	25,015	68,350	250,565
月末在產品	7,200	6,280	4,500	17,980

（2）甲類產品的消耗定額比較準確、穩定，因而該企業的月末在產品成本按消耗定額計算。產品消耗定額和產量見表6-2。

表6-2　　　　　　　　　　　產品產量及消耗定額

產品名稱	產量（件）	材料消耗定額（千克）	工時消耗定額（小時）
A_1	3,600	23.4	14.4
A_2	4,800	18	16
A_3	1,200	14.4	12

（3）A_2為標準產品。

2. 採用分類法計算產品A_1、A_2、A_3的成本

（1）開設按產品類別劃分的成本計算單，歸集和分配本月生產費用。其程序和方法與品種法相同，因而本例計算分配過程略。

（2）計算和分配各類別的本月完工產品和月末在產品成本，計算過程略。甲類產品的成本計算單見表6-3。

表6-3　　　　　　　　　　　　　產品成本計算單

產品類別：甲類　　　　　　　　　　　　　　　　　　　　　　　　　　　單位：元

	直接材料費	直接人工費	製造費用	合計
月初在產品成本	6,600	5,850	3,200	15,650
本月費用	157,200	25,015	68,350	250,565
合計	163,800	30,865	71,550	266,215
完工產品成本	156,600	24,585	67,050	248,235
月末在產品成本	7,200	6,280	4,500	17,980

(3) 計算材料和工時系數（見表6-4）。

表6-4　　　　　　　　　材料和工時消耗系數

	單位產品		材料定額	消耗量系數
	材料消耗定額(千克)	工時定額（小時）	定額工時系數	
A₁	23.4	14.4	1.3	0.9
A₂	18	16	1	1
A₃	14.4	12	0.8	0.75

費用分配標準可採用產品售價等計算系數；費用的分配可比照上述辦法進行。

(4) 計算類內各種產品的成本（見表6-5）。

表6-5　　　　　　　　　各種產品成本　　　　　　　　　單位：元

產品	產量	材料定額消耗量系數	定額工時系數	總系數		總成本			合計	單位成本
				直接材料	其他費用	直接材料	直接人工	製造費用		
1	2	3	4	5=2*3	6=2*4	7=5*分配率	8=6*分配率	9=6*分配率	10	11
分配率						15	2.75	7.5		
A₁	3,600	1.3	0.9	4,680	3,240	70,200	8,910	24,300	103,410	28.725
A₂	4,800	1	1	4,800	4,800	72,000	13,200	36,000	121,200	25.25
A₃	1,200	0.8	0.75	960	900	14,400	2,475	6,750	23,625	19.687,5
合計				10,440	8,940	156,600	24,585	67,050	248,235	

各種費用的分配率計算如下：

直接材料費用分配率 $= \dfrac{156,600}{10,440} = 15$

直接人工費用分配率 $= \dfrac{24,585}{8,940} = 2.75$

製造費用分配率 $= \dfrac{67,050}{8,940} = 7.5$

(二) 聯產品的成本計算

1. 聯產品概述

聯產品是使用同一種原材料，在同一生產過程中，同時生產出若干種使用價值不同的主要產品。比如，煉油廠從原油中同時提煉出汽油、柴油、潤滑油等。

(1) 聯產品的主要特點

聯產品的主要特點是：同一種材料投入生產，在同一工藝過程中，生產到一定的階段分離出來若干種主要產品。分離出來的產品，有的已經是半成品；有的可能不是半成品，還要進一步加工才能成為半成品。

(2) 聯產品成本計算的基本原理

當同一種材料投入生產，在分離出聯產品以前，所發生的費用是按一個成本計算對象歸集的。也就是說，幾種產品分離前的費用無法按每種產品歸集，只能將聯產品視為同一類產品，並採用分類法計算成本。如果分離後的產品是半成品，對進一步加工發生的費用，會計人員應根據具體情況分別採用品種法或其他方法計算成本。

(3) 聯產品成本計算的特點

聯產品分離時的生產步驟稱為「分離點」。會計人員在分離點之前，按類別歸集發生的費用；在分離點之後，按分類法分配計算類內各種聯產品的成本。分離後還需繼續加工的產品，其最終成本應由原分配的類內某種聯產品的成本加上該聯產品分離後的繼續加工成本組成。

2. 聯產品的成本計算

聯產品成本計算的關鍵是聯產品之間各種產品成本的分配。歸集和分配本月費用以及分配完工產品和在產品費用，可按照品種法的歸集和分配程序進行；在聯產品之間分配成本，一般可按系數法的程序進行，分配標準可用各種產品的銷售價格。

[例6-1] 某廠用原油生產出汽油、煤油、柴油三種聯產品，分離後煤油需繼續加工，汽油和柴油可直接對外銷售。

汽油、煤油、柴油分離前視同一類定為甲類聯產品，本月歸集的費用見表6-6。

表6-6　　　　　　　　　　甲類聯產品成本明細帳　　　　　　　　　　單位：元

	直接材料費	直接人工費	製造費用	合計
本月生產費用	89,440	33,987.2	38,012	161,439.2
合計				

聯產品的產量、售價和單位系數資料見表6-7。

表6-7　　　　　　　　　　甲類聯產品系數計算表

	產量（件）	售價（元）	系數
汽油	8,600	21.6	1.2
煤油	12,000	18	1
柴油	16,000	25.2	1.4

按系數法計算分配聯產品成本（見表6-8）。

表6-8　　　　　　　　　　聯產品成本計算表　　　　　　　　　　單位：元

項目	產量(件)	單位系數	總系數	直接材料	直接人工	製造費用	成本合計
聯合產品總成本				89,440	33,987.2	38,012	161,439.2
系數單位成本				2	0.76	0.85	
汽油	8,600	1.2	10,320	20,640	7,843.2	8,772	37,255.2

表 6-8（續）

項目	產量(件)	單位系數	總系數	直接材料	直接人工	製造費用	成本合計
煤油	12,000	1	12,000	24,000	9,120	10,200	43,320
柴油	16,000	1.4	22,400	44,800	17,024	19,040	80,864
合計			44,720	89,440	33,987.2	38,012	161,439.2

註：①系數單位成本的計算：

直接材料系數單位成本 = 89,440 ÷ 44,720 = 2（元）

直接人工系數單位成本 = 33,987.2 ÷ 44,720 = 0.76（元）

製造費用系數單位成本 = 38,012 ÷ 44,720 = 0.85（元）

②煤油繼續加工所發生的費用：

直接材料費 2,156 元；

直接人工費 782 元；

製造費用 1,032 元。

煤油成本的計算見表 6-9。

表 6-9　　　　　　　　　　成本計算單　　　　　　　　　　單位：元

項　　目	直接材料費	直接人工費	製造費用	總成本
應負擔聯合成本	24,000	9,120	10,200	43,320
可歸屬成本	2,156	782	1,032	3,970
合　計	26,156	9,902	11,232	47,290

（三）副產品成本的計算

1. 副產品概述

副產品是指在主要產品的生產過程中附帶生產出來的非主要產品，如提煉原油過程中產生的渣油和石油焦等。

（1）副產品的主要特點

副產品的主要特點是：①副產品是與主要產品在同一生產過程中產生的；②副產品雖有使用價值，但費用比重不大，單位價值較低；③副產品有些可直接對外銷售，如釀造廠的酒糟，有些需要經過一定的處理生才能對外銷售，如煉焦中的煤氣，有些還需要加工成另一種產品，如肥皂生產過程中產生的含有甘油的鹽水，需進一步加工生才能成為甘油。

（2）副產品成本計算的基本原理

由於副產品具有一定的使用價值，也需要計算生產成本。但副產品發生的生產費用是和主產品混在一起的，為了簡化計算工作，可以不單獨計算成本，而將副產品與主產品合為一類產品，按分類法歸集生產費用，計算成本，然後將副產品按照一定的方法計價從總成本中扣除。

（3）副產品成本計算的特點

副產品從主產品分離出去之前，按類別歸集生產費用；副產品從主產品分離出去

之後，用一定的方法計算出副產品的成本，再將其從總成本中扣除。

(4) 副產品成本計算的基本程序

副產品成本計算的基本程序如下：① 以每一主、副產品作為同一類別成本計算對象，開設成本明細帳，歸集和分配生產費用；② 月末如有在產品，應將按類別的成本明細帳所歸集的本月費用加上月初在產品費用，分配給完工的類別產品，即主產品、副產品和月末在產品；③ 採用一定的方法計算出副產品成本。

2. 副產品成本的計算

副產品成本計算的關鍵是將混在一起的完工產品成本分配給主產品和副產品。一般採用簡單的方法先計算出副產品的成本，再從完工產品總成本中扣除副產品成本，即為主產品成本。

副產品成本的計算，通常採用作價扣除法，即以副產品與主產品分離後不需進一步加工為前提，按副產品的售價減去銷售費用、稅金以及按正常利潤率計算的銷售利潤後的餘額確定為副產品的成本。成本明細帳上的全部完工產品總成本扣除副產品總成本，其餘額就是主產品的成本。副產品可按計劃單位成本計價。

為了正確地計算主、副產品的成本，對副產品的計價要合理，既不能提高副產品的價格，把主產品的費用轉嫁給副產品，也不應壓低副產品的價格，把銷售副產品的損失轉嫁給主產品。如果副產品的售價不能補償其銷售費用，副產品就不應計價。如果副產品的價值有所提高，其產量在全部產品中占的比重也較大，這時的副產品也就成了聯產品，應該按聯產品計算成本。

如果副產品與主產品分離後，還要進行加工，應根據副產品加工生產的特點和管理要求，採用適當的方法單獨計算副產品的成本。

[例6-2] 某企業生產主產品酒的同時產出酒糟，月末無在產品，酒糟可直接對外銷售。該企業本月歸集的費用見表6-10。

表6-10　　　　　　　　　　產品成本明細帳　　　　　　　　　　單位：元

	直接材料費	直接人工費	製造費用	合　計
本月費用合計	36,600	11,000	10,000	57,600
完工產品成本	36,600	11,000	10,000	57,600

酒的產量為10,000千克，酒糟的產量為1,000千克。酒糟按作價扣除法計算成本，即按酒糟的售價扣除銷售費用和正常利潤，得出每千克酒糟的成本為0.5元。會計人員應從完工產品的直接材料費中扣除酒糟的成本。成本計算的結果見表6-11。

表6-11　　　　　　　　酒、酒糟產品成本計算表　　　　　　　　單位：元

	產量(件)	單價	直接材料費	直接人工費	製造費用	成本合計
分離前總成本			36,600	11,000	10,000	57,600
酒糟成本	1,000	0.5	500			500
酒成本	10,000		36,100	11,000	10,000	57,100
酒單位成本			3.61	1.1	1.00	5.71

(四) 等級產品的成本計算

等級產品是指用相同原料，經過相同的生產過程，生產出性質相同，但品級或質量有差別的產品。比如，陶瓷產品、電子元件產品等都可以分為一級、二級，甚至可分為更多品級。

等級產品產生的原因大致有兩種：一種是同由於經營管理不善或技術操作不熟練等主觀原因造成的，如織布時發生跳線布等。在這種情況下，次級產品與正產品耗用的原材料相同，加工過程也相同，其成本理應是相同的，因此不應分別計算等級產品的成本。次級產品由於售價低而引起的損失，可以說明企業經營管理上存在的問題，從而促使企業改善經營管理，提高產品質量。

等級產品產生的另一個原因是自然因素。企業由於其生產技術過程本身所固有的特點或自然原因而生產出一些不同等級產品，它們的售價差別較大（如某些電子產品），對於這類等級產品可與聯產品一樣採用系數法計算各種不同等級產品的成本。

[例6-3] 某企業生產電子產品，由於技術條件限制，產生了等級產品。本月全部產量為10,000只，一級品8,000只，二級品1,500只，三級品500只；單位售價分別為20元、14元、10元。本月生產費用歸集如下：直接材料80,000元，直接人工20,000元，製造費用15,000元。等級產品成本的計算見表6-12。

表6-12　　　　　　　　　等級產品成本計算表　　　　　　　　　單位：元

產品等級	產量（件）	單位售價	系數	標準產量（件）	分配比例	各等級應負擔成本 直接材料費	直接人工費	製造費用	總成本	單位成本
一	8,000	20	1	8,000	86.02%	68,816	17,204	12,903	98,923	12.37
二	1,500	14	0.7	1,050	11.29%	9,032	2,258	1,693.5	12,983.5	8.66
三	500	10	0.5	250	2.69%	2,152	538	403.5	3,093.5	6.19
合計	10,000			9,300	100%	80,000	20,000	15,000	115,000	

第二節　產品成本計算的定額法

一、定額法概述

(一) 定額法的意義

定額法是以產品的定額成本為基礎，加/減脫離現行定額差異和定額變動差異，以計算產品實際成本的一種方法。它是在加強企業的計劃管理和定額管理的基礎上產生的。企業實行定額法，在生產費用發生時，就能根據生產費用定額和實際發生數額計算脫離現行定額差異，以便隨時控制和監督生產費用的發生，降低產品實際成本。

定額法的目的在於：通過對生產費用進行嚴密的日常核算和監督，以及對定額變

動、定額差異的核算及其原因的分析,使管理人員和生產人員,對生產費用和產品成本做到心中有數,明確在降低成本方面的努力方向,主動地對生產費用進行事前控制,防止與克服各種浪費和損失發生,使產品的成本計劃核算和分析密切結合,從而更好地發揮成本核算的分析和監督作用。

(二) 定額法的特點

定額法具有以下特點:

(1) 定額法把成本計劃、成本核算、成本分析和成本控制有機地結合起來,不僅便於及時進行成本分析,而且能有效地進行成本控制,有利於挖掘企業潛力,不斷降低產品成本。

(2) 定額法不是一種獨立的成本計算方法,它與生產類型無直接關係,只是為了加強成本控制和簡化成本核算而採用的一種輔助的成本計算方法。它必須結合品種法、分批法或分步法使用。

(3) 定額法根據計劃和定額先計算定額成本,再分別計算脫離定額差異和定額變動差異。這樣既便於根據定額成本按比例分配完工產品和月末在產品之間的費用,又有利於提高計劃和定額管理工作的水準。

(4) 定額法的實行,必須具備一定條件,即產品生產已經定型,產品結構及工藝基本穩定,定額管理制度比較健全,各項定額管理工作的基礎較好。因此,定額法適用於大量大批生產、定額管理制度健全的企業。

(三) 定額法的內容

1. 定額法下產品實際成本的構成

採用定額法計算產品成本,其實際成本由定額成本、脫離定額差異、定額變動差異和材料成本差異四個要素組成。

定額成本是根據企業某一時期所實行的各種消耗定額、當期費用預算和其他資料計算的一種預計產品成本,它是衡量生產費用節約或超支的尺度,是計算實際成本的基礎。

定額差異是生產過程中各項實際生產費用脫離現行定額的差異,它標誌著各項生產費用支出的合理程度,及時反應和監督生產消耗的節約和浪費,有利於加強成本控制,尋找降低成本的途徑;定額差異同時也反應了執行現行定額的工作質量。它是企業運用定額法進行成本控制的關鍵因素。

定額變動差異是由於修改定額後,在新舊定額成本之間產生的差額,它與生產費用支出的節約或浪費無關,是定額本身變動的結果,標誌著生產技術和生產組織等方面的改善對定額的影響程度,與定額差異是截然不同的。

材料成本差異是因為在定額法下,材料的日常核算必須以計劃成本計價而產生的材料實際成本與計劃成本的差異。這項差異反應了所耗原材料的價差,只有將其分配計入產品成本,才能最終求出產品實際成本。

2. 定額法的程序

通過定額法的控制程序,我們可以看出定額法的具體內容。定額法的一般程序

如下：

（1）按產品（或批別、步驟）設置成本計算單，成本計算單按成本項目分設定額成本、定額差異、定額變動等專欄。

（2）根據產品實際產量和有關定額資料，計算產品的定額成本，根據各種定額差異憑證，匯總計算各種產品的定額差異，並記入成本計算單。

（3）如果定額有變動，則要計算定額變動差異，並據以調整月初在產品定額成本。

（4）月末，根據產品成本計算單，分別算出定額成本和定額差異總數，並按成本項目分別計算定額差異分配率和定額變動差異分配率。

（5）根據完工產品通知單按成本項目計算完工產品定額成本，然後分別乘以定額差異分配率和定額變動分配率，計算出完工產品應負擔的定額差異和定額變動差異。用完工產品定額成本加減定額差異和定額變動差異，即求得完工產品車間的實際製造成本。

（6）廠部財會部門對各車間的產品成本計算單進行匯總，並分配材料價格差異，按產品類別匯編產品製造成本計算單，即求得產成品的實際總成本和單位成本。

二、定額法的原理和計算方法

企業要實行定額法，首先必須制定產品的定額成本，其次再在產品製造過程中，通過對定額成本差異的計算與分析，實行產品成本控制。

（一）脫離定額差異的計算

脫離定額差異的計算應按成本項目逐項進行，一般分為直接材料定額差異的計算成本、直接工資定額差異的計算和製造費用定額差異的計算。

1. 直接材料定額差異的計算

一般情況下，班組核算直接材料定額差異時，可只核算材料定額差異數量，而不核算其差異金額，差異金額可集中在月末由財會部門一次核算；如果班組核算員的素質較好，也可以同時核算差異數量和差異金額。其計算公式如下：

直接材料定額差異 = $\sum$ [（材料實際消耗數量 − 材料定額消耗數量）× 材料計劃單價]

月末，班組將材料定額差異核算資料分產品進行匯總，即可求出按產品反應的材料定額差異，並提供給車間或廠部財會部門進行成本核算。

2. 直接工資定額差異的計算

由於各企業的工資制度不同，所以直接工資定額差異的計算也有所不同。

在計件工資下，符合定額的直接工資，均應反應在產量記錄中，按計件單價支付的工資就是定額工資；此外，一切獎金、津貼、補貼等都要專設憑證單獨反應，均屬於工資的定額差異，其計算與直接材料定額差異類似。

在計時工資下，無法根據產品產量計算，若生產工人工資是直接計入某種產品成本的，則其定額差異可以用該產品生產工人的實際工資與實際產量的定額工資相比較來確定，其公式如下：

某產品直接工資脫離定額差異 = 該產品實際直接工資 −（該產品實際產量 × 單位產

品定額工資）

若生產工人工資不是直接計入某種產品成本的，而是按實際生產工時進行分配的，則應按下列步驟確定定額差異，其公式如下：

$$單位小時計劃工資 = \frac{某車間計劃產量的定額直接工資總額}{該車間計劃產量的定額生產工時總數}$$

$$單位小時實際工資 = \frac{該車間實際直接工資總額}{該車間實際生產工時總數}$$

某產品的定額直接工資＝該產品實際產量的定額生產工時 × 單位小時計劃工資

該產品的實際直接工資差額＝該產品實際生產工資－該產品定額生產工資

從上式可見，直接工資定額差異是由工時差異和工資差異兩個因素組成的，在日常產量記錄中，應按產品類別反應定額工時、實際工時、工時脫離定額的差異以及差異產生的原因，以便定期按產品類別匯集。

3. 製造費用定額差異的計算

製造費用大多屬於間接費用，不能在費用發生的當時直接按產品確定其定額差異。會計人員平時只能根據費用預算控制費用支出，待月末實際費用總額計算出來以後才能與定額費用對比，以確定其定額差異。若製造費用按工時標準分配，則其脫離定額差異也是由工時差異和小時費用率差異兩個因素組成，其計算方法與直接工資定額差異的計算方法基本相同，故不再贅述。

另外，廢品損失應單獨反應，並且不可修復廢品的成本應按定額成本計算。廢品損失並不列入產品定額成本內，而應全部作為定額差異處理，通常可根據廢品損失通知單和廢品損失計算表確定。

（二）材料成本差異的分配

在定額法下，為了便於控制與考核，材料的日常核算必須按計劃成本進行。因此，直接材料的定額成本和定額差異等均以計劃單位成本反應。為使材料消耗按實際成本反應，顯然還必須分配材料成本差異。這一差異屬於材料價格差異（材料定額差異屬於材料數量差異），通常由財會部門於月末一次分配計入產品成本。為簡化和加速各步驟成本計算工作，材料成本差異一般都由完工產品成本負擔，不計入月末在產品成本，其計算公式如下：

某產品應分配的材料成本差異＝（該產品直接材料定額成本 ± 直接材料定額差異）× 材料成本差異率

這時，產品實際成本的計算公式應為：

產品實際成本＝產品定額成本 ± 脫離定額差異 ± 材料成本差異

（三）定額變動差異的計算

定額成本的修訂，一般是定期地在月初、季初或年初進行。當定額變動時，月初在產品的定額成本仍是按照舊定額計算的，為了使月初在產品定額成本和本月投入產品的定額成本水準一致，以計算產品的實際成本，就應按新定額對月初在產品的定額成本進行調整，計算出月初在產品的定額變動差異；月份內發生的定額變動，為了簡

化核算，可以暫時不調整，待下月初再進行調整。定額成本的調整方法如下：

1. 直接計算法

直接計算法就是根據在產品的盤存資料，求出變動前和變動後的單位零部件定額差異數量，先乘以定額變動的零部件數量，再乘以材料單價，求得定額變動差異金額。其計算公式如下：

月初在產品定額變動差異 = $\sum$ [（變動前單位零件材料定額消耗量 - 變動後單位零件材料定額消耗量）× 定額變動的零件數量 × 材料單價]

2. 係數換算法

係數換算法的計算公式如下：

$$係數 = \frac{按新定額計算的單位產品成本}{按舊定額計算的單位產品成本}$$

月初在產品定額變動差異 = 按舊定額計算的月初在產品成本 ×（1 - 係數）

由於消耗定額的變動，一般表現為不斷下降的趨勢，因而月初在產品定額變動差異，一方面應從月初在產品定額成本中扣除；另一方面，由於該項差異是月初在產品生產費用的實際支出，因此還應該將該項差異計入本月產品實際成本。若消耗定額不是下降，而是提高，則月初在產品定額成本中應加入該項差異，但實際並未發生這部分支出，所以應將其從實際成本中扣減。

定額變動差異，一般應該按照定額成本比例在完工產品和在產品之間進行分配，但如果差異數量不大，也可以全部由完工產品成本負擔。

（四）產品實際成本的計算

產品實際成本的計算，是以定額成本為基礎，加、減脫離定額差異、材料成本差異和定額變動差異計算求得的。其計算公式如下：

產品實際成本 = 按現行定額計算的產品定額成本 ± 脫離現行定額差異 ± 定額變動差異 ± 材料成本差異

在核算月末在產品成本的計算過程中，月初會計人員核算實際產品成本時，還應將月初和本月發生的定額成本、定額差異和定額變動差異分別相加，並按成本項目分別計算出定額差異分配率和定額變動差異分配率。其計算公式如下：

$$定額差異分配率 = \frac{定額差異合計}{定額成本合計} \times 100\%$$

$$定額變動差異分配率 = \frac{定額變動差異合計}{定額成本合計} \times 100\%$$

會計人員根據產量記錄和產品定額成本計算表，按成本項目計算完工產品的定額成本，然後分別乘以定額差異分配率和定額變動差異分配率，即得完工產品負擔的定額差異和定額變動差異；在完工產品定額成本的基礎上，加、減定額差異和定額變動差異以及材料成本差異，即得完工產品的實際成本。

三、定額法的運用

[**例 6-4**] 某廠大量生產甲產品，本月製造完工 400 件。該產品由 7 個零件組成，經過加工車間和兩個基本生產車間生產完成。該廠實行兩級核算，原材料系開工時一次投入。在產品的完工程度假定為 50%，定額變動差異在產成品有月末在產品之間按定額成本比例分配。脫離定額差異全由產成品成本負擔。

甲產品是由 1 號零件 2 個，2 號零件 1 個，3 號零件 1 個，4 號零件 3 個構成。在加工車間生產的 1 號、2 號、3 號、4 號零件轉入裝配車間，裝配工人將 1 號零件 2 個和 2 號零件 1 個組成 101 號部件，將 3 號零件 1 個和 4 號零件 3 個組裝成 102 號部件，再將 101 號部件和 102 號部件各 1 個組裝成產成品。

有關成本資料如下：

1. 生產記錄

(1) 加工車間零件生產記錄見表 6-13。

表 6-13　　　　　　　　　　　　生產記錄　　　　　　　　　　　　　單位：件

零件號數	期初結餘零件	本期投料零件	期末結餘零件
1	60	820	80
2	40	380	20
3	10	420	30
4	40	1,280	120

(2) 裝配車間以零件組裝部件和產成品的生產記錄見表 6-14。

表 6-14　　　　　　　　　　　　生產記錄　　　　　　　　　　　　　單位：件

部件號數	期初結存	本期投產量	期末結存量
101	60	380	40
102	20	440	60
產成品		400	

2. 定額資料

(1) 加工車間所產零件耗用的直接材料及直接工資定額見表 6-15。

表 6-15　　　　　　　　　　　　工資定額　　　　　　　　　　　　　單位：元

零件編號	直接材料	單位用量（千克）	單價（元）	直接工資 單件工時(小時)	直接工資 小時工資(元)	直接工資 金額(元)
1	方鋼	6	0.40	1	0.4	0.40
2	方鋼	5	0.40	2.5	0.4	1.00
3	元鋼	2	0.35	0.5	0.4	0.20
4	鋼板	4	0.60	4	0.4	1.60

（2）裝配車間的部件及產成品直接工資定額見表6-16。

表6-16　　　　　　　　　　直接工資定額　　　　　　　　　　單位：元

部件編號	單件工時（小時）	小時工資	金額
101	3	0.40	1.20
102	1	0.40	0.40
產成品	0.5	0.40	0.20

（3）其他直接費用定額只包括提取的職工福利費，按定額工資的14%計算。

（4）製造費用定額在加工和裝配車間分別按每小定額0.3元和0.2元計算。

3. 成本計算

會計人員應按成本計算對象設置成本計算單，並按車間進行成本核算，即加工車間和裝配車間都要為甲產品設置成本計算單，計算甲產品的車間實際成本。此例僅以加工車間為例說明定額法的具體應用。

根據定額法的特點，其成本計算程序如下：

（1）甲產品定額成本的確定

加工車間甲產品的定額成本見表6-17。

表6-17　　　　　　　　　　定額成本計算表

車間名稱：加工車間　　　　　　　　　　　　　　　　　　　　單位：元

| 零件號 | 單產需件數（件） | 直接材料 |||| 直接工資 ||| 其他直接費用 | 製造費用 | 定額成本 |
		材料名稱	零件單耗（千克）	產品單耗（千克）	料價	金額	零件工資	產品工時（小時）	金額			
1	2	方鋼	6	12	0.40	4.80	1	2				
2	1	方鋼	5	5	0.40	2.00	2.5	2.5				
3	1	元鋼	2	2	0.35	0.70	0.5	0.5				
4	3	鋼板	4	12	0.60	7.20	4	12				
合計						14.7			6.8	0.95	25.1	27.552

（2）脫離定額差異的核算

①直接材料

會計人員應根據有關憑證編製「直接材料定額成本和定額差異匯總表」，並據以記入加工車間甲產品成本計算單（見表6-18）。

第一，投料件數，根據產量記錄填製；

第二，定額耗料，根據消耗定額計算；

第三，本期實際耗料，根據本期領退料等憑證計算填列。

②直接工資

該廠實行計時工資，因此要先計算定額工時，再計算定額工資，然後與實際工資相比，計算脫離定額差異。定額工時的計算公式如下：

定額工時 = 本期產量 × 單耗定額 + (期末在產品 - 期初在產品) × 50% × 單耗定額

表6-18　　　　　　　　直接材料定額成本和定額差異匯總表
車間名稱：加工車間　　　　　　　　　　　　　　　　　　　　　　　　單位：元

零件號	投料件數（件）	材料名稱	單耗定額（千克）	料價	本期實際耗料 數量（千克）	金額	本期定額耗料 數量（千克）	金額	脫離定額差異 數量（千克）	金額
1	2	3	4	5	6	7=5×6	8=2×4	9=8×5	10=6-8	11=7-9
1	820	方鋼	6	0.40	4,560	1,824	4,920	1,968	-360	-144
2	380	方鋼	5	0.40	1,840	736	1,900	760	-60	-24
3	420	元鋼	2	0.35	880	308	840	294	+40	+14
4	1,280	鋼板	4	0.60	4,800	2,880	5,120	3,072	-320	-192
合計						5,748		6,094		-346

會計人員編製「直接工資定額成本和定額差異匯總表」（見表6-19）。

表6-19　　　　　　　　直接工資定額成本和定額差異匯總表
車間名稱：加工車間

零件號	期初在產品（件）	期末在產品（件）	本期產量（件）	定額 工時（小時）	工資（元）	實際 工時（小時）	工資（元）	脫離定額差異 工時（小時）	工資（元）
1	60	800	800	810		740		-70	
2	40	400	400	975		1,020		+45	
3	10	400	400	205		175		-30	
4	40	120	1,200	4,960		4,240		-720	
				6,950	2,780	6,175	2,600	-775	-180

③其他直接費用

職工福利費的定額成本和實際成本均按工資總額的14%計提。脫離定額差異的計算如下：

(2,600 - 2,780) × 14% = -25.20（元）

④製造費用

製造費用的定額成本和定額差異見表6-20。

表6-20　　　　　　　　製造費用定額成本和定額差異匯總表
產品名稱：甲產品　　　　　　　　　　　　　　　　　　　　　　　　　單位：元

車間	定額 工時（小時）	定額 每工時費用	定額 合計	實際費用	脫離定額差異
加工車間	6,950	0.30	2,085	1,980.74	-104.26

⑤廢品損失

該加工車間期末盤點在產品，發現有10個正在加工的1號零件為不可修復廢品，其成本按定額成本計算，回收殘料價值計14.60元。廢品損失的計算見表6-21。

表6-21　　　　　　　　　　廢品損失計算表
產品名稱：甲產品
車間名稱：加工車間　　　　　　　　零件編號：1號　　　　　　　　單位：元

項目	產量(件)	直接材料	直接工資	其他直接費用	製造費用	合計
廢品成本	10	24.00	2.00	0.28	1.50	27.78
減：廢品殘值		14.60				
廢品損失		9.40	2.00	0.28	1.50	13.18

（3）定額變動差異的核算

定額變動通知單的記錄顯示甲產品的原材料消耗定額發生了變動。會計人員應計算定額變動差異，登記加工車間甲產品成本計算單。定額變動差異的計算見表6-22。

表6-22　　　　　　　月初在產品材料消耗定額變動差異

零件號	直接材料 名稱	直接材料 單價	定額(千克) 舊定額	定額(千克) 新定額	單位差異 數量(千克)	單位差異 金額(元)	月初在產品 數量(件)	差異總額 數量(千克)	差異總額 金額(元)
1	方鋼	0.40	8	6	-2	0.80	60	-120	-48.00
3	元鋼	0.35	3	2	-1	0.35	10	-10	-3.50
合計									-51.5

（4）甲產品成本的計算

會計人員應根據各種費用的定額成本和定額差異匯總表，登記各車間的甲產品成本計算單。加工車間甲產品的成本計算見表6-23。

表 6-23

成本計算

單位：元

成本項目	月初在產品 定額成本 金額 1	月初在產品 脫離定額差異 金額 2	月初在產品定額調整 定額 金額 3	月初在產品定額調整 定額變動 金額 4	本月發生費用 定額成本 金額 5	本月發生費用 脫離定額差異 金額 6	生產費用合計 定額成本 金額 7=1+3+5	生產費用合計 廢品成本 金額 8	生產費用合計 定額小計 金額 9=7-8	本月產品成本 定額變動 金額 10=4	本月產品成本 脫離定額差異 金額 11=2+6	本月產品成本 定額成本 金額 12	本月產品成本 定額變動 金額 13	本月產品成本 脫離定額差異 金額 14	本月產品成本 實際成本 金額 15=12+13+14	月末在產品 定額成本 金額 16=9-12	月末在產品 脫離定額差異 金額 17=11-14
直接材料	378.5	11.58	-51.50	51.50	6 094	-346	6 421	24.00	6 397.00	51.50	-334.42	5 880	51.50	-338.9	5 592.60	517.00	4.48
方鋼	272.00	10.56	-48.00	48.00	2 728	-168	2 952	24.00	2 928.00	48.00	-157.44	2 720	48.00	-161.60	2 584.00	208.00	4.16
元鋼	10.50	1.02	-3.50	3.50	294	14	301		301.00	3.50	15.02	280	3.50	14.70	294.70	21.00	0.32
鋼板	96.00				3 072	-192	3 168		3 168.00		-192.00	2 880		-192.00	2 688.00	288.00	
直接工資	65.00				2 780	-180	2 845	2.00	2 843.00		-180.00	2 720		-180.00	2 540.00	123.00	
其他直接費用	9.10				389.2	-25.20	398.30	0.28	398.02		-25.20	380.80		-25.20	355.60	17.22	
制造費用	48.76				2 085	-104.26	2 133.76	1.50	2 132.26		-104.26	2 040		-104.26	1 935.74	92.26	
廢品損失						14.5		27.78			13.18			13.18	13.18		
制造成本	501.36	11.58	-51.50	51.50	11 348.2	640.36	11 798.06	27.78	11 770.28	51.50	-630.70	11 020.80	51.50	-635.18	11 020.80	749.48	4.48

本章小結

　　本章主要介紹了分類法、定額法等成本計算的輔助方法的特點、適應範圍和成本核算程序，並通過實例說明了定額法的實際應用。

　　為了簡化成本計算工作，對於可按一定標準分類的生產企業，可採用分類法。分類法是按產品類別歸集生產費用，在計算出各類產品成本的基礎上，再按某一事實上的標準在類內各種產品之間分配費用的一種成本計算方法。適用於產品品種或規格繁多而且可以對產品進行合理分類的企業。企業運用分類法需將產品劃分為不同類別，以產品類別作為成本計算對象，選擇合理的分配標準將各類完工產品總成本在類內各種產品之間進行分配，計算出類內各種產品的成本。

　　定額法是以產品的定額成本為基礎，加減脫離現行定額差異和定額變動差異，以計算產品實際成本的一種方法。定額法把成本計劃、成本核算、成本分析和成本控制有機地結合起來，不僅便於及時進行成本分析，而且能有效地進行成本控制，有利於挖掘企業潛力，不斷降低產品成本。定額法適用於大量大批生產、定額管理制度健全的企業。採用定額法計算產品成本，其實際成本由定額成本、脫離定額差異、定額變動差異和材料成本差異四個因素組成。

謹記問題

　　1. 分類法和定額法都是對輔助生產費用進行分配的方法，與品種法、分步法、分批法一樣。
　　2. 定額法與分批法一樣，都適用於批量生產的產品成本計算。

思考與練習

一、簡答題

　　1. 分類法的適用範圍、優缺點是什麼？應用分類法應注意什麼？
　　2. 定額法的特點、內容是什麼？

二、判斷題

　　1. 只要產品的品種、規格繁多，就可以採用分類法計算產品成本。（　　）
　　2. 若副產品的銷售價值很小，主副產品的聯合成本可以全部由主產品負擔。（　　）
　　3. 主、副產品在分離前作為同一類產品歸集生產費用。（　　）
　　4. 由於產品內部結構、所耗原材料質量不同而造成的等級品，可以採用分類法計算成本。（　　）
　　5. 領料差異也就是用料脫離定額差異。（　　）
　　6. 在定額法下，各生產步驟所耗原材料和半成品的成本差異，應計入各生產步驟的產品成本。（　　）

7. 定額成本是以計劃期內平均消耗定額為根據計算的產品成本。（　）
8. 原材料脫離定額的差異，是按計劃單位成本反應的數量差異。（　）

三、選擇題

1. 採用分類法的目的是（　　）。
   A. 簡化各類產品成本的計算工作　　B. 分類計算產品成本
   C. 簡化各種產品成本的計算工作　　D. 分品種計算產品成本

2. 在採用分類法的情況下，做到既簡化成本計算工作，又使成本計算相對正確的關鍵是（　　）。
   A. 產品類距越小越好
   B. 適當地進行產品分類
   C. 必須對各成本項目採用同一費用分配標準
   D. 適當地選擇費用分配標準

3. 原材料脫離定額差異，是（　　）。
   A. 數量差異　　　　　　　　B. 原材料成本差異
   C. 價格差異　　　　　　　　D. 定額變動差異

4. 核算脫離定額差異，是為了（　　）。
   A. 簡化產品成本計算
   B. 進行產品成本的日常分析和事中控制
   C. 為月末進行產品實際成本計算提供數據
   D. 為考核成本管理工作提供數據

四、核算題

練習一

（一）目的

練習分類法的運用。

（二）資料

海豐工廠為大量大批單步驟生產小型企業。該廠大量生產8種不同型號的電子元件，根據產品結構特點和所耗用的原材料、工藝技術過程的不同將8種產品分為甲、乙兩大類，甲類產品包括301、302、303、304、305五種不同規格產品，乙類產品包括101、102、103三種不同規格的產品。按品種法計算的甲類產品成本計算單如下：

產品成本計算單

產品：甲類產品　　　　　××××年××月　　　　　　單位：元

項目	直接材料費	直接人工費	製造費用	合計
月初在產品成本	20,000	4,000	3,000	27,000
本月發生費用	100,000	30,000	22,000	152,000
生產費用合計	120,000	34,000	25,000	179,000
完工產品總成本	100,000	31,875	23,375	155,250
月末在產品成本	20,000	2,125	1,625	23,750

乙類產品的成本計算單（略）。

採用系數分配法將甲類產品的總成本分配於各種規格的產品，其中以生產較穩定、產量較大、規格適中的303號產品為標準產品；接材料按材料消耗定額比例計算系數；直接人工和製造費用按工時消耗定額確定系數。有關資料如下：

單位：元

產品名稱	材料消耗定額	工時消耗定額	產 量
301	3.00	0.70	5,000
302	2.75	0.60	4,000
303	2.50	0.50	21,400
304	2.00	0.45	5,000
305	1.75	0.40	6,000

（三）要求
1. 採用系數分配法計算甲類產品中各規格產品的成本；
2. 編製會計分錄。

練習二

（一）目的
練習核算副產品成本。

（二）資料
青風廠在生產201產品（主要產品）的同時，附帶生產出A產品（副產品）。本月生產的201產品已全部完工。生產費用合計為780,000元，其中直接材料420,000元，直接人工200,000元，製造費用160,000元；生產A產品100千克，每千克售價80元，銷售環節應交稅金為每千克4元，同類產品的正常銷售利潤率為10%，A產品成本從直接材料項目中扣除。

（三）要求
1. 計算主、副產品成本；
2. 編製會計分錄。

第七章　其他行業的成本核算

教學目的與要求

通過本章的學習，學員應瞭解批發企業和零售企業成本核算的特點，掌握批發企業和零售企業商品採購成本、銷售成本的核算方法，以及批發企業庫存商品的核算方法，瞭解施工企業成本核算的特點、要求，理解施工企業成本核算的程序，掌握施工企業成本核算的方法。

本章重點提示

1. 批發企業的成本核算
2. 零售企業的成本核算
3. 施工生產及其成本核算的特點
4. 建築施工企業成本核算的程序和方法

開篇小案例

劉小麗20××年7月從某財經大學畢業後，應聘到某大型超市從事會計工作。超市採購員汪磊在8月1日購入一批商品，包括菜油1,000千克、大米5,000千克、蘋果500千克，購買單價分別為8元/千克、2元/千克、3元/千克，另發生了2,000元的運輸費用（取得普通運輸發票）、100元的搬運費、350元的差旅費。

請問劉小麗應如何進行會計處理？

第一節　商品流通企業的成本核算

一、商品流通企業成本核算概述

（一）商品流通企業成本核算的意義

商品流通企業是指組織商品流轉，實現商品價值的獨立核算的經濟實體，包括商業、糧食、外貿、圖書銷售、物資供銷企業，供銷合作社以及以從事商品流通活動為主營業務的其他企業。

商品流通企業的基本職能是通過購銷經營活動，完成社會產品從生產領域到消費領域的轉移。商品流通企業一方面從生產單位購進商品，另一方面向消費者供應商品，

滿足生活消費和生產消費的需要，並在實現商品價值的同時獲得盈利。在社會主義市場經濟條件下，商品流通企業必須加強經濟核算，提高經濟效益。

　　商品流通企業的經營特點是買賣商品，其基本經營環節是購買商品和銷售商品。企業在購銷商品的過程中，會發生相應成本的費用。比如，為購買商品，企業必須墊支商品的買價成本；為組織商品流轉，企業必然發生各種商品流通費用；商品銷售後，企業還必須按已銷商品數量及其購買價格計算銷售成本。所以，商品流通企業的成本費用核算，應包括商品採購成本、商品銷售成本和商品流通費用核算。

　　商品流通企業按其在社會再生產過程中的作用，可分為批發企業和零售企業。一般情況下，這兩類企業對商品流通費用的核算在程序和方法上基本相同，但因經營特點和管理要求上的區別，對商品成本的核算在程序和方法上不完全相同。

　　在一定的會計期間，商品流通企業已銷商品取得的銷售收入，扣除其相應墊支的買價成本，補償當期支付的商品流通費用並交納稅款後的餘額，就是當期實現的盈利。因此，加強商品流通企業的成本費用核算可以促進企業降低商品購銷成本，節約商品流通費用，不斷提高經濟效益；還可以通過正確的成本核算保證盈利計算的準確性，進而為正確進行利潤分配，保護投資人的合法利益，促進企業發展奠定基礎。

　　(二) 商品流通企業成本的內容

　　現行會計制度規定，商品流通企業在組織商品購、銷、存等過程中發生的費用不直接計入商品的成本，而列作經營費用。為此，商品流通企業的成本實際上是進價成本。商品流通企業成本主要包括以下三個方面：

　　1. 商品採購成本

　　在商品流通企業中，為銷售而購進商品的進價成本就是商品採購成本，其成本確定根據採購商品的不同而有所區別。

　　國內購進商品的採購成本是指國內購進商品的原始進價和購貨環節繳納的價內稅金之和。

　　國外購進商品的採購成本指進口商品在到達目的港口以前發生的各種支出，包括：①進價。進口商品的進價，根據不同的付款條件，或者是指按對外承付貨款日或當月初的外匯牌價結算的到岸價，或者是指進口合同規定的非到岸價加企業以外匯支付的運費、保險費、佣金等構成的進價。②外匯價差。③進口稅金。進口稅金通常指商品進口報關時應繳納的進口關稅。一般納稅企業進口商品時交納的增值稅不計入進價成本。④委託代理進口費用。此項費用是指委託其他單位代理進口時，支付給受託單位的有關費用。

　　商品流通企業購進商品時，無論是從國外購進，還是從國內購進，其發生的購貨折扣、退回和折讓以及經確認的索賠收入均應衝減商品進價成本。進口商品時發生的進口佣金，凡能直接確定的，應據以調整商品進價成本。

　　企業收購的農副產品，以進貨原價和購貨環節繳納的稅金為採購成本。

　　2. 商品存貨成本

　　它是指商品購進後至商品銷售前儲存階段的商品成本，通常按商品採購成本核算，

並根據存貨計價方法確定其成本額。

3. 商品銷售成本

它是指已銷商品的進價成本，通常依據已銷商品的數量和單位進價成本予以確定。

(三) 商品流通費用的內容

商品流通費用是指商品在流通過程中發生的各種耗費的貨幣表現，主要包括銷售費用、管理費用和財務費用。

銷售費用是指商品流通企業在進貨、儲存、銷售等經營環節所發生的各項費用，主要包括運輸費、裝卸費、整理費、包裝費、保險費、展覽費、保管費、檢驗費、廣告費、商品損耗、進出口商品累計佣金、行銷人員工資及福利費等。

管理費用和財務費用這兩項費用的內容與工業企業期間費用的內容相同。

二、批發企業的成本核算

批發企業是指將批量從生產企業或其他企業購進的商品銷售給其他商業企業繼續流通，或者銷售給其他生產企業進行進一步加工的企業。其經營活動的特點是：①購銷業務發生的次數少，但每次成交額較大；②一般商品需要經儲存後才能銷售；③商品經營多按購銷合同執行；④商品價格受供求關係、批量大小、購銷地點遠近、結算方式等多因素影響，往往不穩定。這些特點都會影響商品購銷成本的核算。

(一) 批發企業成本核算的特點

商品流通企業庫存商品的核算方法一般有兩種：一種是按進價核算；另一種是按售價核算。由於批發企業商品經營活動具有自身的特點，企業為了加強對庫存商品實物的管理，保護商品的安全、完整及正確計算成本，庫存商品的核算應採用數量進價金額核算法。數量進價金額核算法下，庫存商品明細帳按商品種類、名稱、規格等設置，並根據有關憑證進行登記。商品驗收入庫後，會計人員根據收貨單等有關憑證及時登記銷售數量，採用適當方法計算並登記已銷商品的進價金額，隨時結出庫存數量。

(二) 商品成本核算的帳戶設置

1.「材料採購」帳戶

該帳戶核算企業購入商品的採購成本。購入商品包括國內採購和國外進口的商品。該帳戶的借方反應按進價確定的商品採購成本；貸方反應已驗收入庫商品按進價轉入「庫存商品」帳戶的商品採購成本；期末借方餘額反應企業在途商品的採購成本。

商品流通企業採購商品也可以不通過本科目核算，因採購商品而在期末發生在途商品，以及採用商品實際成本進行核算的企業，可將本科目改為「在途物資」，並按照在途物資的核算方法進行核算。

2.「主營業務成本」帳戶

該帳戶是損益類帳戶，核算企業已銷商品的銷售成本。該帳戶的借方反應商品銷售後，從「庫存商品」帳戶轉入的商品進價成本；貸方反應當期銷商品進價成本結轉「本年利潤」帳戶的總額；該帳戶期末結轉後無餘額。其明細帳應按商品的類別或品種

設置。

(三) 批發企業商品採購成本的核算

批發企業購進商品，應直接按其進價通過「材料採購」帳戶核算採購成本。企業在收到採購商品的有關發票帳單時，應據以確認商品採購成本，並記入「材料採購」帳戶。有關發票帳單包括銷售單位開具的發貨票、企業開出支付貨款的支票、銀行本票、銀行匯票的底單，企業承付銷貨單位異地托收或委託收款的銀行付款通知和其他單據，以及企業開出經承兌的商業匯票等。商業企業在採購商品過程中除了商品的進價外，還要發生與商品採購有關的進貨費用，如運雜費。為了便於計算已銷商品的毛利，進貨費用不計入購進商品的採購成本，而是作為期間費用直接列入當期損益。「一般納稅企業」按規定價外支付的可以作為進項稅額抵扣的增值稅，不包括在採購成本中。

企業購入商品時，根據增值稅專用發票上列示的價款，借記「材料採購」帳戶；根據專用發票上註明的增值稅額，借記「應交稅費——應交增值稅（進項稅額）」帳戶；根據應付或實付的金額，貸記「應付帳款」「應付票據」「銀行存款」等帳戶；待商品驗收入庫時，按進價借記「庫存商品」帳戶，貸記「材料採購」帳戶。

[**例7-1**] 某批發公司從外地某工廠購入甲商品一批，收到的增值稅專用發票上列示價款80,000元和增值稅額13,600元，運輸公司開具的運費發票金額為1,000元（按7%的扣除率計算準予扣除的進項稅額），所有款項均以銀行存款支付。

(1) 收到有關發票帳單時，據以編製會計分錄如下：

借：材料採購　　　　　　　　　　　　　　　　　　　80,000
　　銷售費用　　　　　　　　　　　　　　　　　　　　　930
　　應交稅費——應交增值稅（進項稅額）　　　　　　13,600
　　貸：銀行存款　　　　　　　　　　　　　　　　　　94,530

(2) 倉庫驗收商品入庫時，根據驗收單等憑證編製會計分錄如下：

借：庫存商品　　　　　　　　　　　　　　　　　　　80,000
　　貸：材料採購　　　　　　　　　　　　　　　　　　80,000

實際工作中，企業收到購進商品的時間與貨款的結算時間往往不一致，有「單貨同到」「單到貨未到」和「貨到單未到」三種情況，這三種情況的帳務處理方法與材料購進相同。

(四) 批發企業庫存商品的核算

批發企業一般應在「庫存商品」帳戶按進價成本核算庫存商品的價值。由於批發企業大多根據購銷合同實行批量經營，購銷次數和每次購銷品種較少，並且業務手續完備，憑證資料翔實，因此在進行庫存商品明細核算時，一般都實行數量、金額同時核算，即採用數量進價金額核算法。

批發企業採用數量進價金額核算法核算庫存商品的主要內容如下：

(1) 企業財會部門設置「庫存商品」總分類帳和明細分類帳。總分類帳只核算企業庫存商品增減和結存的進價總額，明細分類帳則要按類別、品種完整核算各種商品

收發和結存的數量、單價、金額。其具體操作如下：①商品驗收入庫時，應該根據倉庫收貨單等憑證，按批別登記購入商品的數量、單價和金額。②銷售商品時，應根據業務部門的發貨單登記發出商品的數量。由於同一商品不同批次的進價成本不同，發出商品的單價應採用適當方法計算確定，發出商品的金額應按確定的單價乘以發出商品數量計算登記。③結存商品的數量和金額，在永續盤存制下，應根據期初結存、本期收入、本期發出商品的數量和金額計算登記；在實地盤存制下，則應根據實際盤點的結果計算登記。

（2）企業業務部門、倉庫分別設置購銷商品登記帳和保管商品登記帳，詳細記載商品的名稱、版號、產地、規格等以及數量的增減與結存情況。企業財會的庫存商品明細帳與業務部門的購銷商品登記帳及倉庫的保管商品登記帳之間，應進行定期核對。

（五）批發企業商品銷售成本

商品銷售成本是指已銷商品的進價成本。由於各種商品購進的時間、地點不同，各批已銷商品的進價往往不同，因而需要按一定方法確定已銷商品的進價。在已銷商品數量確定的情況下，其成本單價的確定是正確計算商品銷售成本的關鍵。

1. 確定商品銷售成本的方法

按現行會計制度的規定，確定已銷商品成本單價的方法有先進先出法、加權平均法、個別計價法、毛利率法等。採用的方法不同，商品銷售成本的計算結果就不同。企業可根據謹慎性、可比性等會計信息質量要求任選其中一種，但方法一經確定，年度內不得隨意變更。下面主要介紹毛利率法，其他方法可以參照工業企業材料發出的核算。

商品銷售額大於其銷售成本的部分稱為商品毛利。毛利額占商品銷售額的百分比稱為毛利率。

毛利率法是指根據企業上季度實際或本月計劃的毛利率計算商品銷售毛利，然後再以本月商品銷售額減去商品銷售毛利，以計算商品銷售成本的一種方法。其計算公式如下：

$$\text{上季度實際（或本季度計劃）毛利率} = \frac{\text{上季度實際（或本季度計劃）已銷商品毛利額}}{\text{上季度實際（或本季度計劃）商品銷售額}} \times 100\%$$

本月已銷商品毛利額＝本月商品銷售額×上季度實際（或本季度計劃）毛利率

一般來說，批發企業同類商品的毛利率大致相同，而各類商品的毛利率相差較大。為了簡化計算工作，比較正確地計算商品銷售成本，批發企業可先按商品類別計算出各類商品的銷售成本，再匯總計算全部商品的銷售成本。採用這種方法，批發企業還應按商品類別增設「庫存商品」和「主營業務收入」的二級帳，以便於計算各類商品的實際毛利率和銷售成本。批發企業對於庫存商品明細帳，平時只記數量，不記金額。

［例7-2］某批發公司二季度A類商品的銷售收入為57,980元，其已銷商品進價成本為49,862.8元，該類商品7月的銷售收入為20,000元。該類商品7月的銷售成本計算如下：

$$\text{二季度A類商品的毛利率} = \frac{57,980 - 49,862.8}{57,980} \times 100\% = 14\%$$

7月A類商品的銷售成本＝20,000×（1－14%）＝17,200（元）

採用毛利率法計算商品銷售成本，由於本月毛利額是根據上季度實際毛利率或本季度計劃毛利率匡算的，因而商品銷售成本計算不夠準確。為了保證存貨計價的正確性的銷售成本的真實性，按現行制度的規定，採用毛利率計算法的企業，每季末應採用加權平均法或其他方法，在庫存商品明細帳中計算出該季度已銷商品的實際成本，用該季度商品實際銷售成本減去前兩個月已結轉的匡算成本，得出該季末的月份應結轉的銷售成本，以調整前兩個月的銷售成本。

［例7-3］仍用上例的資料。A類商品8月的銷售收入為22,000元。9月末，會計人員採用先進先出法，按商品品種逐一計算並匯總得出該類商品第三季度的實際銷售成本為55,100元。

8月A類商品銷售成本＝22,000×（1－14%）＝18,920（元）

9月A類商品銷售成本＝55,100－17,200－18,920＝18,980（元）

一般來說，毛利率法適用於經營品種多、數量大、計算各月各種商品實際銷售成本較困難的企業。

2. 商品銷售成本的結轉方法

批發企業採用一定的方法確定商品銷售成本後，還應按一定的結轉方法把商品銷售成本從庫存商品帳戶轉入成本帳戶。商品銷售成本結轉的方法主要有分散結轉和集中結轉兩種。

分散結轉是指按每種商品明細帳戶計算出商品銷售成本，逐一登記結轉，然後逐戶相加求得全部商品的銷售成本，再在庫存商品總帳上一筆結轉。

集中結轉是指按每種商品明細帳登記期末庫存商品金額後，不逐一計算和結轉商品銷售成本，而是將每個商品明細帳中登記的期末結存金額匯總，再按大類商品倒擠商品銷售成本，在庫存商品總帳中一筆結轉。

無論是採用分散結轉還是集中結轉，都要編製有關銷售成本結轉的分錄。

借：主營業務成本——××商品
　貸：庫存商品——××商品

商品銷售成本的結轉與商品銷售收入的確認必須在同一會計期間。

三、零售企業的成本核算

零售企業是指以向個人或社會集團消費者零星出售商品為主要經營業務的商品流通企業。零售企業從批發企業或直接從生產企業批量購進商品，然後通過零售商店零星出售給個人和單位用於生活消費或生產消費，是商品流通的最終環節。零售企業的經營特點是：①交易頻繁，每次交易額小，購銷關係不穩定；②商品品種繁多，庫存數量不大；③銷售價格相對穩定。零售企業的經營特點，使其成本核算具有與批發企業不同的特點。

（一）零售企業成本核算的特點

庫存商品應當按售價核算，要求企業具備以下條件：①購進的商品能及時確定售

價；②同一商品在同一時間的售價統一穩定；③管理上不需要提供各種庫存商品進價金額資料。商品流通企業應根據經營特點和實際情況選擇庫存商品價值的核算方法。

零售企業商品採購和銷售的核算，要適應其商品購銷活動的特點和經營管理的要求，除鮮活商品外，一般採用「售價金額核算法」，即零售企業的庫存商品價值一般按售價確定，並且只核算金額不核算數量。

售價金額核算法的主要內容有：

(1) 建立實物負責制。在售價金額核算法下，庫存商品明細帳只記金額，不記數量，不利於加強庫存商品實物的管理。為了克服這個不足，企業需要建立相應的實物負責制度。在這種制度下，零售企業按經營商品的種類和管理的要求，劃分若干個經營小組，並確定實物負責人，由其對所經營的商品的數量、質量負責。

(2) 庫存商品按售價金額入帳。庫存商品總帳按照售價（含增值稅）金額登記，按售價金額總括反應庫存商品的增減變化及其結果。庫存商品明細帳按實物負責人劃分帳戶，按批次登記商品收、發、存售價金額，並以售價金額控制經營和保管的商品。

(3) 設置「商品進銷差價」帳戶。在售價金額核算法下，商品購進時，應按售價金額轉入「庫存商品」帳戶；商品銷售時，也按售價金額從「庫存商品」帳戶轉入「主營業務成本」帳戶。由於商品的實際成本應是進價成本，因而必須設置「商品進銷差價」帳戶來調整庫存商品的價值或衝銷「主營業務成本」中高於進價成本的部分。

「商品進銷差價」帳戶核算企業在採用售價金額核算法時，含稅的商品售價與不含稅進價之間的差額，是「庫存商品」帳戶的調整帳戶。該帳戶的貸方登記企業因購入、加工收回以及銷售退回等增加的庫存商品售價金額與進價金額的差額；借方登記已銷商品應分攤的進銷差價金額。該帳戶明細帳的設置應與庫存商品明細帳的設置一致，按實物負責人設置明細帳。

(4) 加強實地盤點制度。零售企業每月應對庫存商品進行盤點，將各實物負責人所經營的各種商品的盤存數量與該商品售價的乘積與帳面價值核對相符，以考核各實物負責人的責任制執行情況和加強對庫存商品實物的管理。

(5) 建立健全各業務環節手續制度。零售企業要建立健全商品購進、銷售、調價、盤點、升溢、損耗等各項業務手續制度，並填製有關業務憑證加強物價管理、商品管理和銷貨款管理。

(二) 零售企業商品採購成本的核算

零售企業商品採購成本與批發企業相同。

企業購入商品時，根據增值稅專用發票上列示的價款，借記「材料採購」帳戶；根據專用發票上註明的增值稅額，借記「應交稅費——應交增值稅（進項稅額）」帳戶；根據應付或實付的金額，貸記「應付帳款」「應付票據」「銀行存款」等帳戶。採購商品到貨，應由實物負責人驗收，並根據供貨單位的發貨單和經企業物價部門核定的售價，填製零售商品驗收單，列明商品的品名、規格、進價、售價和進銷差價等，作為收貨憑證。商品驗收入庫後，各實物負責人應根據「商品驗收單」，按商品的售價借記「庫存商品」帳戶，按商品的進價貸記「材料採購」帳戶，按商品的進銷差價貸

記「商品進銷差價」帳戶。

[**例7-4**] 海峰零售商場20××年8月5日從本市五金批發公司購進商品一批，增值稅專用發票註明進價共計28,000元，其增值稅額為4,760元，貨款已用轉帳支票支付。經物價部門核定含稅零售價總值32,200元。商品由4號櫃組驗收並對實物負責。

(1) 根據供貨單位的專用發票和本企業的支票存根，編製會計分錄：

借：材料採購　　　　　　　　　　　　　　　　　　　28,000
　　應交稅費——應交增值稅（進項稅額）　　　　　　　4,760
　　貸：銀行存款　　　　　　　　　　　　　　　　　　32,760

(2) 根據「零售商品驗收單」，編製會計分錄：

借：庫存商品——4號櫃組　　　　　　　　　　　　　　32,200
　　貸：材料採購　　　　　　　　　　　　　　　　　　28,000
　　　　商品進銷差價　　　　　　　　　　　　　　　　 4,200

(三) 零售企業商品銷售成本的核算

1. 商品銷售成本的計算

採用售價金額核算法的零售企業，在商品銷售後按售價借記「主營業務成本」帳戶，貸記「庫存商品」帳戶。要計算按進價反應的商品銷售成本，必須從已銷商品售價金額中扣除進銷差價。鑒於零售企業銷售業務發生頻繁，經營商品品種繁多，而且各種商品進銷差價不同，為了簡化核算工作，零售企業平時不隨商品的銷售隨時計算和結轉已銷商品進銷差價，購進商品的進銷差價平時在「商品進銷差價」帳戶中歸集。由於「主營業務成本」帳戶，平時反應不出已銷商品進價成本，因而平時帳面上也就反應不出銷售商品實現的毛利。為了正確反應商品的銷售成果以及期末結存商品的實際成本，每月月末，零售企業需將全部商品進銷差價在已銷商品和結存商品之間分配，將已銷商品應分配的進銷差價在月末一次轉入「主營業務成本」帳戶貸方。這樣「主營業務成本」帳戶按售價反應的借方發生額減去其貸方反應的應分配進銷差價，就得出按進價反應的商品銷售成本。已銷商品應分配的進銷差價就是銷售商品實現的毛利。其具體計算方法有兩種，即綜合差價率計算法和分類差價率計算法。

(1) 綜合差價率計算法

綜合差價率計算法是指將月內全部商品的進銷差價，按當月商品的存銷比例進行分配以計算商品銷售成本的一種方法。零售企業採用這種方法，首先要通過月末盤點確定本月銷售商品和月末庫存商品的售價總額，並據以計算綜合平均差價率；其次根據綜合平均差價率計算已銷商品應分攤的進銷差價；最後從已銷商品的售價總額中扣除其分攤的進銷差價，計算出已銷商品的銷售成本。其計算公式如下：

$$綜合平均差價率 = \frac{月末分配前商品進銷差價帳戶餘額}{月末庫存商品餘額 + 本月已銷商品售價總額} \times 100\%$$

上式中，「月末庫存商品餘額」應包括「庫存商品」帳戶和「受託代銷商品」帳戶的月末餘額；本月已銷商品售價總額應採用本月已從「庫存商品」帳戶轉入的「主營業務成本」帳戶借方發生額，不宜採用「商品銷售收入」帳戶的貸方發生額。這是

因為「商品銷售收入」帳戶的貸方發生額是不含稅銷售收入，並且當月可能有低於原定售價出售商品的情況，易導致計算口徑不一致。

已銷商品應分攤的進銷差價＝已銷商品售價總額×綜合平均差價率

已銷商品的銷售成本＝已銷商品售價總額－已銷商品應分攤的進銷差價

[例7-5] 海峰零售商場20××年5月30日的有關資料如下：
① 「庫存商品」帳戶借方餘額527,000元（含稅）；
② 「商品銷售收入」帳戶貸方發生額855,750元（不含稅）；
③ 按實地盤點倒擠的已銷商品售價總額為998,000元（含稅）；
④ 「商品進銷差價」帳戶貸方餘額366,000元（含稅）。

根據上述資料，採用綜合差價率計算如下：

$$綜合差價率 = \frac{366,000}{527,000 + 998,000} \times 100\% = 24\%$$

5月已銷商品應分攤的進銷差價＝998,000×24%＝239,520（元）

5月已銷商品銷售成本＝998,000－239,520＝758,480（元）

綜合差價率計算法的優點是計算簡單，工作量小，但在各種商品進銷差價率和存銷比例不同的情況下，按全部商品的綜合差價率統一分攤進銷差價，會產生偏差，而且存銷比例偏差越大，分攤進銷差價的偏差越大。

（2）分類差價率計算法

分類差價率計算法是指分別按商品大類或營業櫃組（實物負責人）所經營商品的存銷比例，平均分攤商品進銷差價，進而計算分類（分櫃組）的商品銷售成本的一種方法。

零售企業採用這種方法，要分別計算各大類商品或各營業櫃組的平均進銷差價率，並以此分攤商品進銷差價。因此，「庫存商品」「商品進銷差價」「主營業務成本」和「商品銷售收入」等帳戶都要按商品大類營業櫃組（實物負責人）設置明細帳，以提供所需的計算資料。

分類差價率計算法縮小了計算範圍，方法上與綜合差價率計算法相同，只是計算中所取資料均以各類或各櫃組為範圍。

[例7-6] 海峰商場20××年5月31日的有關資料見表7-1。

表7-1　　　　　　　　　　　　有關數據　　　　　　　　　　　　單位：元

櫃組	「庫存商品」月末借方餘額	「主營業務成本」本月借方發生額	「商品進銷差價」月末貸方餘額
一組	257,200	262,400	
二組	284,300	427,600	
三組	227,500	372,800	

根據上述資料，計算各櫃組的差價率及各櫃組已銷商品應分攤的進銷差價（見表7-2）。

表 7-2   商品進銷差價計算表

20××年 5 月   單位：元

櫃組	月末分配前「商品進銷差價」帳戶	月末「庫存商品」帳戶借方餘額	本月「主營業務成本」借方發生額	進銷差價率	已銷商品進銷差價	庫存商品結存進銷差價
	(1)	(2)	(3)	$(4)=\dfrac{(1)}{(2)+(3)}100\%$	(5)=(3)×(4)	(6)=(1)-(5)
一組	103,920	257,200	262,400	20%	52,480	51,440
二組	177,975	284,300	427,600	25%	106,900	71,075
三組	168,084	227,500	372,800	28%	104,384	63,700

分類差價率計算法縮小了計算範圍，所得出的平均差價率，因類內或櫃組內各商品進銷差價率接近且存銷比例偏離影響不大，而較符合實際；而且分商品類別或營業櫃組核算為分別考核經營成果創造了良好條件。因此，該方法的運用較為普遍。但在分類或櫃組經營的商品中，有不同規格、品種、花色、質量等，其進銷差價率雖接近但仍有一定差別。因此採用這種方法，其計算結果仍有誤差，而且計算工作較大。

2. 商品銷售成本的結轉

零售企業在銷售商品後，同樣應將已銷商品的銷售成本從「庫存商品」帳戶結轉到「主營業務成本」帳戶。在售價金額核算法下，由於庫存商品是按售價登記的，而商品銷售成本應是已銷商品的進價成本，因此會計人員應先在「主營業務成本」帳戶的借方登記從「庫存商品」帳戶轉入的已銷商品的售價金額，然後在貸方登記從「商品進銷差價」帳戶轉入的已銷商品應分攤的進銷差價，以便將借方所記的售價金額調整為進價成本。為了簡化核算，零售企業結轉商品銷售成本的工作一般在月末進行。

[例 7-7] 仍採用例 7-5 的資料，海峰商場採用綜合差價率計算法，其 5 月結轉商品銷售成本的有關會計分錄如下：

(1) 月末結轉商品銷售成本：

借：主營業務成本　　　　　　　　　　　　　　　998,000
　　貸：庫存商品　　　　　　　　　　　　　　　　　　998,000

(2) 分攤已銷商品的進銷差價：

借：商品進銷差價　　　　　　　　　　　　　　　239,520
　　貸：主營業務成本　　　　　　　　　　　　　　　　239,520

[例 7-8] 仍用例 7-6 的資料，海峰商場採用分類差價率計算法，其 5 月結轉商品銷售成本的有關會計分錄如下：

(1) 結轉商品銷售成本：

借：主營業務成本——一組　　　　　　　　　　　262,400
　　　　　　　　——二組　　　　　　　　　　　427,600
　　　　　　　　——三組　　　　　　　　　　　372,800
　　貸：庫存商品———一組　　　　　　　　　　　　262,400

	——二組	427,600
	——三組	372,800
(2) 分攤已銷商品進銷差價：		
借：商品進銷差價——一組		52,480
——二組		106,900
——三組		104,384
貸：主營業務成本——一組		52,480
——二組		106,900
——三組		104,384

3. 商品銷售成本的年末調整

如前所述，無論採用綜合差價率還是分類差價率計算分攤商品進銷差價，都不可避免地會出現誤差。為了正確核算商品銷售成本與經營成果，在年終決算前，零售企業應對商品進銷差價進行核實並調整。

年末調整商品銷售成本的具體做法是：

(1) 盤點商品。各櫃組對全部商品進行盤點，根據每種商品的實存數量，分別乘以該種商品的進價和售價，計算出每種結存商品的進價金額和售價金額，並匯總計算出全部結存商品的進價金額和售價金額，再進一步計算出全部結存商品的進銷差價。其計算公式如下：

結存商品進價金額 = Σ（各種商品實存數量 × 各種商品進價）

結存商品售價金額 = Σ（各種商品實存數量 × 各該商品售價）

結轉商品進銷差價 = 結存商品售價金額 - 結存商品進價金額

(2) 調整商品銷售成本。各櫃組將核實得出的結存商品進銷差價與調整前「商品進銷差價」帳戶餘額進行比較，編製「核實商品進銷差價報告表」（見表7-3），計算出應予調整的實際進銷差價與帳面進銷差價的差異數。庫存商品帳面進銷差價小於實際進銷差價的差異，說明以前月份多轉了已銷商品進銷差價，少算了銷售成本，虛增了毛利，應調增12月份的商品銷售成本，借記「主營業務成本」帳戶，貸記「商品進銷差價」帳戶；反之，說明以前月份少轉了商品進銷差價，多計了商品銷售成本，應借記「商品進銷差價」帳戶，貸記「主營業務成本」帳戶。

[例7-9] 海峰商場三組20××年年末「核實商品進銷差價報告表」見表7-3。

表7-3　　　　　　　　　核實商品進銷差價報告表

編報單位：3組　　　　　　　20××年12月31日　　　　　　　　單位：元

商品名稱	實存數量	進價		售價		實際進銷差價	帳面進銷差價	應調整帳面進銷差價
		單價	總額	單價	總額			
A	500	400	200,000	456	228,000	28,000	17,480	+10,520
B	80	110	88,000	1,265	101,200	13,200	10,000	+3,200
C	400	280	112,000	325	130,000	18,000	19,350	-1,350

表 7－3（續）

商品名稱	實存數量	進價 單價	進價 總額	售價 單價	售價 總額	實際進銷差價	帳面進銷差價	應調整帳面進銷差價
D	600	180	108,000	210	126,000	18,000	16,870	＋1,130
合計						77,200	63,700	＋13,500

根據表 7－3 所列資料，年末調整商品銷售成本的會計分錄為：
借：主營業務成本──三組　　　　　　　　　　　　　　　　13,500
　貸：商品進銷差價──三組　　　　　　　　　　　　　　　13,500

第二節　建築施工企業的成本核算

　　建築施工企業是指建造房屋和建築物以及進行設備安裝的生產單位。建築施工企業的施工工程分為建築工程和安裝工程。建築工程主要包括：各種房屋、建築物的建設工程，各種管道、輸電線、電訊導線的敷設工程，設備的基礎支柱、工作臺和各種特殊爐的砌築工程，施工場地的地質勘探、拆遷、清理、平整以及環境綠化等工程，礦井礦物開發、石油天然氣鑽井等工程以及興修水利等其他特殊工程。安裝工程主要是指生產、動力、起重、運輸、傳動等各種需要安裝設備的裝配、裝置工程。

一、施工生產及其成本核算的特點

（一）施工生產的特點

　　建築施工企業的生產經營活動具有以下特點：

　　（1）產品的單件性及多樣性。每一建築產品都有其自身的特點及專門的用途，建築施工企業只能按照建設單位不同的建設項目及設計要求進行生產。另外，每一特定的建築產品又要受到功能、投資規模與形式、結構、地形地貌、水文氣象等諸多因素的制約和影響。這就使得每一建築產品極少完全相同，導致了施工生產的單件性，並使建築產品變得複雜多樣。

　　（2）產品的生產週期長。這裡的週期是指基本建設產品的生產經營週期，即從施工開始到工程竣工結算價款的全過程。一般來說，建築產品規模較大，而且大多數產品均需跨年度生產，再加上氣候、施工現場的直接影響及施工工藝本身的要求，往往導致施工工期較長，資金占用較多。

　　（3）生產的流動程度較大。建築安裝產品的生產地點是事先根據使用單位的要求而確定的，位置固定不變，這就使其生產經營活動有著較大的流動性，不可能在固定的廠房中進行。因為不同工種的工人要在同一施工對象的不同部位或同一工地的不同單位工程之間進行流動施工，而且就建築施工企業整體來說，它們要在不同工地、不同地區的承包工程之間進行流動施工，所以生產過程會受到自然條件的影響。

(4) 產品的固定性。每一建築產品都與某一特定的屬地聯繫在一起，一旦交付使用，就固定在那裡發揮其應有效益。可見，建築產品區別於一般的工業產品，它具有固定性的特點。

(二) 建築施工企業成本核算的特點

施工生產的特點決定了其成本核算的以下特點：

1. 按單位工程確定成本計算對象

建築施工企業應遵循與施工圖預算相適應的原則，根據施工工程項目的地點、用途、結構、施工組織、工程價款結算辦法等因素，確定成本計算對象。建築施工企業或建築承包商承接每一建設施工項目都必須簽訂建造合同（或施工合同）。建造合同是指為建造一項資產，或者為建造在設計、技術、功能、最終用途等方面密切相關的數項資產而訂立的合同。建築合同甲方——建築單位（或客戶）通常要事先按合同編製工程預算，建造合同乙方——施工單位（或建築承包商）也總是按合同規定的工程價款、結算方式、進度與甲方結算工程價款，因而建造合同與工程成本計算對象有著密切的關係。

(1) 以單項合同為施工成本計算對象

一般情況下，建築施工企業應以所簽訂的單項合同作為施工工程的成本計算對象，通常也就是以每一個獨立編製施工圖預算的單位工程作為成本計算對象。這樣，不僅有利於分析施工合同的完成情況，也有利於準確核算施工合同的成本與損益。

(2) 對合同分立確定施工成本計算對象

如果一項施工合同包括建造數項資產，並同時具備下列條件，則該項合同可被分解，將每項資產分立為每項合同處理：①每項資產均有獨立的建造計劃，包括獨立的施工圖預算；②建築施工企業或建築承包商與客戶就每項資產單獨進行談判，雙方能接受或拒絕與每項資產有關的合同條款；③建造每項資產的收入與成本均可單獨辨認，如每項資產均有單獨的造價和預算成本。

對該項施工合同作分立處理，也就是將每項資產作為一個成本計算對象，單獨核算其成本與收入，有利於準確計算建造每項資產的損益。

(3) 對合同合併確定施工成本計算對象

如果一組施工合同同時具備下列條件，該組合同可以被合併為一個成本計算對象：①該組合同按一攬子交易簽訂；②該組合同同時或依次履行；③該組合同中各項合同密切相關，每項合同的完工程度直接關係到整個建設項目的完工進度和價款結算。

由於在同一地點同時施工或依次施工，建築施工企業對工程施工隊伍、工程用料、施工質量與進度實行統一管理。在這種情況下，建築施工企業將符合上述條件的一組合同合併為一個成本計算對象處理，有利於工程管理和簡化核算。

2. 合同成本按完工進度分期確認及帳務處理

由於工程的施工週期較長，通常要跨越一個會計年度，一般情況下，建築施工企業不能等到合同工程完工才結算收入與成本。按照權責發生制原則與配比原則，建築施工企業可採用完工百分比法，及時反應各年的合同收入、成本及利潤。完工百分比法是根

據合同完工進度確認合同收入和合同成本的方法,其關鍵是如何確定合同完工進度。

在分期確認施工合同成本和損益的情況下,為了反應建築施工企業履行某項合同發生的全部成本與損益,在帳戶設置與帳務處理方面,會計人員應考慮提供累積的成本與損益資料。會計人員一方面應於各期末按合同完工進度確認成本和收入,滿足分期計算損益的需要;另一方面又應當在有關帳戶中按合同分別累積自開工以來發生的實際工程施工成本、已確認的毛利,以便於進行合同成本、損益的分析與控制,使會計核算所提供的信息進一步滿足管理的需要。

二、建築施工企業成本核算的基本要求

1. 做好各項基礎工作

會計人員應根據建築施工企業特點,建立施工材料、施工設備的收發、領退、轉移、報廢、清查制度,用工記錄以及機械工作當時記錄,還應做好工程作業量及工程進度有關的統計工作,及時制定與修改料、工、費等各項消耗定額,完善各種計量檢測設施,嚴格計量檢驗制度。

2. 合理劃清各種成本界限

建築施工企業應劃清以下成本的界限:①劃清不同成本核算對象之間成本的界限。在施工活動中,直接費用應於發生時直接計入施工合同成本,間接費用應於期末按系統、合理的方法分攤計入施工合同成本。②劃清未完工合同成本與已完工合同成本的界限。對於完成施工合同後處置殘餘材料物資的收益,由於這些材料物資在領用時已計入該項目工程的施工成本,因而處置收益應沖減有關成本。③劃清當期成本與下期成本的界限。建築施工企業在履行施工合同時發生的工程成本,實際上是形成工程形象進度的工程實體和工作量所耗用的直接成本和間接成本,不應當包括與合同未來活動相關的成本。④劃清施工成本與期間費用的界限。建築施工企業行政管理部門為組織和管理生產經營活動所發生的管理費用以及建築施工企業籌集生產經營所需資金而發生的財務費用,均不得計入施工成本。

3. 建立工程項目臺帳

由於工程施工具有規模大、工期長的特點,工程施工有關明細帳無法反應工程項目的綜合信息。為了做到對各工程項目的基本情況心中有數,及時向管理決策部門提供所需信息,建築施工企業還應按單項合同建立工程項目臺帳。其基本內容包括:①工程項目名稱、建築單位名稱、合同規定的工程開工與完工日期;②工程合同總價、合同變更調整金額、索賠款、獎勵款;③預計合同總成本、累計已發生成本及完成合同尚需發生的成本;④本年和累計的已在利潤表中確認的合同收入、合同成本、毛利及毛利率;⑤本年和累計的已獲工程合同甲方簽字確認的工作量、已辦理結算的工程價款;⑥實際收到的工程價款,包括預收備料款和已收工程價款等;⑦該工程項目應收帳款或預收帳款餘額;⑧工程合同決算價。

三、工程施工成本項目

為了便於匯集各項施工費用,正確地組織工程成本的核算,建築施工企業必須將

施工費用進行科學合理的分類。施工費用按經濟性質進行分類可分為工資、提取的職工福利費、外購材料、外購燃料、折舊費等若干費用要素。施工費用按經濟用途的不同可分為若干成本項目。

建築施工企業的工程施工成本項目主要有：

（1）職工薪酬，指企業直接從事建築安裝工程的施工人員的工資、獎金、職工福利費、工資性質的津貼以及勞動保護費等。

（2）材料費，指施工過程中耗用的構成工程實體的原材料、輔助材料、結構件、零配件、半成品的費用和週轉材料攤銷及租賃費用等。

（3）機械使用費，指施工過程中使用自有施工機械發生的機械使用費和租用外單位施工機械發生的租賃費，以及施工機械安裝、拆卸和進出場費。

（4）其他直接費，包括施工過程中發生的材料二次搬運費、臨時設施攤銷費、生產工具用具使用費、檢驗試驗費、工程定位復測費、工程點交費、場地清理費等。

（5）間接費用，指施工企業下屬的各施工單位為組織和管理工程施工所發生的全部支出，包括施工單位的修理費、物料消耗、低值易耗品攤銷、取暖費、水電費、辦公費、差旅費、財產保險費、檢驗試驗費、工程保修費、勞動保護費、排污費和其他費用，但不包括企業行政管理部門為組織和管理施工生產活動而發生的管理費用。

四、建築施工企業成本核算的程序

（一）帳戶設置

建築施工企業為了總括地反應工程成本核算，一般應設置下列帳戶：

1.「工程施工」帳戶

本帳戶用以核算企業進行建築工程和設備安裝工程時所發生的各項費用支出，但一般不包括被安裝設備本身的價值。該帳戶應按成本計算對象設置明細帳，並按規定的成本項目分設專欄。

企業在施工過程中發生的職工薪酬、材料費、機械使用費、其他直接費及應分攤的間接費用和確認的合同毛利，記入「工程施工」帳戶的借方，貸方核算結轉的已完工工程、竣工工程的實際成本和確認的合同虧損。合同完成後，本帳戶與「工程結算」帳戶對沖結平。某項合同完成前，「工程施工」帳戶一直保留該項合同有關數據。該帳戶餘額反應累計發生的合同成本與累計確認的合同毛利。

「工程施工」帳戶除了按施工合同設置二級明細帳戶外，還應在每項合同下再分設「成本」和「毛利」兩個三級明細帳戶。

2.「機械作業」帳戶

該帳戶核算企業及其內部獨立核算的施工單位、機械站和運輸隊使用自有施工機械和運輸設備進行機械作業所發生的各項費用。企業使用自有機械發生費用支出時，借記「機械作業」帳戶，貸記有關帳戶；該帳戶的貸方核算分配結轉的機械作業支出；月份終了時，本帳戶應無餘額。

企業及其內部獨立核算的施工單位，如果從外單位或本企業其他內部獨立核算的

機械站租入施工機械，按規定標準支付的機械租賃費直接記入有關工程成本計算對象的「機械使用費」成本項目中，不通過「機械作業」帳戶核算。「機械作業」帳戶應按施工機械或運輸設備的名稱、種類等設置明細帳，按人工費、燃料及動力費、折舊及修理費、其他直接費、間接費用等成本項目分設專欄。

3.「製造費用」帳戶

該帳戶核算企業非獨立核算的輔助生產部門，為工程施工、產品生產、機械作業、專項工程等提供產品和勞務所發生的各項費用。企業所屬內部獨立核算的輔助生產部門所發生的各項費用應通過「工業生產」「機械作業」等帳戶核算。該帳戶應按輔助生產單位或部門設置明細帳，並按職工薪酬、材料費、其他直接費用等分設專欄。該帳戶的借方核算輔助生產部門為提供產品或勞務所發生的各項費用，貸方核算按受益對象分配結轉的產品或勞務的實際成本；期末借方餘額反應輔助生產部門尚未完工的在產品或未完作業、勞務的實際成本。

4.「生產成本」帳戶

該帳戶核算建築施工企業所屬內部獨立核算的工業企業（如預制件廠、機械加工廠等）為滿足工程施工需要進行產品（包括代製品、代修品）生產所發生的各項生產費用。該帳戶按成本核算對象設置明細帳，並按規定的成本項目分設專欄進行明細核算。該帳戶的借方登記附屬工業企業在生產過程中發生的職工薪酬、材料費、機械使用費、其他直接費、間接費用；月末貸方登記結轉的完工產品實際成本；月末借方餘額為未完工產品的實際成本。

5.「工程結算」帳戶

該帳戶是「工程施工」的備抵帳戶，核算根據合同完工進度已向客戶發出工程款結算帳單並辦理結算的價款。該帳戶貸方登記已向客戶辦理結算的工程款項，合同完成後，該帳戶與「工程施工」帳戶對沖結平。

6.「主營業務成本」帳戶

該帳戶核算企業已辦理工程價款結算的已完工程的實際成本。該帳戶的借方登記從「工程施工」帳戶轉入的已辦理工程價款結算的已完工工程的實際成本；貸方登記轉入「本年利潤」帳戶的已完工程的實際成本；結轉後，該帳戶期末應無餘額。

(二) 核算程序

根據上述成本類帳戶核算的內容和方法，工程成本核算的一般程序可歸納如下：

(1) 將本期發生的各項施工費用，按其發生地點和經濟用途分別分配和歸集到各有關成本帳戶；

(2) 期末，按受益對象和有關規定，分攤和預提由本期工程成本負擔的有關費用；

(3) 期末，按受益對象分配結轉由本期「主營業務成本」「機械作業」「管理費用」等應負擔的輔助生產費用；

(4) 期末，將歸集在「製造費用」帳戶和各項費用，按照一定標準分配計入有關工程成本；

(5) 期末，按受益對象分配結轉機械使用費；

(6) 期末，結轉已辦理工程價款結算的已完工程成本。

五、建築施工企業成本核算的方法

建築施工企業成本核算的過程，是對施工費用進行歸集和分配的過程。成本核算的方法，實際上就是施工費用在各個成本計算對象之間的歸集和分配方法。

（一）材料費用的歸集與分配

計入建築安裝工程成本的材料費，包括施工過程中耗用的構成工程實體的原料及主要材料、結構件、機械配件、其他材料的實際成本以及周圍材料的攤銷費和租賃費。

建築施工企業材料採購、加工及領用的收發計價和帳務處理，與工業企業的材料核算有相似之處，但應注意下列事項：

(1) 建築施工企業建築安裝工程收入屬於營業稅徵收範圍，因此購入施工用材料所付增值稅款，不能作為進項稅額抵扣，只能計入所購材料成本。

(2) 建築施工企業對於在領料時既不易點清數量，又不易分清用料對象的大堆材料，如砂、石、灰等大堆材料，一般應通過定期實地盤點確定其實物耗用量，再按各受益對象的材料定額耗用量比例分配計入各項工程成本。

(3) 建築施工企業對於各種週轉材料，如模板、腳手架木等，可根據具體情況採用不同的攤銷方法。易腐、易糟的周圍材料，於領用時一次計入成本；其他週轉材料按預計使用期限（或預計使用次數）分期（或分次）攤入成本；此外，建築施工企業還可以根據實際完成的實物工作量和預算定額規定的週轉材料消耗定額，計算各期攤銷額。

採用分期或分次攤銷時，會計人員可在「週轉材料」帳戶下設置「在庫週轉材料」「在用週轉材料」和「週轉材料攤銷」三個明細帳戶；領用時，借記「週轉材料──在用週轉材料」帳戶，貸記「週轉材料──在庫週轉材料」帳戶；攤銷時，根據所計算的各期攤銷額，借記「工程施工」帳戶，貸記「週轉材料──週轉材料攤銷」帳戶。

建築施工企業應於月末根據審核無誤的領料單、限額領料單、大堆材料耗用單以及退料單等編製「材料費用匯總分配表」（見表7-4）。

表7-4　　　　　　　　　材料費用匯總分配表

20××年1月　　　　　　　　　　　　單位：元

分配項目	庫存材料					週轉材料攤銷
	主要材料	機械配件	結構件	其他材料	合計	
A工程	1,354,000	28,000	69,800	16,000	1,467,800	8,000
B工程	696,000	24,000	27,000	7,000	754,000	5,000
輔助生產	12,000	2,200		6,000	20,200	
機械作業						
合計	2,062,000	54,200	96,800	29,000	2,242,000	13,000

根據表7－4編製材料費用分配的會計分錄如下：

借：工程施工——A工程　　　　　　　　　　　　　　　1,475,800
　　　　　　——B工程　　　　　　　　　　　　　　　　759,000
　　輔助生產　　　　　　　　　　　　　　　　　　　　　20,200
　貸：原材料——主要材料　　　　　　　　　　　　　　2,062,000
　　　　　　——機械配件　　　　　　　　　　　　　　　54,200
　　　　　　——結構件　　　　　　　　　　　　　　　　96,800
　　　　　　——其他材料　　　　　　　　　　　　　　　29,000
　　週轉材料——週轉材料攤銷　　　　　　　　　　　　　13,000

（二）職工薪酬的歸集與分配

計入施工成本的職工薪酬，包括在施工過程中直接從事工程施工、在現場為工程製作構件的建築安裝工人以及在施工現場從事運料、配料等工作的輔助工人的工資、獎金、職工福利費、工資性質的津貼、勞動保護等。

建築施工企業的職工薪酬應按職工的工作部門和服務對象進行分配。其具體分配過程如下：

（1）對於直接從事施工的建築安裝工人的工資費用，直接計入工程成本，借記「工程施工——××合同」帳戶和「職工薪酬」成本項目。

（2）對於企業下屬各施工單位管理人員的工資費用，先借記「工程施工——間接費用」帳戶，月末再分配記入「工程施工——××合同」帳戶的「間接費用」成本項目。

（3）對於非獨立核算的輔助生產部門工人的工資費用，先借記「製造費用」帳戶，月末按受益對象分配記入「機械作業」「工程施工」帳戶。

（4）對於機械設備的操作員和管理人員的工資費用，先記入「機械作業」帳戶，月末分配記入「工程施工——××合同」帳戶的「機械使用費」成本項目。

在計件工資或計時工資的形式下，建築安裝工人單獨從事某項合同的施工工作所應得的工資，可直接根據工程任務單的記錄，進行匯總後計入各項工程成本。在計時工資形式下，建築施工企業應以平均工日工資為分配標準，在各項工程之間分配人工費用。

月末，財會部門根據各施工隊的項目管理部、機械站、運輸隊等單位的「施工任務單」「用工記錄」以及「工資結算匯總表」等有關資料，編製「工資費用分配表」（見表7－5）。

表7－5　　　　　　　　　　　　**工資費用分配表**

20××年1月　　　　　　　　　　　　　　　　　　　　　　　　單位：元

分配項目	應付職工工資			職工福利費	合計
	工日數（天）	分配率	金額		
A工程	4,560	15	68,400	9,576	77,976
B工程	2,740	15	41,100	5,754	46,854

表 7-5（續）

分配項目	應付職工工資			職工福利費	合計
	工日數（天）	分配率	金額		
輔助生產			2,300	322	2,622
間接費用			7,200	1,008	8,208
合計			119,000	16,660	135,660

根據表 7-5 的資料編製工資分配的會計分錄如下：

借：工程施工——A 工程（人工費）　　　　　　77,976
　　　——B 工程（人工費）　　　　　　　　　46,854
　　　——間接費用　　　　　　　　　　　　　 8,208
　　製造費用　　　　　　　　　　　　　　　　 2,622
　貸：應付職工薪酬——工資　　　　　　　　 119,000
　　　應付職工薪酬——福利費　　　　　　　　16,660

（三）機械使用費的歸集與分配

施工成本中的機械使用費是為完成建築安裝工程所使用的各種機械發生的費用，它包括施工過程中使用自有施工機械所發生的機械使用費和租用外單位施工機械的租賃費，以及施工機械安裝、拆卸和進出場費。

施工機械的來源不同，該機械所發生費用的核算方法也不同。

1. 租用施工機械的使用費

對於從其他單位或內部實行獨立核算的機械站租入的施工機械，其使用過程中發生的各種費用是由出租單位組織核算的，施工單位只需按合同規定的臺班單價、各種機械實際完成的臺班數或完成的工程量支付租賃費。施工單位一般可根據機械租賃結算帳單所列金額，直接將租賃費記入「工程施工——××合同」帳戶的「機械使用費」成本項目，不必通過「機械作業」帳戶進行核算。

[例 7-10] 某施工單位租入塔式起重機一臺，其「機械租賃結算單」列示：為 A 工程工作 30 臺班，為 B 工程工作 25 臺班，臺班單價為 120 元，會計人員根據以上憑證支付款項後，作如下會計分錄：

借：工程施工——A 工程　　　　　　　　　　　3,600
　　　——B 工程　　　　　　　　　　　　　　3,000
　貸：銀行存款　　　　　　　　　　　　　　　6,600

2. 自有施工機械的使用費

自有施工機械一般是由施工單位自行管理的，它在施工過程中所發生的各項費用應與施工過程中發生的其他費用區分開，通過「機械作業」帳戶進行歸集。該帳戶按施工機械和運輸設備的種類設置明細帳（一般來說，大型機械可按單機名稱設置，小型機械可按種類設置），以便確定每臺或每類施工機械的臺班成本。帳內按費用性質設置「職工薪酬」「燃料及動力」「材料費」「其他直接費」「間接費用」專欄，以反應

機械使用費的構成情況，考核自有施工機械的使用效率。

通過要素費用、待攤及預提費用和輔助生產費用的分配，應由施工機械和設備負擔的費用，均已記入「機械作業」總帳及所屬明細帳。本期發生的自有施工機械使用費，應在月末分配計入有關工程成本。分配標準主要有工作臺班、工程量（或作業量）和定額成本等。分配方法主要有單位成本分配法和定額成本分配法。

（1）單位成本分配法

單位成本分配法的計算公式如下：

$$臺班單位 = \frac{該種機械實際發生的費用總額}{該種機械實際工作臺班總額}$$

某項工程應分配的機械使用費 = 該項工程實際使用臺班 × 臺班單價

$$單位工程量成本 = \frac{該種機械實際發生的費用總額}{該種機械實際完成工作量}$$

某項工程應分配的機械使用費 = 單位工程量成本 × 該種機械為該項工程實際完成的工作量

（2）定額成本法

如果對機械使用費的核算不是按單機或機械類別進行，而是需要反應機械使用費的總額，建築施工企業應採用定額成本法。其計算公式如下：

$$分配率 = \frac{本期發生機械使用費總額}{各項工程機械使用費定額成本}$$

各項工程機械使用費定額成本 = 本期實際工作臺班 × 單位臺班定額成本

某項工程應分配的機械使用費 = 該項工程機械使用費定額成本 × 分配率

為了考核分析施工機械的使用效率和正確分配計算機械使用費，機械操作人員應按日填寫機械使用記錄，期末由機械管理部門匯總編製「機械使用月報」。財會部門根據「機械作業」明細帳和「機械使用月報」，編製「機械使用分配表」，並據以進行帳務處理。該表格式見表 7-6。

表 7-6　　　　　　　　　　機械使用費分配表　　　　　　　　　　單位：元

工程名稱	起重機			挖掘機			其他機械			合計
	臺班	單價	金額	工程量（立方米）	單價	金額	定額成本	分配率	金額	
A 工程	20		2,200	250		1,000	1,000		920	4,120
B 工程	25		2,750	280		1,120	800		736	4,606
合　計	45	110	4,950	530	4	2,120	1,800	0.92	1,656	8,726

財會部門根據表 7-6 的資料編製分配機械使用費的會計分錄如下：

借：工程施工——A 工程　　　　　　　　　　　　　　　　4,120
　　　　　　——B 工程　　　　　　　　　　　　　　　　4,606
　　貸：機械作業　　　　　　　　　　　　　　　　　　　8,726

3. 施工機械安裝、拆卸和進出場費

無論租入或自有的施工機械，進出施工現場以及在施工現場範圍內移動，都會發生運輸、安裝、拆卸等費用。如果費用的數額不大，會計人員可在發生或支付該費用時直接記入「機械作業」總分類帳戶及所屬明細帳的「其他直接費」欄目中，在月末將其與其他欄目的費用一併分配計入各有關工程成本。如果費用的數額較大，會計人員應於發生該費用時記入「待攤費用」帳戶，並在機械租賃期（租入機械）和該現場機械使用期（自有機械）內平均按期分攤記入「機械作業」帳戶，再分配計入各有關工程成本。

（四）其他直接費用的歸集和分配

計入工程成本的其他直接費包括施工過程中發生的，但又不包括在上述人工費、材料費、機械使用費項目中的，施工現場直接耗用的水、電、風、氣等費用，以及材料二次搬運費，臨時設施、生產工具用具使用費，檢驗試驗費，工程定位復測費，工程點交費，場地清理費等。其他直接費用應根據實際情況，採用不同的方法計入各有關工程成本。

其他直接費用中所包含風、水、電、氣費等，可由企業內部不實行獨立核算的輔助生產部門提供，也可由外單位提供。

在由本單位所屬不實行獨立核算的輔助生產部門提供水、電、風、氣的情況下，這些部門為施工現場提供水、電、風、氣的費用（一般僅指提供過程中所耗工資、材料、折舊及修理費等直接費用，不分攤間接費用），應先通過「製造費用」帳戶歸集，月末再分配計入各有關工程成本，即借記「工程施工——××合同」帳戶及所屬明細帳的「其他直接費」成本項目，貸記「製造費用」帳戶。

在由外單位提供水、電、風、氣的情況下，企業應根據水、電、風、氣的實際耗用量和規定的價格，直接計入各有關工程成本，即借記「工程施工——××合同」帳戶及所屬明細帳的「其他直接費」成本項目，貸記「銀行存款」（或「應付帳款」）帳戶。企業要注意生產與管理、生活所耗該項費用的劃分，以及兩個以上工程項目共同耗用費用的分配。對於由兩個以上工程共同耗用的情況，會計人員應當以預算定額或機械臺班、機械使用費等為標準，分配計入各項工程成本。

［例7-11］某施工單位A、B兩項工程所耗水、電分別由施工單位的供水站、供電站提供，已發生的輔助生產費用的分配見表7-7。

表7-7　　　　　　　輔助生產費用分配表（直接分配法）　　　　　　　單位：元

項目	計量單位	待分配費用	勞務供應量（小時）	分配率	A工程 數量	A工程 金額	B工程 數量	B工程 金額	管理部門 數量	管理部門 金額
供水站	噸	68,399.4	47,172	1.45	26,206	37,998.7	20,834	30,209.3	132	191.4
供電站	度	81,000	100,000	0.81	51,852	42,000.12	47,852	38,760.12	296	239.76
合計						79,998.82		68,969.42		431.16

根據表 7-7，編製分配輔助生產費用的會計分錄如下：
　　借：工程施工——A 工程——其他直接費用　　　　　79,998.82
　　　　　　　　——B 工程——其他直接費用　　　　　68,969.42
　　　　管理費用　　　　　　　　　　　　　　　　　　　432.16
　　　貸：製造費用——供水站　　　　　　　　　　　　68,399.4
　　　　　　　　　　供電站　　　　　　　　　　　　　81,000

[**例 7-12**] A、B 工程所耗水、電均由外單位提供。水、電費均以銀行存款支付。財會部門可根據實際耗用量編製水、電費分配表（見表 7-8）。

表 7-8　　　　　　　　　　其他直接費用分配表　　　　　　　　　　單位：元

項目	A 工程			B 工程			管理部門			合計
	實際耗用量	單價	金額	實際耗用量	單價	金額	實際耗用量	單價	金額	
水(噸)	402,000	1.00	402,000	3,210,000	1.00	320,000	2,200	1.00	2,200	724,200
電(度)	704,000	0.75	528,000	664,000	0.75	498,000	4,200	0.75	3,150	1,029,150
合計			930,000			818,000			5,350	175,350

根據表 7-8 編製會計分錄如下：
　　借：工程施工——A 工程——其他直接費用　　　　　930,000
　　　　　　　　——B 工程——其他直接費用　　　　　818,000
　　　　管理部門　　　　　　　　　　　　　　　　　　5,350
　　　貸：銀行存款　　　　　　　　　　　　　　　　　1,753,350

　　建築施工企業的材料二次搬運工作，可由外單位的運輸隊完成，也可由企業所屬的運輸隊完成。如果由企業所屬運輸隊完成，其發生的費用一般先通過「機械作業」帳戶歸集，月末按前述機械使用費的分配方法，分配計入各有關工程成本的「其他直接費用」成本項目。如果由外單位運輸隊完成，企業可根據合同規定的單價和實際完成的搬運量支付租賃費，並將支付的租賃費計入各有關工程成本中。

　　臨時設施攤銷費是指施工單位為保證施工和管理順利進行而建造臨時職工宿舍、倉庫、辦公室等臨時設施所發生費用的攤銷，應按使用年限和服務對象分配計入工程成本的攤銷額。臨時設施攤銷費可按使用年限平均計算，然後再按各項工程實際完成的工作量或定額成本的比例在各受益對象之間進行分配。

　　企業發生的其他各項直接費用，也應按一定方法直接或分配計入各有關工程成本中。

　　（五）間接費用的歸集和分配

　　計入工程成本的間接費用是指施工單位為組織和管理施工工程所發生的各項費用，包括施工單位管理人員的工資及福利費、獎金，以及用於行政管理的固定資產折舊費及修理費、取暖費、水電費、辦公費、工程保修費、排污費和其他費用。

　　為了對施工單位發生的各項間接費用進行歸集和分配，企業應設置「間接費用」

總分類帳戶,並在該帳戶下按其所包括的主要內容分類設置明細科目。上述費用,經過要素費用、待攤及預提費用和輔助生產費用等程序歸集和分配後,均已記入「間接費用」帳戶的借方;期末時,將發生的間接費用按照適當的標準分配計入各項工程成本。

為了便於實際成本與預算成本的分析比較,考核建築安裝工程預算成本的執行情況,間接費用的分配標準應盡量與預算成本中間接費用的口徑一致。一般建築工程應以各工程的直接成本作為分配間接費用的標準;安裝工程應以各工程的人工費用作為分配間接費用的標準;如果一個施工單位同時承擔建築工程和安裝工程,則首先應按預算間接費用的比例,在建築工程和安裝工程之間分配間接費用;然後再按上述標準分別在建築工程範圍內各工程項目之間,以及安裝工程範圍內各安裝工程項目之間分配間接費用。

1. 一般建築工程

建築工程的間接費用應以工程成本中的直接費用成本作為分配標準。其計算公式如下:

$$間接費用分配率 = \frac{本期發生的間接費用總額}{各建築工程直接費總額}$$

某項工程應分配的間接費用 = 該工程直接費成本 × 間接費用分配率

[例7-13] 某施工單位同時承擔A、B兩項建築工程,本期除非施工人員工資及福利費8,208元外,還發生間接費用47,985.28元。根據本節有關核算資料編製間接費用分配表(見表7-9)。

表7-9　　　　　　　　　　間接費用分配表　　　　　　　　　　單位:元

工程名稱	直接成本	分配率	應分配金額
A工程	637,376	0.061,4	39,134.89
B工程	277,824	0.061,4	17,058.39
合計	915,200		56,193.28

根據表7-9編製分配間接費用的會計分錄如下:
借:工程施工——A工程——間接費用　　　　　　　　39,134.89
　　　　　　——B工程——間接費用　　　　　　　　17,058.39
　貸:製造費用　　　　　　　　　　　　　　　　　　56,193.28

2. 安裝工程

安裝工程的間接費用分配應以工程成本中的人工費成本作為分配標準。其計算公式如下:

$$間接費用分配率 = \frac{本期發生的間接費用總額}{各工程人工費總額}$$

某項工程應分配的間接費用 = 該工程人工費成本 × 間接費用分配率

[例7-14] 假設上例中A、B兩項工程為安裝工程,其他資料相同,則A、B兩項

工程應分攤的間接費用見表 7 - 10。

表 7 - 10　　　　　　　　　　　間接費用分配表　　　　　　　　　　　單位：元

工程名稱	直接成本	分配率	應分配金額
A 工程	77,976	0.45	35,089.20
B 工程	46,854	0.45	21,104.08
合計	124,839		56,193.28

3. 兼有建築、安裝工程

一個施工單位同期既有建築工程又有安裝工程時，應先按預算間接費用的比例，將間接費用在建築工程和安裝工程之間進行第一次分配，然後再按上述所介紹的分配方法分別在建築工程和安裝工程內部各項目之間進行第二次分配。其計算公式如下：

第一次分配：在建築工程和安裝工程之間分配間接費用。

$$\text{首次單位費用分配率} = \frac{\text{本期發生的單位費用總額}}{\text{建築工程直接成本} \times \text{間接費用定額取費率} + \text{安裝工程人工費} \times \text{間接費用定額取費率}} \times 100\%$$

建築工程應分配間接費用 = 建築工程直接成本 × 間接費用定額取費率 × 首次間接費用分配率

安裝工程應分配間接費用 = 安裝工程人工費 × 間接費用定額取費率 × 首次間接費用分配率

第二次分配：根據第一次分配的間接費用在建築工程內和安裝工程內再次進行分配。

$$\text{建築工程間接費用分配率} = \frac{\text{建築工程應分配的間接費用}}{\text{各項建築工程直接成本之和}} \times 100\%$$

某項建築工程應分配間接費用 = 該項建築工程直接成本 × 建築工程間接費用分配率

$$\text{安裝工程間接費用分配表} = \frac{\text{安裝工程應分配間接費用}}{\text{各項安裝工程人工費之和}} \times 100\%$$

某項安裝工程應分配間接費用 = 該項安裝工程人工費 × 安裝工程間接費用分配率

[**例 7 - 15**] 某施工單位本期既有 A、B 兩項建築工程，又有 C、D 兩項安裝工程，本期共發生間接費用 91,634.40 元，四項工程的有關資料見表 7 - 11。

表 7 - 11　　　　　　　　　　　　　　　　　　　　　　　　　　　　　單位：元

工程名稱	直接成本	其中：職工薪酬	間接費用定額取費率
A	475,800	77,976	0.2
B	159,000	46,854	0.2
C	28,000	4,600	1.1
D	42,000	6,200	1.1

間接費用分配如下：

第一次分配：

間接費用分配率 = $\dfrac{91,634.40}{634,800 \times 20\% + 10,800 \times 110\%} \times 100\% = 66\%$

A、B 建築工程應分配的間接費用 = 634,800 × 20% × 66% = 83,793.60（元）

C、D 安裝工程應分配的間接費用 = 10,800 × 110% × 66% = 7,840.80（元）

第二次分配：

建築工程間接費用分配率 = $\dfrac{83,793.60}{634,800} \times 100\% = 13.2\%$

A 工程應分配的間接費用 = 475,800 × 13.2% = 62,805.60（元）

B 工程應分配的間接費用 = 159,000 × 13.2% = 20,988（元）

安裝工程間接費用分配率 = $\dfrac{7,840.80}{10,800} \times 100 = 72.6\%$

C 工程應分配間接費用 = 4,600 × 72.6% = 3,339.60（元）

D 工程應分配間接費用 = 6,200 × 72.6% = 4,501.20（元）

通過以上各項費用的歸集和分配（見表 7-4~表 7-8），各成本計算對象應負擔的各項費用全部記入工程成本明細帳的有關成本項目中。其工程成本明細帳見表 7-12 和表 7-13。

表 7-12　　　　　　　　　　　工程成本明細帳

工程名稱：A　　　　　　　20××年 8 月　　　　　　　　　　單位：元

年		摘要	直接成本				間接費用	合計
月	日		職工薪酬	材料費	機械使用費	其他直接費用		
8	1	期初餘額	7,200	35,000	870	13,500	7,586	64,156
8	30	分配人工費	77,976					
		分配材料費		1,475,800				
		分配自有機械使用費			4,120			
		分配其他直接費用				79,998.82		
		分配間接費用					39,134.89	
		本月合計	77,976	1,475,800	4,120	79,998.82	39,134.89	1,677,029.71
		月末餘額	85,176	1,510,800	4,990	93,498.82	46,720.89	1,741,185.71

表 7-13　　　　　　　　　　　　工程成本明細帳
工程名稱：B　　　　　　　　　　20××年8月　　　　　　　　　　　單位：元

年		摘要	直接成本				間接費用	合計
月	日		職工薪酬	材料費	機械使用費	其他直接費用		
8	1	期初餘額	17,800	254,000	1,300		6,520	297,420
		分配人工費	46,854			17,800		
		分配材料費		759,000				
		分配自有機械使用費			4,606			
		分配其他直接費用				68,969.42		
		分配間接費用					17,058.39	
		本月合計	46,854	759,000	4,606	68,969.42	17,058.39	896,487.81
		竣工工程成本	64,654	1,013,000	5,906	86,769.42	23,578.39	1,193,907.81

（六）已完工程和未完工程施工成本的計算

作為成本計算對象的單項合同工程全部完工後，稱為竣工工程。尚未竣工，但已完成預算定額規定的一定組成部分的分部分項工程，稱為已完工程。雖已投入工、料進行施工，但尚未完成預算定額所規定工序的分部分項工程，稱為未完施工或未完工程。已完工程和未完工程的劃分，應與建築施工企業的工程價款結算方式相聯繫。採用竣工後一次結算工程價款方式的工程，其已完工程即是竣工工程，只要未辦理竣工結算，工程成本明細帳上歸集的全部費用均是未完工程成本。因此，一次結算工程價款的工程期末無需將發生的費用在已完工程和未完工程之間進行分配。

採用分段結算工程價款方式的工程，其已完工程是指已完成合同規定的分段工程，每一個工程段落完工時即已作為已完工程辦理價款結算。對於這種工程，核算時一般是按分段工程設置工程成本明細帳的，因而歸集在工程成本明細帳上的施工費用，在分段工程未辦理工程價款結算時為未完工程；待辦理工程價款結算後，即為已完工程成本。

採用按月結算工程價款方式的工程，其已完工程是指本月已結算工程價款的已完分部分項工程。由於這種工程需要按月結算已完工程的實際成本，因此必須在月末將發生的費用在已完工程和未完工程之間進行分配。會計人員通常採用倒擠的方法確定已完工程成本，即首先確定未完工程成本，然後用全部施工生產費用減去期末未完工程。其計算公式如下：

已完工程成本＝期初未完工程成本＋本期發生的施工費用－期末未完工程成本

在該公式中，等號右邊的第一、二項是已知的，關鍵是期末未完工程成本的確定。期末未完工程成本一般可按下列方法確定：

（1）不計算未完工程成本。如果期末未完工程數量極少，可不考慮未完工程成本，將發生的施工費用全部作為已完工程成本。

（2）按未完工程的預算成本確定。如果未完工程占全月工作量的比重很小時，可以按工程預算單價計算確定未完工程成本。具體步驟如下：①月末，通過實地盤點確定未完工程實物量，填列「未完工程盤點表」，列示各項未完分部分項工程名稱、已完工序及數量；②按完工百分比法確定分部分項工程完工進度和已完分部分項工程量；③按分部分項工程預算單價乘以已完分部分項工程量，計算未完工程直接費，並以此作為未完工程成本。

若要提高計算的準確性，未完工程成本中還應按規定的取費標準分配間接費用。其計算公式如下：

未完工程預算成本＝未完工程已完工序盤存數量×各工序折合率×分部分項工程預算單價

或者

未完工程預算成本＝未完工程已完工序盤存數量×各工序折合率×分部分項工程預算單價×（1＋間接費用取費率）

[例7－16] 某企業A工程鋪地面項目根據合同規定有三道工序。月末，已完成第二道工序的工作量為4,500 ㎡，該工程未完工進度為50%，預算單價為8元（其中職工薪酬3元，材料費4元，機械使用費1元）。企業在月末對未完工程盤點後，編製「未完工程盤點單表」（見表7－14）。

表7－14　　　　　　　　　　　未完工程盤點單表

工程名稱：A工程　　　　　　　　20××年×月　　　　　　　　　　　單位：元

分部分項工程		已完工序				未完工程預算成本（元）						
名稱	預算單價	內容	占分部分項工程百分比	已完數量	折合分部分項工程量	應計金額	職工薪酬		材料費		機械費	
							預算單價	金額	預算單價	金額	預算單價	金額
鋪地面	8	一、二工序	50%	4,500 ㎡	2,250 ㎡	18,000	3	6,750	4	9,000	1	2,250

（3）未完施工成本與已完工程成本按預算比例劃分。其計算公式如下：

$$\text{期末未完施工成本} = \text{期末未完工預算成本} \times \frac{\text{期初未完施工實際成本} + \text{本期施工費用}}{\text{本期已完工程預算成本} + \text{期末未完施工預算成本}}$$

會計人員通過「未完工程盤點單」計算出未完工程預算成本後，即可確定已完工程成本的數額。根據工程成本明細帳結轉已完工程成本的會計分錄如下：

借：主營業務成本
　　貸：工程施工
借：銀行存款
　　貸：工程結算
借：工程結算
　　貸：工程施工——××合同——成本

六、完工百分比法下合同完工進度的確定

（一）採用完工百分比法的條件

完工百分比法是根據合同完工進度確認合同收入和成本的方法。這種方法能提供有關合同進度及本期業績的有用信息，較好地體現了權責發生制和配比原則。

對於按照固定的合同價確定工程價款的建造合同，採用完工百分比法確認合同收入和成本的前提是，該項建造合同的結果能夠可靠地估計，它必須同時具備下列四個條件：

（1）合同總收入能夠可靠地計量；

（2）與合同相關的經濟利益能夠流入企業；

（3）在資產負債表日，合同完工進度和為完成合同尚需發生的成本能夠可靠地確定；

（4）為完成合同已經發生的合同成本能夠清楚地區分和可靠地計量，以便實際合同成本能夠與以前的預計成本相比較。

（二）確定合同完工進度的方法

合同完工進度的確定，是採用完工百分比法確認合同收入和合同成本的關鍵，主要有以下三種方法：

（1）根據累計實際發生的合同成本占合同預計總成本的比例確定合同完工進度，這是一種投入衡量法。其計算公式如下：

$$合同完工進度 = \frac{累計實際發生的合同成本}{合同預計總成本} \times 100\%$$

這種方法是確定合同完工進度的常用方法。但建築施工企業採用這一方法需要可靠地確定合同預計總成本，並在施工的不同會計期間，對完成合同尚需發生的成本進行預計和調整。建築施工企業只有建立了完善的內部成本核算制度和有效的內部成本、財務預算及報告制度，才可能科學、合理地估計完成合同尚需發生的成本。

此外，累計實際發生的合同成本不應包括：①與合同未來活動相關的合同成本，如施工中尚未安裝、使用或消耗的材料成本；②在分包工程的工作量完成之前預付給分包單位的款項。

[例7-17] 某建築施工企業承接A工程，工期三年，該工程的預計總成本為5,000萬元。第一年，「工程施工——A工程」帳戶的實際發生額為2,200萬元。第二年，「工程施工——A工程」帳戶的實際發生額為2,300萬元，其中101萬元的材料已領用並運達施工現場，但尚未投入使用。年末預計為完成合同尚需發生成本800萬元。

合同完工進度計算如下：

$$第一年合同完工進度 = \frac{2,200}{5,000} \times 100\% = 44\%$$

$$第二年合同完工進度 = \frac{2,200 + 2,300 - 101}{2,200 + 2,300 + 800} \times 100 = 83\%$$

（2）根據已完成的合同工作量占合同預計總工作量的比例確定合同完工進度。其

計算公式如下：

$$合同完工進度 = \frac{已經完成的合同工作量}{合同預計總工作量} \times 100\%$$

這種方法適用於合同工作量容易確定的施工工程，如道路工程、土石方挖掘、砌築工程等。

(3) 根據實際測定的完工進度確定合同完工程度。該方法是在無法根據上述兩種方法確定合同完工進度時所採用的一種特殊的技術測量方法，適用於一些特殊的建造合同，如水下施工工程等。需要注意的是，這種方法的相關測量並不由建造承包商組織進行，而應由專業人員在現場進行科學測定。

(三) 完工百分比法的運用

採用以上方法所計算的完工進度實際上是累計完工進度。根據完工進度計量和確認當期收入和成本的公式如下：

當期確認的合同收入＝（合同總收入×完工進度）－以前會計年度累計已確認的收入

當期確認的合同毛利＝（合同總收入－合同預計總成本）×完工進度－以前會計年度累計已確認的毛利

當期確認的合同成本＝當期確認的合同收入－當期確認的合同毛利－以前會計年度預計損失準備

對於當期完成的建造合同，會計人員應當按照實際合同總收入扣除以前會計期間累計已確認收入後的金額，確認當期合同收入；同時，會計人員應按照累計實際發生的合同成本扣除以前會計期間累計已確認費用後的金額，確認為當期合同費用。

[例7-18] 某建築企業簽訂了一項總金額為2,700,000元的固定造價合同，合同完工進度按累計實際發生的合同成本占合同預計總成本的比例確定。工程已於2006年2月開工，預計2008年9月完工。最初預計的工程總成本為2,500,000元，到2007年年底，由於材料價格上漲，該企業調整了預計總成本，預計總成本達到了3,000,000元。該建築企業於2008年7月提前兩個月完成了建造合同，工程質量優良，客戶同意支付獎勵款300,000元。建造該工程的其他有關資料如表7-15所示。

表7-15　　　　　　　　　　　　　　　　　　　　　　　　　　　　　　　　單位：元

項目	2006年	2007年	2008年
累計實際發生成本	800,000	2,100,000	2,950,000
預計完成合同尚需發生成本	1,700,000	900,000	—
結算合同價款	1,000,000	1,100,000	900,000
實際收到價款	800,000	900,000	1,300,000

該建築企業對本項建造合同的有關帳務處理如下：

(1) 2006年的帳務處理

登記實際發生的合同成本：

借：工程施工——合同成本　　　　　　　　　　　　　　　　800,000
　　貸：原材料、應付職工薪酬、機械作業等　　　　　　　　800,000
登記已結算的合同價款：
借：應收帳款　　　　　　　　　　　　　　　　　　　　　1,000,000
　　貸：工程結算　　　　　　　　　　　　　　　　　　　　1,000,000
登記實際收到的合同價款：
借：銀行存款　　　　　　　　　　　　　　　　　　　　　　800,000
　　貸：應收帳款　　　　　　　　　　　　　　　　　　　　　800,000
確認計量當年的合同收入和費用，並登記入帳：

2006年的完工進度 = 800,000 ÷ (800,000 + 1,700,000) × 100% = 32%

2006年的合同收入 = 2,700,000 × 32% = 864,000（元）

2006年確認的合同費用 = (800,000 + 1,700,000) × 32% = 800,000（元）

2006年確認的合同毛利 = 864,000 - 800,000 = 64,000（元）

借：主營業務成本　　　　　　　　　　　　　　　　　　　　800,000
　　工程施工——合同毛利　　　　　　　　　　　　　　　　　64,000
　　貸：主營業務收入　　　　　　　　　　　　　　　　　　 864,000

（2）2007年的帳務處理
登記實際發生的合同成本：
借：工程施工——合同成本　　　　　　　　　　　　　　　1,300,000
　　貸：原材料、應付職工薪酬、機械作業等　　　　　　　1,300,000
登記已結算的合同價款：
借：應收帳款　　　　　　　　　　　　　　　　　　　　　1,000,000
　　貸：工程結算　　　　　　　　　　　　　　　　　　　　1,000,000
登記實際收到的合同價款：
借：銀行存款　　　　　　　　　　　　　　　　　　　　　1,100,000
　　貸：應收帳款　　　　　　　　　　　　　　　　　　　　1,100,000
確認計量當年的合同收入和費用，並登記入帳：

2007年的完工進度 = 2,100,000 ÷ (2,100,000 + 900,000) × 100% = 70%

2007年的合同收入 = 2,700,000 × 70% - 864,000 = 1,026,000（元）

2007年確認的合同費用 = (2,100,000 + 900,000) × 70% - 800,000
　　　　　　　　　　　 = 1,300,000（元）

2007年確認的合同毛利 = 1,026,000 - 1,300,000 = -274,000（元）

2007年確認的合同預計損失 = (2,100,000 + 900,000 - 2,700,000) × (1 - 70%)
　　　　　　　　　　　　　 = 90,000（元）

借：主營業務成本　　　　　　　　　　　　　　　　　　　1,300,000
　　貸：主營業務收入　　　　　　　　　　　　　　　　　 1,026,000
　　　　工程施工——合同毛利　　　　　　　　　　　　　　 274,000

借：資產減值損失 90,000
　　貸：存貨跌價準備 90,000

（3）2008年的帳務處理

登記實際發生的合同成本：

借：工程施工——合同成本 850,000
　　貸：原材料、應付職工薪酬、機械作業等 850,000

登記已結算的合同價款：

借：應收帳款 900,000
　　貸：工程結算 900,000

登記實際收到的合同價款：

借：銀行存款 1,300,000
　　貸：應收帳款 1,300,000

確認計量當年的合同收入和費用，並登記入帳：

2008年的合同收入＝(2,700,000＋300,000)－(864,000＋1,026,000)＝1,110,000（元）

2008年確認的合同費用＝2,950,000－800,000－1,300,000＝850,000（元）

2008年確認的合同毛利＝1,110,000－850,000＝－260,000（元）

借：主營業務成本 850,000
　　工程施工——合同毛利 260,000
　　貸：主營業務收入 1,110,000

2008年工程全部完工，應將「存貨跌價準備」科目相關餘額衝減「主營業務成本」，將「工程施工」科目的餘額與「工程結算」科目的餘額相對沖：

借：存貨跌價準備 90,000
　　貸：資產減值損失 90,000
借：工程結算 3,000,000
　　貸：工程施工——合同成本 2,950,000
　　　　　　　　——合同毛利 50,000

本章小結

本章主要介紹了商品流通企業和施工企業成本核算的特點與方法。

商品流通企業是指組織商品流轉、實現商品價值的獨立核算的經濟實體，主要分為批發企業和零售企業。商品流通企業成本主要包括商品採購成本、商品存貨成本、商品銷售成本。批發企業庫存商品的核算方法採用數量進價金額核算方法。確定已銷商品成本單價的方法有先進先出法、加權平均法、移動平均法、個別計價法、毛利率法等。批發企業還應按分散結轉和集中結轉的方法把商品銷售成本從庫存商品帳戶轉入成本帳戶。零售企業的商品採購和銷售成本一般採用「售價金額法」核算，應設置

「商品進銷差價」帳戶核算實際成本與售價之差。零售企業按進價反應商品的銷售成本，將已銷商品售價金額扣除進銷價差價後金額作為銷售商品的毛利。具體計算方法包括綜合差價率計算法和分類差價率計算法。

施工企業是指建造房屋和建築物以及進行設備安裝的生產單位。施工企業的施工工程分為建築工程和安裝工程。施工生產的特點決定了其成本核算的特點。施工企業應按單位工程確定計算對象，按完工進度分期確認合同成本並進行帳務處理。

謹記問題

1. 商品流通企業的資金運動與工業企業相同。
2. 施工企業的工程一般規模較大、生產週期長，因此一定要按工程進度核算成本。

思考與練習

一、單項選擇題

1. 商業批發企業的毛利率法，適用於計算（　　）已銷商品的進價成本。
   A. 各個月份　　　　　　　　B. 季末月份
   C. 1～11 月　　　　　　　　D. 每季度前兩個月

2. 某批發企業第二季度甲類商品銷售收入為 100,000 元，其已銷商品的進價成本為 80,000 元，7 月該類商品銷售收入為 36,000 元。該企業採用毛利率法計算的 7 月已銷商品的進價成本為（　　）。
   A. 7,200　　　　B. 28,800　　　　C. 20,000　　　　D. 16,000

3. 零售企業商品進銷差價率的計算公式為（　　）。

   A. 進銷差價率 = $\dfrac{本月商品差價餘額}{本月商品餘額 + 本月商品銷售收入} \times 100\%$

   B. 進銷差價率 = $\dfrac{月末分配前商品差價餘額}{月末庫存商品餘額 + 本月商品銷售收入} \times 100\%$

   C. 進銷差價率 = $\dfrac{本月商品差價餘額}{月末庫存商品餘額 + 本月商品銷售收入} \times 100\%$

   D. 進銷差價率 = $\dfrac{月末分配前商品差價餘額}{本月商品餘額 + 本月商品銷售收入} \times 100\%$

4. 零售企業採用售價金額核算法核算時，其庫存商品明細帳（　　）。
   A. 不記數量，只記金額　　　　　B. 按櫃組設置
   C. 按售價登記購進金額和銷售金額　D. 月末調整登記進銷差價

5. 零售企業採用售價金額核算法核算時，已銷商品應分攤的進銷差價是根據（　　）計算的。
   A. 本月商品銷售收入

B. 本季度商品的銷售收入

C. 進銷差價率 = $\dfrac{\text{月末分配前「商品差價」餘額}}{\text{月末庫存商品餘額 + 本月商品銷售收入}} \times 100\%$

D. 進銷差價率 = $\dfrac{\text{月末分配前「商品差價」餘額}}{\text{本月商品餘額 + 本月商品銷售收入}} \times 100\%$

6. 商品進銷差價率可以按（　　）計算。
   A. 商品品種、規格　　　　　B. 全部商品
   C. 櫃組　　　　　　　　　　D. 商品類別

7. 按售價進行庫存商品的核算，需要具備的條件的（　　）。
   A. 需要提供各種庫存商品的數量和進價金額
   B. 商品購進後能及時確定售價
   C. 商品售價較穩定
   D. 同一種商品在同一時間的售價統一

8. 結轉已銷商品應分攤的商品進銷差價時，應借記（　　）帳戶，貸記「主營業務成本」帳戶。
   A. 「材料採購」　　　　　　B. 「庫存商品」
   C. 「商品進銷差價」　　　　D. 「庫存商品」或「商品進銷差價」

9. 下列各項內容，不能計入工程施工成本的是（　　）。
   A. 週轉材料攤銷費　　　　　B. 購入施工材料所付增值稅額
   C. 行政管理人員工資　　　　D. 籌集生產經營資金所發生的費用

10. 在計算合同完工進度時，不應計入累計實際發生的合同成本的是（　　）。
    A. 根據分包工程進度支付的分包工程進度款
    B. 在分包工程的工作量完成之前預付給分包單位的款項
    C. 臨時設施攤銷費
    D. 施工現場材料二次搬運費

11. 施工企業下屬項目管理部門自有固定資產的折舊費，最終應計入「工程施工」（　　）成本項目。
    A. 機械使用費　　　　　　　B. 間接費用
    C. 其他直接費用　　　　　　D. 折舊及修理費

12. 完成施工合同後處置殘餘材料的收益應（　　）。
    A. 作為營業外收入　　　　　B. 作為其他業務利潤
    C. 衝減合同成本　　　　　　D. 作為合同收入

13. 施工企業核算施工合同成本的帳戶有（　　）。
    A. 「工程施工」　　　　　　B. 「工程結算」
    C. 「機械作業」　　　　　　D. 「製造費用」

二、核算題

練習一

（一）目的

練習商品批發企業已銷商品成本的毛利率法。
(二) 資料

某批發企業採用毛利率法計算商品銷售成本，該企業第二季度A類商品計劃毛利率為18.5%，4月初該類「庫存商品」帳戶餘額為42,000元，二季度商品購銷情況如下：

單位：元

月份	購入該類商品進價金額	商品銷售收入
4	85,000	110,000
5	172,000	190,000
6	95,000	120,000

該企業6月末對商品進行盤點，按個別進價法確定A類「庫存商品」帳戶餘額為139,500元。

(三) 要求

採用毛利率法計算並結轉該企業6月A類商品的銷售成本。

練習二

(一) 目的

練習商品零售企業已銷商品成本的計算。

(二) 資料

某零售企業B類商品7月初「庫存商品」帳戶的餘額為20,000元，商品進銷差價月初餘額為4,240元。本月購進該類商品的進價成本為56,000元，售價金額為70,000元。本月該類商品的銷售收入為68,000元。

(三) 要求

計算B類商品7月的進銷差價率及已銷商品進價成本。

練習三

(一) 目的

練習批發企業成本的計算。

(二) 資料

某批發中心採用進價金額法核算庫存商品，商品的單位售價為100元，上季度實際毛利率為28%，本月發生的商品購銷業務如下：

	數量（件）	單價（元）
上月結存	100	65
3日購入	200	66
8日銷售	120	
16日購入	150	68
18日銷售	260	
22日購入	200	70
28日銷售	150	

	數量（件）	單價（元）
本月結存	120	

（三）要求

根據以上資料採用毛利率法計算銷售成本。

練習四

（一）目的

練習施工企業成本的計算。

（二）資料

某施工單位20××年5月同時承包了甲、乙兩項土建工程。甲、乙工程均於本月開工，甲工程本月竣工，乙工程本月未竣工。

該施工單位本期發生如下費用：

1. 工資及獎金

單位：元

人員類別	計時工資	其他工資及獎金
機械操作工人	7,200	1,200
施工管理人員	16,870	6,240

單位：元

工程類別	計件工資	生產工時
甲工程	32,000	3,050
乙工程	28,700	2,560

2. 耗用各種材料的實際成本

單位：元

材料類別	甲工程	乙工程	施工機械	施工管理
主要材料	21,400	10,420		
結構件	58,000	88,950		
機械配件			27,800	22,000
週轉材料攤銷	12,000	15,000		

3. 計提的固定資產折舊及大修理費用

單位：元

部門	折舊費	大修理費用
施工機械	15,600	6,400

部門	折舊費	大修理費用
管理部門	10,230	5,050

4. 支付的水電費

單位：元

項目	甲工程	乙工程	施工機械	施工管理
水費	2,200	3,000	550	1,600
電費	1,400	2,000	600	2,200

5. 施工機械工作臺班定額

甲工程	乙工程
1,000 元/臺班	500 元/臺班

工程間接費用按各工程直接費用比例在甲、乙工程之間進行分配。

月末，該施工單位對乙工程未完工程進行盤點，結果見下表：

名稱	工作量（立方米）	折合率	分部分項工程預算單價		
			人工費（元）	材料費（元）	機械使用費（元）
基礎工程	1,000	50%	15	25	60

（三）要求

根據以上資料計算該施工單位本月已完工程的實際成本。

第八章　成本報表的編製與分析

教學目的與要求

通過本章的學習，學員應理解成本報表的概念、種類和作用，掌握全部產品生產成本表、主要產品單位成本表和各種費用報表的編製及分析方法。

本章重點提示

1. 全部產品生產成本表的編製和分析
2. 主要產品單位成本表的編製和分析

開篇小案例[①]

中國南車集團成都機車車輛廠是1952年創建的國有大型企業，目前已成為中國內燃機車、電力機車及客車的主要檢修基地之一，是中國南車集團的電機製造基地之一。作為國內首家內燃機車大修廠，工廠長期致力於鐵路軌道交通設備的製造和修理事業。該廠的核心能力突出，發展至今，已形成了電機製造、機車大修、客車修理三大支柱產品系列。由於鐵道部機車檢修技術標準提高，主要原材料價格大幅上漲以及原有的成本管理存在較多問題，使得該廠的產品成本居高不下。2006年該廠對電機製造業務實施了流程再造，推行電機製造部主件核算。但流程再造後，該廠的產品種類增多，加大了成本核算的工作量，材料費用分配的人為因素增加，成本核算不準確，無法準確進行電機成本分析。因此，該廠就更需要採用有效的手段和措施來降低生產成本。為此，2006年5月，生產車間實行了機車檢修控制領料，新造電機按定額領料，成本管理核算和成本考核分步進行的管理措施。也就是說，該廠的生產車間在同一套帳中進行財務、物流、生產、成本的統一核算，領料以實際價結算，在物料基礎資料中保留計劃價。經過幾個月的努力，定額領料、控制領料使單位產品成本、商品產品總成本降低，並且由計劃成本核算轉為實際成本核算，也提高了該廠的市場反應能力。現在該廠對成本採取事先計劃、事中控制、事後分析的原則。綜合管理部門負責進行成本預算，財務部門在執行預算的過程中即時監控，通過實際成本與計劃成本對比分析，達到不斷降低成本的目的。

根據以上案例，請思考：

1. 應怎樣進行產品成本分析，以達到降低成本的目的？
2. 應怎樣進行全部產品成本計劃完成情況的分析？

[①] 本案例根據中國南車集團成都機車車輛廠2006年的有關資料整理。

第一節　成本報表的作用和種類

一、成本報表的作用

　　成本報表是根據企業日常會計核算資料歸集、加工、匯總編製的，用來反應企業一定時期產品成本和期間費用水準及其構成情況的報告文件。編製成本報表是成本會計的一項重要內容。通過編製和分析成本報表，企業可以考核成本、費用計劃的執行情況，尋找降低成本、費用的途徑。因此，成本報表的作用主要有：

　　(1) 成本報表可以綜合反應企業報告期內的成本費用水準。產品的生產過程同時也是生產的耗費過程。生產經營過程要發生各種耗費，產品成本和費用是綜合反應生產耗費的指標。企業的材料、人工等各種耗費，都直接或間接地在產品成本和費用中體現。通過編製成本報表，企業能夠及時發現在生產、技術、質量、管理等方面取得的成績和存在的問題，並在此基礎上進行成本費用分析，達到降低產品成本，提高經濟效益的目的。

　　(2) 成本報表是評價和考核企業內部成本管理業績的重要依據。企業利用成本報表，可以考核各有關部門和人員執行成本計劃、預算的業績和過失，並在此基礎上獎勵先進，鞭策後進，增強職工的崗位責任感，有利於企業成本的降低，並為以後編製成本計劃提供依據。

　　(3) 成本報表是加強成本控制的重要工具。企業通過編製成本報表，可以為管理者及時提供成本信息，使管理者及時掌握成本計劃執行的情況及存在的差異，為成本控制服務，為企業預測、決策服務。

　　(4) 成本報表是企業編製下期成本計劃的重要依據。成本報表能為企業制定標準化成本指標提供有益的參考；通過成本報表對有關控制指標進行量化，能為企業制定將來的成本計劃提供科學的依據。

二、成本報表的種類

　　會計制度沒有要求企業對外報送或公開成本報表，因此成本報表作為企業的一種內部管理報表，它的種類、格式、內容以及編報時間應由企業根據生產經營的特點和內部管理的要求，自行確定。由於成本會計報表具有種類多、短期及時、涉及面廣、與生產工藝過程緊密聯繫等特點。所以，不僅企業之間的成本報表各不相同，就是同一企業在不同時期也可能設置不同的成本報表。企業普遍採用的成本報表有：全部產品成本表、主要產品單位成本表、各種費用預算執行情況表等。

　　成本報表按其反應內容的不同又可分為反應費用支出情況的成本報表和反應成本計劃執行情況的成本報表兩大類。

　　(一) 反應費用支出情況的成本報表

　　反應費用支出情況的成本報表主要有製造費用、管理費用、銷售費用和財務費用

明細表等。通過反應費用支出情況的成本報表，企業可以瞭解在一定期間內費用支出的總額及其構成情況，瞭解費用支出的合理程度和變化趨勢，從而有利於企業主管部門正確制定費用預算，考核各項消耗和支出指標的完成情況，明確各有關部門和人員的經濟責任。

（二）反應成本計劃執行情況的成本報表

反應成本計劃執行情況的成本報表主要有：全部產品成本表、主要產品單位成本表及成本報表中的一些分析表。企業通過反應成本計劃執行情況的成本報表，可以評判企業為生產一定產品所花的成本是否達到預定的要求。這些報表將報告期實際的成本水準與計劃水準和歷史水準作比較，以反應企業成本管理的成效，並為管理人員進行成本分析和進一步挖掘降低成本的潛力提供資料。

成本報表按編報時間還可分為年報、季報、月報、旬報、周報、日報、班報等。

此外，各企業還可以根據其生產特點和管理要求，對上述成本報表作必要的補充，也可以結合本企業經營決策的實際需要，編製其他必要的成本報表。

第二節　成本報表編製和分析的方法

一、成本報表的編製

（一）成本報表的編製要求

為了提高成本信息的質量，充分發揮成本報表的作用，成本報表的編製應符合下列基本要求：

（1）真實性，即成本報表的指標數字必須真實可靠，能如實地集中反應企業實際發生的成本費用。為此，成本報表必須根據審核無誤的帳簿資料編製，不得隨意使用估計或推算的數據，更不能弄虛作假，篡改數字，也不能為了趕編成本報表而提前結帳，否則將有悖於真實性原則。

（2）一貫性，即不同時期的會計處理方法及成本會計報表填製方法的差別，會造成成本信息的差異，這必將給成本信息使用者的決策帶來不利的影響。因此，企業對各期都需要編製的成本會計報表，其前後會計處理應保持一致，不得任意變更。

（3）正確性，即成本報表的指標數字要計算正確。各種成本報表之間、主表與附表之間、各項目之間，凡是有勾稽關係的數字，應相互一致；本期報表與上期報表之間有關的數字應相互銜接。

（4）完整性，即應編製的各種成本報表中填列的指標和文字說明必須全面。各種成本報表的表內項目和表外補充資料不論根據帳簿資料直接填列，還是分析計算填列，都應當完整無缺，不得隨意取捨。對某些重要的成本資料，會計人員也可以採用在相關項目內用括號註明、加附註或其他形式進行說明。

（5）及時性，即企業應及時收集、整理成本信息，及時編製、報送成本報表。在

信息技術飛速發展和競爭日益加劇的今天，管理當局對成本信息的及時性要求越來越高，這就要求企業必須及時收集、處理有關成本信息，及時編報成本報表，及時反應成本變化趨勢，以滿足企業加強內部經營管理的需要。

(二) 成本報表的編製方法

由於成本報表種類繁多，並且每一種報表的編製方法又有所不同。因此，成本報表的具體編製方法將在下面的章節介紹。

二、成本報表的分析方法

(一) 成本分析的作用

成本分析是利用成本核算及其他相關資料，對成本水準及其構成的變動情況進行分析與評價，以提示影響成本升降的各種因素變動的原因，尋找降低成本的潛力。成本分析是成本會計的重要組成部分，是成本管理工作的重要環節。因此企業應該採用專門的方法進行成本分析。成本分析具有以下重要作用：

(1) 成本分析可以揭示和測定成本變動的影響因素及其程度，幫助企業正確認識和掌握成本變動的規律性，有利於企業降低成本。

(2) 企業通過成本分析可以對成本計劃的執行情況進行檢查，發現、糾正、消除成本形成中的偏差，以提高企業的成本管理水準。

(3) 企業通過成本分析還可以充分瞭解成本信息，並據此編製成本計劃和制定經營決策，提出未來成本管理工作的努力方向。

(二) 成本分析的任務

企業成本分析的任務主要有如下幾項：
(1) 提示成本差異原因，掌握成本變動規律。
(2) 合理評價成本計劃完成情況，正確考核成本責任單位的工作業績。
(3) 檢查企業是否貫徹執行了國家的有關方針、政策和財經法規。
(4) 挖掘降低成本的潛力，不斷提高企業的經濟效益。

(三) 成本分析的主要方法

成本分析根據管理要求的不同包括不同的內容，可以是單一項目的分析或綜合分析，也可以就某一產品或全部產品進行分析。在成本分析中，會計人員需要採用各種分析方式與手段，即分析方法。常用的成本分析方法有對比分析法、趨勢分析法、比率分析法和因素分析法等。

1. 對比分析法

對比分析法又稱比較法或指標對比法。在實際工作中，這一方法得到了廣泛應用。它是通過對相互關聯的經濟指標的對比來確定數量差異的一種方法。會計人員通過成本對比，揭露矛盾，尋找差距，發現問題，進一步分析形成差距的原因，挖掘企業降低成本的潛力，指明成本管理的努力方向。對比分析法主要有以下形式：

（1）實際指標與計劃指標對比

會計人員通過實際指標與計劃指標的比較，可以分析計劃的完成情況，發現差異，為糾正偏差服務。

（2）本期指標與上期或歷史指標比較

會計人員通過比較可分析本期與上期、本期與歷史最好水準的差異，可以觀察企業成本的變化趨勢和企業的經營管理情況等。

（3）本單位指標與同行業先進水準、國際先進水準比較

此項對比，可反應本企業與國內、國際先進水準的差距，為企業明確努力方向、挖掘降低成本的潛力服務，為提高企業經濟效益服務。

進行比較分析，必須注意指標之間的可比性。對比指標的計算口徑、計算時間長短、計價標準，應該建立在可比的基礎上。進行同類行業的比較，應注意技術經濟上的可比性；進行國際間的比較，要注意不同的社會條件。進行指標比較，可以用絕對指標，也可用相對指標。

2. 趨勢分析法

趨勢分析法是根據企業兩期或連續多期的財務報表，比較各指標前後各期的增減方向和幅度，分析成本變化及趨勢的分析方法。運用趨勢分析法通常要求計算趨勢百分比。計算趨勢百分比有兩種方法，即定比法和環比法。

定比法是選定某一年作為基期，然後將其餘各年與基期比較，計算出趨勢百分數。由於這樣計算出的各會計期間的趨勢百分數，均是以基期為計算基準的，所以能夠明確地反應出有關項目和基期相比發生了多大變化。

環比法是指將項目的本年數和前一年數相比較，從而計算出的趨勢百分比，由於它以前一期作基數，因而能更明確地說明項目的發展變化速度。

趨勢分析法在具體運用時主要進行以下三個方面的比較：

（1）重要財務指標的比較。重要財務指標的比較是將不同時期財務會計報告中的相同指標或比率進行比較，以直接觀察其絕對額或比率的增減變動情況及變動幅度，考察有關業務的發展趨勢，預測其發展前景。

對不同時期的財務指標，可以通過計算動態比率指標來進行比較，如利潤增長百分比。由於採用的基期數不同，所計算的動態比率指標可有兩種：定基動態比率和環比動態比率。定基動態比率是以某一時期的數額為固定的基期數額而計算出來的動態比率；環比動態比率是以每一分析期的前期數額為基期數額而計算出來的動態比率。其計算公式如下：

$$\text{定基動態比率} = \frac{\text{分析期數額}}{\text{固定基期數額}}$$

$$\text{環比動態比率} = \frac{\text{分析期數額}}{\text{前期數額}}$$

（2）會計報表金額的比較。這是將連續數期的會計報表的金額數字並列起來，比較其相同指標增減變動的金額和增減變動的幅度，以說明企業財務狀況和經營成果發展變化的一種方法。

（3）會計報表構成的比較。會計報表百分比比較是在會計報表比較的基礎上發展而來的。它是以會計報表中的某個總體指標作為100％，再計算出其各組成指標占該總體指標的百分比，比較各個項目百分比的增減變動，以此判斷有關財務活動的變化趨勢。這種方法既可用於同一企業不同時期財務狀況的縱向比較，也可用於不同企業之間或行業平均數之間的橫向比較。這種方法能消除不同時期或不同企業之間業務規模差異的影響，有利於分析企業的耗費水準和盈利水準。

採用趨勢分析法需要注意以下幾個問題：

（1）同其他分析方法一樣，用以進行對比的各個時期的指標，在計算口徑上必須一致。因經濟政策、財務制度發生重大變化而影響指標內容時，會計人員應將指標調整為同一口徑。

（2）因天災人禍等偶然因素對財務活動產生特殊影響時，會計人員分析時應將這類特殊影響剔除，必要時對價格變動因素也要加以調整。

（3）會計人員在分析中如發現某項財務指標在一定時期內有顯著變動，應將其作為分析重點，研究變動產生的原因，以便採取對策，趨利避害。

3. 比率分析法

比率分析法通過計算相關項目之間的比率，來分析評價企業成本狀況和經營中存在的問題，並且根據不同指標的相關性來揭示項目間的內在聯繫。據以計算相關比率的項目應當確實相關，這樣才能反應各數值之間的比例是否合理正常，才能為成本控制、協調各環節的平衡服務。比率分析所使用的標準一般有以下幾種：

（1）絕對標準。絕對標準是人們公認的那些標準，不論哪一個企業或任何時間都是適用的。

（2）本企業歷史標準。歷史標準可以指明企業所分析的項目與過去相比，是有所改進還是正在惡化。如果現在比過去情況有所改變，企業應根據已發生的變化來調整過去的歷史標準，以便正確進行比較。

（3）同行業標準。有些行業按企業規模和經營條件制定出不同類型企業的標準作為對行業內企業的評價依據。儘管各企業的情況不完全相同，但以這些指標作為比較的基礎，對於企業決策還是有一定的參考價值的。

（4）本企業制定的目標標準。這種標準對一些新企業、新產品或一些特殊業務很有用，也可以作為一般企業改進某些方面經營活動的奮鬥目標。

根據分析內容和要求的不同，比率分析法主要進行以下方面的分析：

（1）相關比率分析，就是將某個項目與其他有關但又不同的項目加以對比，求出比率，以便更深入地認識某方面的生產經營情況。

（2）趨勢比率分析，就是將幾個時期同類指標的數字進行對比以求出比率，分析該項指標的增減速度和發展趨勢，以判斷企業某方面業務的發展趨勢，並從其變化中發現企業在經營方面的成果或不足。

（3）構成比率分析，就是確定某一經濟指標各個組成部分占總體的比重，觀察其構成內容及變化，以掌握該項經濟活動的特點和變化趨勢。

採用比率分析法，對比率指標的使用應該注意以下問題：

（1）比率指標中的對比指標要有相關性。比率指標從根本上來說都是相關比率指標。對比的指標必須有關聯性，把不相關的指標進行對比是沒有意義的。相關指標中的兩個對比指標也要有內在聯繫，才能據此評價有關經濟活動是否協調均衡，安排是否合理。

（2）比率指標中對比指標的計算口徑要一致。同比較法一樣，在同一比率中的兩個對比指標在計算時間、計算方法、計算標準上應當口徑一致。

（3）所採用的比率指標要有對比的標準。會計人員能從比率指標的相互聯繫中，揭露企業財務活動的內在關係，但比率指標所反應的只是企業某一時點或某一時期的實際情況。為了說明問題，會計人員還需要選用一定的標準與之對比，以便對企業的財務狀況做出評價。通常用作對比的標準有絕對標準、企業歷史標準、同行業標準、企業制定的目標標準。

比率分析法計算簡便，而且其結果也比較容易判斷。利用比率指標，會計人員可以對不同規模的企業進行比較，甚至也能在一定程度上進行跨行業的比較。

4．因素分析法

因素分析法是將某一綜合指標分解為若干相互聯繫的因素，並分別計算、分析各因素影響程度的方法。利用因素分析法對綜合性指標的變動進行分析，首先應確定該指標的組成因素，並建立各因素與綜合指標的函數關係，然後根據分析目的，選擇適當的方法分析，測定各因素的變動對指標的影響程度。連環替代法是最常用的因素分析法。

連環替代法又稱連鎖替代法，它的基本程序如下：

（1）確定分析指標，並確定影響指標變動的各個因素。

（2）按各影響因素的內在邏輯關係，確定排列順序。

（3）以計劃（或基期）指標為基礎，按預定的順序，依次將每一因素的計劃（或基期）數替換為實際數，並且有多少個因素就要替換多少次。替換過的因素固定在實際數上，未替換過的因素固定在計劃（或基期）數上。每次替換後，應將該因素的變動結果與這一因素被替換前的結果進行對比，兩者的差額，就是這一因素變動對指標的影響程度。

（4）將各項因素對指標的影響程度數值相加，應等於分析指標實際數與計劃（或基期）數的差異總額。

（5）進行綜合分析評價。

［例8-1］以某企業甲產品的材料費用為例，說明連環替代法的運用，相關資料如下：

該企業計劃生產甲產品200件，每件消耗材料100千克，計劃單價為5元；實際生產量為250件，每件消耗材料105千克，實際單價為8元。

影響材料費用的因素有產量、單耗和材料單價三個因素。

甲產品的材料費用＝產量×單耗×單價

甲產品的計劃材料費用＝200×100×5＝100,000（元）

甲產品的實際材料費用 = 250×105×8 = 210,000（元）

甲產品的材料費用超支 110,000 元。這是產量、單耗和材料單價三個因素共同影響的結果。利用連環替代法計算各因素的影響程度如下：

計劃材料費用 = 200×100×5 = 100,000（元）

第一次替代：250×100×5 = 125,000（元）

產量增長對材料費用的影響 = 125,000 - 100,000 = 25,000（元）

第二次替代：250×105×5 = 131,250（元）

單耗變動對材料費用的影響 = 131,250 - 125,000 = 6,250（元）

第三次替代：250×105×8 = 210,000（元）

單價變動對材料費用的影響 = 210,000 - 131,250 = 78,750（元）

三個因素影響數值之和 = 25,000 + 6,250 + 78,750 = 110,000（元）

從以上分析可以看出，甲產品材料費用超支 110,000 元，主要是由於材料單價提高，使材料總成本增加 78,750 元；產品產量增加，使材料總成本增加 25,000 元；材料單耗增加，使材料總成本增加 6,250 元。

5. 差額計算分析法

差額計算分析法是連環替代分析法的簡化計算方法。其特點是根據連環替代分析法的基本原理，首先確定某因素實際數與計劃（或基期）數的差額，然後乘以函數關係式中排在該因素前面的各個因素的實際數和排在該因素後面的各個因素的計劃（或基期）數，所得乘積就是該因素變動對分析指標的影響數值。

[例 8-2] 仍用前例的資料，採用差額計算分析法計算各因素變動對材料成本的影響程度。

總差異 = 210,000 - 100,000 = 110,000（元）

計劃材料總費用 = 200×100×5 = 100,000（元）

由於產量增加導致的材料總費用增加 =（250 - 200）×100×5 = 25,000（元）

由於單耗增加導致的材料總費用增加 = 250×（105 - 100）×5 = 6,250（元）

由於單價增加導致的材料總費用增加 = 250×105×（8 - 5）= 78,750（元）

以上結果表明，差額計算分析法與連環替代分析法計算的結果完全相同，但卻簡化了計算步驟。因此，此法在實際工作中應用廣泛。

第三節 全部產品生產成本表的編製和分析

一、全部產品生產成本表的編製

全部產品生產成本表是反應企業在一定時期內因生產產品而發生的全部生產費用的報表，包括按成本項目反應的生產成本表和按產品品種反應的生產成本表。

(一) 按成本項目反應的產品生產成本表

1. 按成本項目反應的產品生產成本表的作用

按成本項目匯總的全部產品生產成本表，可以反應企業在一定時期內全部產品的生產成本發生情況；可以幫助企業考核全部產品成本計劃的執行結果，瞭解產品成本升降的情況；可以揭示成本差異，幫助企業分析成本差異產生的原因，挖掘降低產品成本的潛力。

2. 按成本項目反應的產品生產成本表的結構

該表可以分為生產費用和產品生產成本兩部分。生產費用部分按照成本項目反應報告期內發生的各項生產費用及其合計數；產品生產成本部分是在生產費用合計的基礎上，加上在產品、自制半成品期初餘額，減去在產品和自制半成品的期末餘額，所算出的產品生產成本合計數。該表分為上年實際、本年計劃、本月實際、本年累計四欄。報表格式如表8-1所示。

表8-1　　　　　　　　　　　　　　**產品生產成本表**

20××年×月　　　　　　　　　　　　　　　　單位：元

項目＼成本項目	上年實際	本年計劃	本月實際	本年累計
生產費用：				
直接材料				
直接人工				
製造費用				
生產費用合計				
加：在產品、自制半成品期初餘額				
減：在產品、自制半成品期末餘額				
產品生產成本合計				

3. 按成本項目反應的產品生產成本表的編製方法

該表中的上年實際數應根據12月的本表本年累計實際數填列；本年計劃數應根據有關的成本計劃資料填列；本月實際數根據有關的產品成本或費用明細帳實際發生額填列；本年累計實際數應根據本月實際數，加上上月本表的本年累計實際數計算填列。

(二) 按產品品種反應的產品生產成本表

1. 按產品品種反應的產品生產成本表的作用

按產品種類匯總的全部產品生產成本表，反應了工業企業在一定時期內生產的全部產品的單位成本和總成本，可以幫助企業考核各種產品和全部產品成本計劃的執行情況，分析各種可比產品成本降低計劃的執行結果，促使企業採取有效措施，不斷降低產品成本，為進行產品單位成本分析指明方向。

2. 按產品品種反應的產品生產成本表的結構

該表由基本報表和補充資料兩部分構成。基本報表部分可分為實際產量、單位成本、本月總成本和本年累計總成本四部分。表中按照產品種類分別反應本月產量、本年累計產量，以及上年實際成本、本年計劃成本、本月實際成本和本年累計實際成本。不可比產品不反應上年成本資料，可比產品反應上年成本資料。報表格式如表 8-2 所示。

表 8-2　　　　　　　　　　　　　　產品生產成本表
20××年×月　　　　　　　　　　　　　　單位：元

產品名稱	計量單位	實際產量		單位成本				本月總成本			本年累計總成本		
		本月	本年累計	上年實際平均	本月計劃	本月實際	本年累計實際平均	按上年實際單位成本計算	按本年計劃單位成本計算	本期實際	按上年實際單位成本計算	按本年計劃單位成本計算	本年實際
元	①	②	③	④	⑤=⑨÷①	⑥=⑫÷②	⑦=①×②	⑧=①×④	⑨	⑩=②×③	⑪=②×④	⑫
可比產品成本合計													
其中：甲													
乙													
不可比產品成本合計													
其中：丙													
丁													
全部產品成本													

補充資料：
①可比產品成本降低額（計劃降低額）；
②可比產品成本降低率（計劃降低率）；
③按現行價格計算的商品產值；
④產值成本率。

3. 按產品品種反應的產品生產成本表的編製方法

基本報表部分的編製方法如下：各種產品的本月實際產量，根據相應的產品成本明細帳列；本年累計實際產量，根據本月實際產量，加上上月本表的本年累計實際產量計算填列；上年實際成本根據上年本表所列資料填列；本年計劃成本，根據本年度成本計劃填列；本月實際成本，根據產品成本明細帳或產成品成本匯總表填列；本年累計實際成本，根據產品成本明細帳或產成品成本匯總表本年各月產成品成本計算填列。不合格品，應單獨列一行。

補充資料部分的填製方法如下：

（1）可比產品成本降低額

可比產品成本降低額是指可比產品的累計實際總成本與按上年實際單位成本計算的總成本相比降低的數額。

可比產品成本降低額＝可比產品成本按上年實際單位成本計算的總成本－可比產品本年累計實際總成本

（2）可比產品成本降低率

可比產品成本降低率是指可比產品成本降低額與可比產品按上年實際單位成本計算的總成本的比率。

可比產品成本降低率＝可比產品成本降低額÷可比產品成本按上年實際單位成本計算的總成本

（3）可比產品成本計劃降低額

可比產品成本計劃降低額是指可比產品按計劃產量和上年實際單位成本計算的總成本，減去可比產品按計劃產量和計劃單位成本計算的總成本。

可比產品成本計劃降低額＝可比產品按計劃產量和上年實際單位成本計算的總成本－可比產品按計劃產量和本年計劃單位成本計算的總成本

（4）可比產品成本計劃降低率

可比產品成本計劃降低率是指可比產品成本計劃降低額與可比產品按計劃產量和上年實際單位成本計算的總成本的比率。

可比產品成本計劃降低率＝可比產品成本計劃降低額÷可比產品按計劃產量和上年實際單位成本計算的總成本

（5）全部產品成本

全部產品成本＝可比產品實際（計劃）總成本＋不可比產品實際（計劃）總成本

（6）按現行價格計算的商品產值

按現行價格計算的商品產值是指按現行價格計算的商品產品的總價值。

（7）產值成本率

產值成本率是指產品總成本與商品產值的比率，通常以每百元商品產值的總成本來表示。

產值成本率（元/百元）＝全部產品成本÷商品產值×100

二、產品成本表的分析

（一）全部產品成本計劃完成情況的分析

企業全部產品包括可比產品和不可比產品，可比產品是企業過去正式生產過的，有歷史成本資料的產品；不可比產品是企業以前未正式生產過的，沒有歷史成本資料的產品。可比產品的成本分析可與歷史成本比較，也可與計劃成本比較；不可比產品的成本分析則只能將實際成本與計劃成本比較。所以，全部產品成本分析，不能將本年實際總成本與上年實際總成本比較，只能將實際總成本同計劃總成本對比。

但實際總成本是根據實際產量乘實際單位成本計算的，而計劃總成本是根據計劃產量乘計劃單位成本計算的，總成本的升降不僅受單位成本變動的影響，而且還受產量變動的影響。為了使成本對比指標具有可比性，會計人員在分析全部產品成本計劃

完成情況時，應剔除產量變動對成本計劃完成情況的影響，對實際總成本、計劃總成本一律按實際產量來計算。

全部產品成本計劃完成情況的分析，是一種總括性的分析，在實際工作中，根據管理的需要，可按成本項目和產品類別進行分析，分別確定成本的降低額和降低率。其計算公式如下：

成本降低額＝計劃總成本－實際總成本
　　　　　＝∑（實際產量×計劃單位成本）－∑（實際產量×實際單位成本）

成本降低率＝成本降低額／∑（實際產量×計劃單位成本）×100%

1. 按成本項目分別分析

這種分析是按成本項目匯總全部產品的總成本，將實際總成本與計劃總成本對比，確定各成本項目的降低額和降低率。會計人員可通過編製產品成本分析表來進行這種分析。產品成本分析表的格式如表8-3所示。

表8-3　　　　　　　　全部產品成本分析表（按成本項目）

20××年×月　　　　　　　　　　　　　單位：元

成本項目	全部產品成本		降低指標	
	計劃	實際	降低額	降低率（%）
直接材料	120,000	110,000	+10,000	8.33
直接人工	54,000	54,000	-4,000	-8
製造費用	50,000	50,000	+2,800	5.3
總成本	222,800	214,000	+8,800	3.95

全部產品成本計劃完成情況：

總成本降低額＝222,800－214,000＝8,800（元）

總成本降低率＝8,800÷222,800×100%＝3.95%

表8-3顯示，總成本降低8,800元，降低率為3.95%，但從成本項目來看，則有升有降。其中，直接材料降低幅度較大，達到8.33%；其次是製造費用，降低率為5.3%；直接人工的增加幅度較大，達到8%。因此，會計人員對這些成本項目升降的原因要做進一步分析，以便採取相應措施，擴大有利差異，消除不利差異。

如果企業生產的產品全部是可比產品，企業在按成本項目進行全部商品產品成本分析時，還可採取本年實際與上年實際相比較的方式，以便從總體上瞭解各成本項目的差異。

2. 按產品類別分析

這種分析是按產品類別，分別確定可比產品、不可比產品和全部產品成本的降低額和降低率。對全部產品成本計劃完成情況的分析，主要目的是評價全部產品成本的升降情況，查明影響成本升降的因素，為進一步進行成本分析奠定基礎。對全部產品成本計劃完成情況的分析，可通過編製產品成本表進行。其格式如表8-4所示。

表 8-4　　　　　　　　　全部產品成本分析表（按產品類別）

20××年×月　　　　　　　　　　　單位：元

產品名稱	計量單位	產量（件）		單位成本			總成本			降低指標	
		計劃	實際	上年	計劃	實際	按上年計算	按計劃計算	按實際計算	降低額	降低率（%）
可比產品								114,000	108,000	6,000	5.26
A產品	件	400	500	200	180	170	100,000	90,000	85,000	5,000	5.26
B產品	件	180	200	140	120	115	28,000	24,000	23,000	1,000	5.58
不可比產品										-2,000	4.17
C產品	臺	160	200		150	160		30,000	32,000	-2,000	-6.67
全部產品成本								144,000	140,000	4,000	2.78

表 8-4 顯示，全部產品總成本比計劃降低 4,000 元，降低率為 2.78%。其中，可比產品成本降低 6,000 元，降低率為 5.26%；不可比產品成本超支 2,000 元，超支率為 6.67%。雖然總的來說企業完成了產品成本計劃降低任務，但在超額完成成本中卻隱藏 C 產品的成本超支。對此，企業應進一步分析各項產品成本計劃完成的原因和超支的原因。

（二）可比產品成本降低任務完成情況的分析

可比產品成本降低任務完成情況的分析，就是將本年可比產品的實際成本與按計劃產量和上年實際單位成本計算的總成本相比較，以確定計劃成本的降低額和降低率，進而確定各項因素的影響程度，為挖掘潛力和降低成本服務。

計劃成本和實際成本降低指標計算公式如下：

計劃成本降低額 = Σ［計劃產量 ×（上年實際單位成本 - 本年計劃單位成本）］

計劃成本降低率 = 計劃成本降低額 ÷ Σ（計劃產量 × 上年實際單位成本）× 100%

實際成本降低額 = Σ［實際產量 ×（上年實際單位成本 - 本年實際單位成本）］

實際成本降低率 = 實際成本降低額 ÷ Σ（實際產量 × 上年實際單位成本）× 100%

［例 8-3］某廠對其生產的兩種可比產品 A 和 B 進行成本降低任務完成情況分析，相關資料如下：

表 8-5　　　　　　　　　　產品計劃成本資料

20××年×月　　　　　　　　　　　單位：元

產品名稱	計劃產量（件）	單位成本		總成本		計劃降低任務	
		上年	計劃	上年	計劃	降低額	降低率（%）
可比產品 A	2,000	100	95	200	190	10	5
可比產品 B	1,200	190	180	228	216	12	5.26
合計				428	406	22	5.14

215

表8-6　　　　　　　　　　　　**產品實際成本資料**

20××年×月　　　　　　　　　　　　　　單位：元

產品名稱	實際產量（件）	單位成本 上年	單位成本 計劃	總成本 上年	總成本 計劃	降低任務 降低額	降低任務 降低率（%）
可比產品 A	2,500	100	94	250	235	15,000	6
可比產品 B	1,400	190	178	266	249.2	16,800	6.32
合計				516	484.2	31,800	6.16

根據表8-5和表8-6，我們可以計算分析成本降低任務的完成情況。

計劃成本降低額 = (2,000×100 + 1,200×190) − (2,000×95 + 1,200×180)
　　　　　　　　= 22,000（元）

計劃成本降低率 = 22,000 ÷ (2,000×100 + 1,200×190) × 100%
　　　　　　　　= 5.14%

實際成本降低額 = (2,500×100 + 1,400×190) − (2,500×94 + 1,400×178)
　　　　　　　　= 31,800（元）

實際成本降低率 = 31,800 ÷ (2,500×100 + 1,400×190) × 100%
　　　　　　　　= 6.16%

可比產品實際成本降低額為 31,800 元，比計劃降低額多降低了 9,800 元 (31,800 − 22,000 = 9,800)；可比產品實際成本降低率為 6.16%，比計劃多降低了 1.02% (6.16% − 5.14% = 1.02%)，該企業超額完成可比產品的成本降低任務。

為了對可比產品成本降低任務的完成情況作進一步分析，企業還應進一步分析影響成本降低任務完成情況的因素。影響可比產品成本降低任務完成情況的因素概括起來有三個，即產品產量、產品品種結構和產品單位成本。

(1) 產量變動對成本降低額的影響

產量變動會影響成本降低額。如果品種結構不變，產品單位成本不變，則成本降低率不受產量變動的影響。

產量變動對成本降低額的影響 = [∑(實際產量 × 上年實際單位成本) − ∑(計劃產量 × 上年實際單位成本)] × 計劃成本降低率

= ∑[(實際產量 − 計劃產量) × 上年實際單位成本] × 計劃成本降低率

根據表8-5和表8-6，計算例8-3中產量變動對成本降低額的影響：

產量變動對成本降低額的影響 = [(2,500 − 2,000) × 100 + (1,400 − 1,200) × 190] × 5.14%

= 4,523.2(元)

(2) 產品品種結構對成本降低額的影響

全部可比產品的成本降低率實質上是根據各種產品的個別成本降低率，以各種可

比產品的品種結構比重為權數，計算出來的平均成本降低率。品種結構的變化會影響平均成本降低率，從而影響總的成本降低額。其計算公式如下：

品種結構變動對成本降低額的影響
= Σ［實際產量×（上年單位成本－計劃單位成本）］－Σ（實際產量×上年實際單位成本）×計劃成本降低率

品種結構變動對成本降低率的影響
= 品種結構變動對成本降低額的影響÷Σ（實際產量×上年實際單位成本）

根據例8-3的資料，計算品種結構變動對成本降低額和成本降低率的影響：

品種結構變動對成本降低額的影響
=［2,500×（100－95）+1,400×（190－180）］－（2,500×100+1,400×190）×5.14%
=－22.4（元）

品種結構變動對成本降低率的影響
=－22.4÷（2,500×100+1,400×190）×100%
=－0.004,3%

（3）單位成本對成本降低額與降低率的影響

單位成本的高低對可比產品成本降低的影響是最直接的，實際單位成本下降越多可比產品成本降低額和降低率越大，反之亦然。其計算公式如下：

單位成本變動對成本降低額的影響
= Σ［實際產量×（計劃單位成本－實際單位成本）］

單位成本變動對成本降低率的影響
= 單位成本變動對成本降低額的影響÷Σ（實際產量×上年實際單位成本）

根據例8-3的資料，計算單位成本變動對成本降低額和成本降低率的影響：

單位成本變動對成本降低額的影響
=2,500×（95－94）+1,400×（180－178）
=5,300（元）

單位成本變動對成本降低率的影響
=5,300÷（2,500×100+1,400×190）×100%
=1.027%

第四節　主要產品單位成本表的編製和分析

一、主要產品單位成本表的編製

（一）主要產品單位成本表的作用

主要產品單位成本表一般是反應企業在報告期內生產的各種主要產品單位成本構

成情況的報表。該表應按主要產品分別編製，並按各產品的成本項目填列。它是對產品生產成本表的補充說明。主要產品是指企業經常生產、在企業全部產品中所占比重比較大、能概括反應企業生產經營面貌的那些產品。

企業利用此表，可以按照成本項目分析和考核主要產品成本計劃的執行情況；可以按照成本項目將本月實際單位成本和本年累計實際平均單位成本，與上年實際平均單位成本和歷史先進水準進行對比，瞭解單位成本的變動情況；可以分析和考核各種主要產品單位成本的主要技術經濟指標的執行情況，進而查明主要產品單位成本升降的具體原因。

（二）主要產品單位成本表的結構

該表按每種主要產品分別設置，一般由表頭、基本部分和主要技術經濟指標三部分構成。該表的表頭部分反應單位名稱、主要產品名稱、產品規格、計量單位、銷售單價、本月實際（計劃）產量和本年累計實際（計劃）產量；基本部分按照成本項目分別反應歷史先進水準、上年實際平均、本年計劃、本月實際和本年累計實際平均的單位成本；主要技術經濟指標部分主要反應原料及主要材料、燃料和動力的消耗數量。其基本格式如表8-7所示。

表8-7　　　　　　　　　　　主要產品單位成本表

產品名稱：
產品規格：　　　　　　　本月計劃產品：　　　　　　本月實際產品：
計費單位：　　　　　　　本年累計計劃產品：　　　　銷售單價：

成本項目	歷史先進水準	上年實際平均	本年計劃	本月實際	本年累計實際平均
直接材料	463.2	492	502	498	493
直接人工	149.8	153	173	182	180
製造費用	102	110	129	118	117
產品單位成本合計	715	755	804	798	790
主要技術經濟指標	用量　單價（元）	用量　單價（元）	用量　單價（元）	用量　單價（元）	用量　單價（元）
A材料					
B材料					

（三）主要產品單位成本表的編製方法

1. 表頭部分

該表的銷售單價應根據產品定價表填列；本月和本年累計計劃產量應根據生產計劃填列；本月實際和本年累計實際產量應根據產品成本明細帳或產成品成本匯總表填列。

2. 基本部分

表中歷史先進水準，應根據歷史上該種產品成本最低年度的實際平均單位成本填列；上年實際平均單位成本，應根據上年度產品單位生產成本表中的實際平均單位成本填列；本年計劃單位成本，應根據本年度成本計劃填列；本月實際單位成本，應根據

該種產品成本明細帳或產成品匯總表填列；本年累計實際平均單位成本，應根據該種產品成本明細帳所記年初起至報告期末止完工入庫總成本除以本年累計實際產量計算填列。不可比產品沒有歷史先進水準的單位成本和上年實際平均單位成本，這兩項不用填。

表中上年實際平均、本年計劃、本月實際和本年累計實際平均的單位成本，應與產品生產成本表該種產品的相應單位成本核對相符。

3. 主要技術經濟指標

表中主要技術經濟指標部分，應根據業務技術核算資料填列。

二、主要產品單位成本的分析

對成本計劃完成情況的分析，不能揭示每一種產品成本指標完成情況的成因和降低成本的潛力。因此，我們有必要對產品的單位成本進行分析。考慮成本效益的要求，我們只是對主要產品進行分析。

對主要產品單位成本的分析，是為了揭示各種產品的單位成本以及各成本項目的變動情況，進一步查明成本升降的原因，尋找降低成本的途徑和方法。

（一）產品單位成本的一般分析

對產品單位成本的一般分析步驟如下：首先按成本項目和單位成本，對計劃指標和本年實際指標進行對比，瞭解單位成本、直接材料、直接人工、製造費用的升降情況；然後尋找進一步分析的重點；最後找出費用超支或節約的原因，為加強管理和控制服務。

（二）單位產品成本項目的分析

1. 直接材料項目的分析

直接材料在產品成本中通常佔有較大比重，節約使用材料、提高材料利用率是降低成本的重要途徑。直接材料成本差異受單位產品耗用量和材料單價兩大因素的影響。其分析計算公式如下：

材料消耗量變動差異 = $\sum$（實際用量－計劃用量）×計劃價格

材料價格變動差異 = $\sum$（材料實際單價－材料計劃單價）×實際用量

2. 直接工資項目的分析

對工資項目的分析要結合企業的工資制度和工資費用的分配方法來進行。在採用計時工資制的條件下，影響產品工資成本的兩個主要因素是產品的工時消耗和小時工資率，這可通過下列公式計算：

工時消耗變動差異 =（單位產品實際工時消耗－單位產品計劃工時消耗）×計劃小時工資率

小時工資率變動差異 =（實際小時工資率－計劃小時工資率）×單位產品實際工時消耗

3. 製造費用項目的分析

對製造費用項目的分析方法可視同對直接工資項目的分析方法。其計算公式如下：

工時消耗變動差異 =（單位產品實際工時－單位產品計劃工時）×計劃製造費用分配率

小時工資率變動差異 =（實際製造費用分配率－計劃製造費用分配率）×單位產品實際小時

第五節　各種費用報表的編製和分析

一、製造費用明細表的編製

（一）製造費用明細表的作用

製造費用明細表是具體反應企業在一定時期內發生的各項製造費用及其構成情況的成本報表。企業利用該表，可以按費用項目分析製造費用計劃執行的情況，分析製造費用超支或節約的原因，從而尋求降低產品成本的方法；還可以分析製造費用的構成及其增減變動的情況，為編製製造費用計劃和預測未來的費用水準提供依據。

（二）製造費用明細表的結構和編製方法

該表按製造費用的各費用項目設置，分別反應各項費用的本年計劃數、上年同期實際數和本年累計實際數。該表的基本格式如表8-8所示。由於各行業、各企業的製造費用明細項目並不完全一致，因此可由企業根據其生產經營特點和管理要求，以及重要性原則自行確定應列示哪些明細項目。但考慮到在同一行業內便於對各企業的製造費用進行可比性分析，也可由行業主管部門統一規定製造費用明細表的格式。

表8-8　　　　　　　　　　　製造費用明細表

20××年×月　　　　　　　　　　　　單位：元

項目	本年計劃	上年同期實際數	本月實際數	本年累計實際
應付職工薪酬				
折舊費				
修理費				
辦公費				
取暖費				
機物料消耗				
低值易耗品攤銷				
勞動保護費				
租賃費				
運輸費				
保險費				
設計製圖費				
試驗檢驗費				
水電費				
在產品盤虧和毀損(減盤盈)				
其他				
製造費用合計				

製造費用明細表的填列方法是：

(1)「本年計劃數」欄各項數字，根據各項製造費用的年度計劃數填列。

(2)「上年同期實際數」欄各項數字，根據上年本表的「本年累計實際數」填列。如果表內所列費用項目和上年度的費用項目在名稱或內容上不一致，應對上年度的各項數字按表內所規定的項目進行調整。

(3)「本年累計實際數」欄，應填列自年初起至本月末止各項目的累計實際數，應根據「製造費用明細帳」的記錄計算填列。

二、銷售費用明細表的編製

銷售費用明細表是按照費用項目分別反應企業一定期間內的費用發生額及其構成情況的報表。企業利用銷售費用明細表可以考核產品銷售費用計劃或預算的執行情況，分析各項費用的構成及其增減變化的原因，以便節約開支，增加企業盈利。

銷售費用明細表一般按費用項目分別反應各項費用的本年計劃數、上年同期實際數、本月實際數和本年累計實際數。該表的基本格式如表8-9所示。

表8-9　　　　　　　　　　　銷售費用明細表

20××年×月　　　　　　　　　　　　　　　單位：元

項目	本年計劃	上年同期實際數	本月實際數	本年累計實際
應付職工薪酬				
折舊費				
廣告費				
差旅費				
低值易耗品攤銷				
辦公費				
租賃費				
運輸費				
保險費				
銷售服務費				
水電費				
其他				
銷售費用合計				

銷售費用明細表中的「本年計劃數」，應根據批准實施的本年計劃資料填列；「上年同期實際數」應根據上年同期本表的本月實際數填列；「本月實際數」應根據銷售費用明細帳的本月合計數填列；「本年累計實際數」應根據銷售費用明細帳的本月末累計數填列。

三、管理費用明細表的編製

管理費用明細表是反應企業在一定期間內發生的管理費用及其構成情況的報表。

企業利用此表可以瞭解和分析行政管理部門為鼓勵和組織經營活動所產生的各項費用的構成和增減變動情況，分析各項費用變動的原因，以便節約開支，增加企業盈利。

管理費用明細表一般按照費用項目分別反應各項費用的本年計劃數、上年同期實際數、本月實際數和本年累計實際數。該表的基本格式如表8-10所示。

表8-10　　　　　　　　　　　　管理費用明細表
20××年×月　　　　　　　　　　　　單位：元

項目	本年計劃	上年同期實際數	本月實際數	本年累計實際
應付職工薪酬				
折舊費				
修理費				
辦公費				
取暖費				
物料消耗				
低值易耗品攤銷				
無形資產攤銷				
壞帳損失				
科研開發費				
技術轉讓費				
勞動保險費				
待業保險費				
運輸費				
租賃費				
稅金　房產稅				
車船稅				
土地使用稅				
印花稅				
業務招待費				
水電費				
材料、庫存商品盤虧和毀損（減盤盈）				
其他				
管理費用合計				

在管理費用明細表中，「本年計劃數」應根據批准實施的本年計劃資料填列；「上年同期實際數」應根據上年同期本表的本月實際數填列；「本月實際數」應根據管理費用明細帳的本月合計數填列；「本年累計實際數」應根據管理費用明細帳的本月末累計數填列。

四、財務費用明細表的編製

財務費用明細表是反應企業在一定期間內發生的財務費用及構成情況的報表。企業利用該表，可以分析和考核財務費用計劃的執行情況，分析財務費用的構成情況和增減變動的原因。

財務費用明細表一般按照費用項目分別反應各項費用的本年計劃數、上年同期實際數、本月實際數和本年累計實際數。該表的基本格式如表 8－11 所示。

表 8－11　　　　　　　　　　　　　財務費用明細表
20××年×月　　　　　　　　　　　　　　　　　單位：元

項目	本年計劃數	上年同期實際數	本月實際數	本年累計實際
利息支出（減利息收入）				
匯兌損失（減匯兌收益）				
金融機構手續費				
其他				
財務費用合計				

財務費用明細表中的「本年計劃數」，應根據批准實施的本年計劃資料填列；「上年同期實際數」應根據上年同期本表的本月實際數填列；「本月實際數」應根據財務費用明細帳的本月合計數填列；「本年累計實際數」應根據該明細帳的本月末累計數填列。

五、費用明細表的分析

製造費用、銷售費用、管理費用和財務費用，雖然有的是作為生產費用，計入產品成本，有的是作為期間費用，直接計入當期損益。但是，它們都是由許多具有不同經濟性質和不同經濟用途的費用組成的。這些費用支出的節約或浪費，往往與企業行政管理部門和生產車間的工作質量，以及有關責任制度、節約制度的貫徹執行密切相關。由於上述各種費用都按整個企業或分廠、車間、部門編製預算加以控制，因而分析各種費用預算的執行情況，查明各種費用實際脫離預算的原因，也只能按整個企業或分廠、車間、部門來進行。

會計人員對上述各種費用進行分析，首先應將本年實際數與本年預算數相比較，確定實際脫離預算的差異；然後分析差異形成的原因。在按費用組成項目進行分析時，由於費用項目多，每次分析只能抓住重點，對占總支出比重較大的費用，或者與預算相比發生較大偏差的項目進行分析。會計人員應特別注意那些非生產性的損失項目，如材料、在產品和產成品等存貨的盤虧和毀損，因為這些費用的發生與企業管理不善直接相關。

會計人員進行分析時，除用本年實際與本年預算相比，檢查預算的執行情況外，為了從動態上觀察、比較各項費用的變動情況和變動趨勢，還應將本月實際與上年同

期實際進行對比，以瞭解企業工作的改進情況，並將這一分析與推行經濟責任制相結合，與檢查各項管理制度的執行情況相結合，以推動企業改進經營管理，提高工作效率，降低各項費用支出。

為了深入地研究製造費用、營業費用、管理費用和財務費用變動的原因，評價費用支出的合理性，尋求降低各種費用支出的途徑和方法，企業也可按費用的用途及影響費用變動的因素，將上述費用包括的各種費用項目按以下類別歸類進行研究：

(1) 生產性費用，即製造費用中的折舊費、修理費、機物料消耗等。這些費用的變動與企業生產規模、生產組織、設備利用程度有直接聯繫。這些費用既不同於與產量成正比例變動的變動費用，又不同於金額在一定範圍內相對固定的固定費用。會計人員進行分析時應根據這些費用的特點，聯繫有關因素的變動來評價其變動的合理性。

(2) 管理性費用，即行政管理部門人員的工資、辦公費、業務招待費等。管理性費用的多少主要取決於企業行政管理系統的設置和運行情況，以及各項開支標準的執行情況。會計人員進行分析時，除將明細項目與限額指標相比分析其變動的原因外，還應從緊縮開支、提高工作效率的要求出發，檢查企業對精簡機構、減少層次、合併職能、壓縮人員等措施的執行情況。

(3) 發展性費用，即職工教育經費、設計制圖費、試驗檢驗費、研究開發費等。這些費用與企業的發展相關，實際上是對企業未來的投資，但是這些費用應當建立在規劃的合理、經濟、可行的基礎上。企業不能盲目地進行研究開發，而應將研發費用的支出與取得的效果聯繫起來進行評價。

(4) 防護性費用，即勞動保護費、保險費等。這類費用的變動直接與勞動條件的改善、安全生產等相關。顯然，對這類費用的分析就不能以越少越好為標準，而應結合勞動保護工作的開展情況，分析費用支出的效果。

(5) 非生產性費用，即存貨的盤虧及毀損。對非生產性費用的分析，應從檢查企業生產工作的質量、各項管理制度是否健全以及各項存貨的保管入手。

本章小結

成本報表是根據企業日常會計核算資料歸集、加工、匯總編製的，用來反應企業一定時期產品成本和期間費用水準及其構成情況的報告文件。編製成本報表是成本會計的一項重要內容。成本報表作為企業的一種內部管理報表，它的種類、格式、內容以及編報時間應由企業根據生產經營的特點和內部管理的要求，自行確定。

成本報表主要有全部產品成本表、主要產品單位成本表、製造費用、管理費用、銷售費用和財務費用明細表等。

全部產品生產成本表是反應企業在一定時期內因生產產品而發生的全部生產費用的報表，包括按成本項目反應的生產成本表和按產品品種反應的生產成本表。該表可以反應企業在一定時期內全部產品生產成本的發生情況；可以幫助企業考核全部產品成本計劃的執行結果，瞭解產品成本升降的情況；可以揭示成本差異，幫助企業分析成本差異產生的原因，挖掘降低產品成本的潛力。

主要產品單位成本表是反應企業在報告期內生產的各種主要產品單位成本構成情況的報表。企業通過該表，可以考核主要產品成本計劃的執行情況；可以按照成本項目將本月實際單位成本和本年累計實際平均單位成本，與上年實際平均單位成本和歷史先進水準進行對比，瞭解單位成本的變動情況；可以分析和考核各種主要產品單位成本的主要技術經濟指標的執行情況，進而查明主要產品單位成本升降的具體原因。

成本分析是企業利用成本核算資料以及其他有關資料，對企業的成本費用水準及其構成情況進行分析研究，查明影響成本費用升降的具體原因，尋找降低成本、節約費用的途徑的一項管理活動。它是成本核算工作的繼續，是成本會計的重要組成部分。

企業經常採用的成本分析具體方法有：比較分析法、比率分析法、連環替代分析法等。

連環替代法是根據因素之間的內在依存關係，依次測定各因素變動對經濟指標差異影響的一種分析方法。企業運用此方法可解決比較分析法和比率分析不能解決的問題，即可以測算各因素的影響程度，有利於查明原因，分清責任，評估業績。

可比產品成本降低計劃完成情況的分析以及因素分析，是成本計劃完成情況分析的重點和難點。主要產品成本計劃完成情況的分析，是在全部產品成本計劃完成情況分析基礎之上的進一步深入分析，其目的是尋求降低產品成本的途徑。

謹記問題

1. 成本報表是為外部使用者編製的。
2. 在成本分析方法中採用比率分析法，對比率指標的使用不考慮指標的相關性、計算口徑的一致性等問題。
3. 在成本分析方法中採用因素分析法可以不考慮因素替換順序。
4. 對全部產品成本計劃完成情況進行分析時，只能採用實際產量來分析。
5. 對單位產品成本進行分析主要是將成本項目中各項目的計劃指標和本年實際指標進行對比分析，以瞭解其成本升降情況。

思考與練習

一、單項選擇題

1. 按照《企業會計準則》規定，成本報表是（　　）。
   A. 對外報表　　　　　　　　B. 對內報表（或內部報表）
   C. 既是對外報表，也是對內報表　　D. 對內還是對外，由企業自行決定
2. 差額計算分析法是（　　）的簡化計算方法。
   A. 比較分析法　　　　　　　B. 綜合分析法
   C. 連環替換分析法　　　　　D. 因素分析法
3. 將兩個性質不同但又相關的指標對比求出的比率，稱為（　　）。

A. 構成比率　　　　　　　　B. 相關指標比率
C. 動態比率　　　　　　　　D. 效益比率

4. 連環替代法是用來計算幾個相互聯繫的因素，對綜合經濟指標變動（　　）的一種分析方法。
    A. 影響原因　　　　　　　　B. 影響數量
    C. 影響程度　　　　　　　　D. 影響金額

5. 可比產品是指（　　），有完整的成本資料可以進行比較的產品。
    A. 試製過　　　　　　　　　B. 國內正式生產過
    C. 企業曾經正式生產過　　　D. 企業曾經試製過

6. 產值成本率是產品總成本與（　　）的比率。
    A. 總產值　　　　　　　　　B. 產品產值
    C. 淨產值　　　　　　　　　D. 總產值或產品產值

7. 可比產品成本降低額是指可比產品累計實際總成本比按（　　）計算的累計總成本降低的數額。
    A. 本年計劃單位成本　　　　B. 上年實際平均單位成本
    C. 上年計劃單位成本　　　　D. 國內同類產品實際平均單位成本

8. 產量變動之所以會影響產品單位成本，是由於（　　）。
    A. 在產品全部成本中包括了一部分變動費用
    B. 在產品全部成本中包括了一部分相對固定的費用
    C. 是指在產品總成本不變的情況下
    D. 是指在產品產量增長超過產品總成本增長的情況下

9. 將綜合性指標分解為各個因素的方法，稱為（　　）。
    A. 結構分析法　　　　　　　B. 比率分析法
    C. 趨勢分析法　　　　　　　D. 連環替代分析法

10. 反應某項指標的各個組成部分占總體比重的分析方法，稱為（　　）。
    A. 結構分析法　　　　　　　B. 比率分析法
    C. 趨勢分析法　　　　　　　D. 連環替代分析法

11. 用連環替代分析法對企業某產品消耗某種材料的成本進行分析時，其替代的順序依次為（　　）。
    A. 材料單價、材料單耗、產品產量
    B. 材料單耗、產品產量、材料單價
    C. 產品產量、材料單價、材料單耗
    D. 產品產量、材料單耗、材料單價

12. 以下方法中，（　　）通常不用於主要產品單位成本的一般分析。
    A. 趨勢分析法　　　　　　　B. 因素分析法
    C. 對比分析法　　　　　　　D. 品種結構分析法

二、核算題

練習一

（一）目的

練習比較分析法的應用。

（二）資料

某企業 A 產品的單位成本表，如下表所示：

本年可比產品計劃產量按上年單位成本計算的總成本	400,000
本年可比產品計劃產量按本年計劃單位成本計算的總成本	364,000
本年可比產品實際產量按上年單位成本計算的總成本	488,000
本年可比產品實際產量按本年計劃單位成本計算的總成本	443,600
本年可比產品實際產量按實際單位成本計算的總成本	421,840

（三）要求

1. 分別計算以下指標（需寫出計算過程）：①可比產品成本計劃降低額；②可比產品成本計劃降低率；③可比產品成本實際降低額；④可比產品成本實際降低率；⑤實際比計劃多降低額；⑥實際比計劃多降低率。

2. 對影響可比產品成本降低任務的因素進行分析。

練習二

（一）目的

練習差額分析法的應用。

（二）資料

某企業生產甲產品所消耗材料的計劃成本和實際成本如下表所示：

	計劃	實際
產品產量（件）	220	230
材料單耗（千克）	52	51
材料單價（元）	60	35
材料成本（元）	366,080	410,550

（三）要求

計算實際材料成本與計劃材料成本的差異，並用差額分析法分析各因素的影響程度。

第九章　成本控制

教學目的與要求

通過本章的學習，學員應明確企業成本控制的基本涵義及其原則，瞭解成本控制的意義，掌握標準成本、作業成本、目標成本與成本企劃等企業成本控制具體方法的基本原理。

本章重點提示

1. 產品標準成本的制定
2. 標準成本的計算和成本差異分析
3. 作業成本法的基本原理及其優缺點
4. 目標成本與成本企劃的原理

開篇小案例

聯想之所以建立了以中國北京、日本東京和美國羅利三大研發基地為支點的全球研發架構，在於它能不斷提高自身的運籌能力和成本控制能力，逐漸發展成為一個運作卓越的企業。楊元慶解釋道，所謂運籌就是指市場預測的準確性、技術開發的前瞻性、銷售渠道的暢通性、採購時機和數量的準確性以及庫存結構的合理性等涉及物流控制方面的能力。聯想集團一直以來都在利用貼近市場的優勢，採取低價格戰略來贏得市場。聯想的總裁柳傳志曾說過：「降低成本這四個字是我們競爭的訣竅。」

戰略夥伴關係使供應鏈縮到最短。在採購上，聯想與英特爾、惠普、希捷和東芝等企業建立的不僅是買賣關係，而且是技術與產品合作關係。這種合作關係推動了管理層的相互學習和交流。正是這種戰略夥伴關係，使聯想得以走在技術與管理的前列，最終將最新的技術和優異的質量用最快的速度送給他們的顧客。

聯想注重培養成本管理意識。聯想感到，每個公司要做的事情就兩件：其一，提高產品對用戶的價值；其二，降低產品的成本。公司的所有規範、流程、人員、人員的崗位職責、各種制度和做各種事情的根本出發點就是這兩點。應該說，每一件事的結果都要折射到、影射到增加價值和降低成本上來。如果某一件事情折射不過去，這件事就不要去做。

根據聯想的做法，請思考：

1. 為什麼說公司的每一件事都要折射到增加價值和降低成本上來？
2. 縮短企業的供應鏈與企業成本的降低有何關聯？

第一節　成本控制理論沿革

一、成本控制概述

　　控制就是系統主體採取某種力所能及的強制性措施，促使系統構成要素的性質、數量及其相互間的功能按照一定的方式運行，以實現系統目標的管理過程。成本控制就是企業在生產經營成本形成的過程中，對各項經營活動進行指導、限制和監督，使之符合有關成本的各項法令、方針、政策、目標、計劃和定額的規定，及時發現偏差並予以糾正，使各項具體的和全部的生產耗費，被控制在事先規定的範圍之內；同時，在採取改進措施和不斷推廣先進經驗的基礎上，修訂和建立新的成本目標，進一步降低成本，使其達到最優的水準。成本控制的內容貫穿現代企業的每一項經濟活動，成本控制是現代企業管理的重要組成部分。

　　成本控制從控制的範圍上來說，有廣義和狹義之分。狹義的成本控制是指日常生產過程中的產品成本控制，是根據事先制定的成本預算，對企業日常發生的各項生產經營活動按照一定的原則，採用專門方法進行嚴格的計算、監督、指導和調節，把各項成本控制在一個允許的範圍之內。狹義的成本控制又被稱為「日常成本控制」或「事中成本控制」。廣義的成本控制則強調對企業生產經營的各個方面、各個環節以及各個階段的所有成本的控制，既包括「日常成本控制」，又包括「事前成本控制」和「事後成本控制」。廣義的成本控制貫穿企業生產經營全過程，它與成本預測、成本決策、成本規劃、成本考核共同構成了現代成本管理系統。

　　傳統的成本控制是適應大工業革命的出現而產生和發展的，其中的標準成本法、變動成本法等方法得到了廣泛的應用。隨著新經濟的發展，人們不僅在產品的使用功能方面提出了更高的要求，還要求產品能滿足使用者的個性化需求。在這種背景下，現代的成本控制系統應運而生。現代成本控制系統無論是在觀念還是在所運用的手段方面，都與傳統的成本控制系統有著顯著的差異。現代成本控制的基本理念主要有：①成本動因的多樣化。成本動因是引起成本變化的原因，要對成本進行控制，就必須瞭解成本為何發生？它與哪些因素有關？有何關係？②時間是一個重要的競爭要素。在價值鏈的各個階段中，時間都是一個非常重要的因素，很多行業和各項技術的發展變革速度已經加快，產品的生命週期變得很短。在競爭激烈的市場上，要獲得更多的市場份額，企業管理人員必須能夠對市場的變化做出快速反應，投入更多的成本用於縮短設計、開發和生產時間，以縮短產品上市的時間。此外，時間的競爭力還表現在顧客對產品服務的滿意程度上。③成本控制全員化。

　　從成本效能看，現代成本控制理論要求企業以成本支出的使用效果來指導決策。成本控制從單純地降低成本向以盡可能少的成本支出來獲得更大的產品價值轉變，這是成本管理的高級形態。同時，成本管理以市場為導向，將成本管理的重點放在面向市場的設計階段和銷售服務階段。企業在市場調查的基礎上，針對市場需求和本企業

的資源狀況，對產品品種、功能和服務的質量以及新產品、新項目開發等提出要求，並對銷量、價格、收入等進行預測，對成本進行估算，研究成本增減與收益增減的關係，確定有利於提高成本效果的最佳方案。現代成本控制理論要求企業實行成本領先戰略，強調從一切來源中獲得規模經濟的成本優勢或絕對成本優勢。現代成本控制理論要求企業重視價值鏈分析，以找出各價值活動占總成本的比例和增長趨勢以及利潤的新增長點，識別成本的主要成分和那些佔有較小比例而增長速度較快、最終可能改變成本結構的價值活動，列出各價值活動的成本驅動因素及相互關係；同時，現代成本控制理論要求企業通過價值鏈分析，確定各價值活動間的相互關係，在價值鏈系統中尋找降低價值活動成本的信息、機會和方法。企業通過價值鏈分析，可以瞭解價值鏈的整個情況；在此基礎上，企業再利用價值流分析就可以瞭解價值鏈上各環節的情況。這種基於價值活動的成本分析是控制成本的一種有效方式，能夠為改善成本控制提供信息。

二、成本控制理論的產生與發展

成本控制既是企業管理中的一個古老話題，更是一個不斷發展、不斷更新的永恆課題。自人類早期為從事生產和交換活動而產生對成本的計量與控制需求以來，科學技術、市場競爭和社會經濟環境的變化發展，企業經營理念和組織形態的不斷演化，促使成本控制戰略歷經了一個逐步邁向科學、精確、系統和公平發展與變革過程。

在西方現代管理理論產生之前，成本控制基本上屬於成本簿記範疇，很少具有規劃、控制、評價、考核等功能，隨著西方現代管理理論的產生和發展，現代成本控制的理論和實踐內容也極大地豐富起來，成為企業管理的一個重要組成部分。總的來看，成本控制理論的發展大致經歷了以下幾個階段：

1. 成本控制的萌芽階段

在18世紀以前，商品的生產過程比較簡單，主要是以家庭手工業為主。業主提供原料，交由工匠在自己家中生產，產品制成後由業主收回再向外銷售。業主分別記錄個人成本，然後與銷售收入比較，確定收益。但由於那時的生產力水準低下，物質資源相對豐富，人們的成本意識不強。另外，產品在外部採用手工加工，不用機械設備，沒有生產廠房，所以間接費用很低，也往往被忽視。人們只把直接材料和人工看作是產品成本，而把間接費用當著一項損失。成本記錄和財務會計的記錄也沒有較好地結合。

到了18世紀末期，在歐洲大陸興起的產業革命的巨大衝擊下，手工作坊紛紛倒閉，機器大工業生產逐漸形成。人們逐漸認識到，待到商品銷售以後再倒算銷貨成本，既不嚴密又為時太晚。根據生產過程中的耗費情況，計算生產成本已成為會計核算必須解決的首要問題。在這種背景下，簡單的成本會計產生了。

19世紀初，伴隨工廠制度的發展，已有人開始介紹分批法和分步法，並提出了永續盤存制度。這滿足了不同企業正確匯集與分配生產費用、合理計算產品成本的要求。雖然這些論述並不深透，但在當時已難能可貴。總的來說，在這以前的成本控制基本上還處於萌芽階段。

2. 以科學管理為背景的成本控制階段

19世紀中後期隨著產業革命的完成，商品生產和工廠制度得到了充分的發展，工廠大量使用重型機械設備，折舊費用不斷增加，使得間接費用越來越多；產品品種也日益增多，導致間接費用的分配越來越複雜。另一方面，工廠規模擴大，生產經營複雜化，產品面向全國，競爭日益劇烈，使得成本逐漸成為產品定價的主要依據，因此，成本的研究越來越受到重視。1885年（美）梅特卡夫（H. Metcafe）發表《製造成本》一書，提出了四種間接費用的分配方法，即任務分配法、總費用分配法、人工費用百分比法和生產時間分配法。1887年（英）加克（E. Garcke）出版《工廠會計》一書，主張用復式記帳法記錄所有成本帳戶，並將成本帳戶與財務會計記錄結合起來。這段時間的研究初步奠定了成本會計的理論和方法基礎。

20世紀初，資本主義社會從自由競爭階段向壟斷階段過渡，重工業和化學工業迅速發展，企業的生產規模更大、更集中，分工更細，市場競爭更加激烈，生產過程開始走向機械化和自動化。在此情況下，以泰勒制為代表的科學管理得以產生和發展，泰勒制的主要內容是研究操作合理化，總結先進的操作方法，把個人的合理操作歸結為一種標準操作法，再要求一般工人普遍實施。

泰勒的科學管理方法給企業的成本控制帶來了很大的啟示，20世紀30年代標準成本計算與復式記帳法融合到一起，形成了完整的標準成本會計制度。標準成本會計制度的特點是事前計劃、事中控制、事後分析。在成本發生前，企業通過對歷史資料的分析研究和反覆的預算分析，制定出未來某個時間內，各種生產條件處於正常情況下的標準成本。在成本發生的過程中，企業將實際發生的成本與標準成本進行對比，記錄產生的差異，並進行適當的控制和調整。在成本發生後，企業對實際成本與標準成本的差異進行全面的綜合分析與研究，發現問題、解決問題，並制定新的標準成本。標準成本會計制度的建立，說明工廠成本控制已進入了一個新的階段，成本控制已由事後的成本計算開始轉向通過制定標準成本來進行成本控制。這對於指導當時工廠的成本控制起到了極其重要的作用。綜觀這一時期的成本控制，主要特點表現為：①在市場環境上，企業產品大多處於賣方市場，供不應需，市場呈現出同質性和穩定性。因此，企業很少關注不同顧客需求的特徵及其變化趨勢。②市場特徵決定了企業的主要工作重點是生產階段，企業很少進行新產品的開發和針對不同顧客的行銷。相應的，在成本結構中，新產品研發成本和行銷成本比重很小，成本控制也必然以生產成本為主。此時成本控制的主要目的就是在銷售收入一定的前提下，通過降低成本來提高生產者自身的利潤。③在控制主體上，由於將生產工人看成是單純的「經濟人」，普通工人成為控制的客體，而以部門領導和監工為代表的管理層則是控制的主體，並由此形成對立的兩極，企業中的人際關係不協調。在組織結構上，這一階段的企業主要採取職能式組織結構。企業各部門的比重結構呈橄欖形，即中間的製造部門較大，而處於兩端的研發和行銷部門比較小。④由於市場的同質性與穩定性，企業之間、產品之間的競爭不激烈，使得產品生產得以採用大批量的生產方式，進而使得產品本身及其生產過程呈現出高度的穩定性。這就決定了標準成本法將作為這一時期的主要成本控制方法。⑤在成本動因分析方面，以科學管理理論為基礎的標準成本法的實質就是要通

過科學的方法找出產品生產與消耗的材料和人工之間的相關關係。泰勒等工程師採用的是工程統計的方法。這種以材料定額和工時定額為主要形式的成本與產品之間的關係是一種技術上的統計相關關係，而不具有邏輯或因果相關的特性。⑥這一時期的成本控制機制，是以部門內部層級授權和監督為主體，以差異分析和要素控制為主要形式，以差別計件工資制為主要激勵手段的封閉系統；企業的事後反饋機制和成本控制系統很少受外在市場和技術環境的影響。

3. 現代成本控制階段

第二次世界大戰以後，科學技術迅速發展，企業規模進一步擴大；大型企業轉向多元化、多樣化生產，並演化為跨國企業；生產自動化、連續化程度大大提高，市場競爭空前激烈。企業為獲得更大的利潤，單純依靠降低成本已不可行，必須全面地提高經濟效益。這也使得成本控制的目的轉向了通過事前、事中和事後的全面成本控制來提高企業的經濟效益。與此同時，運籌學、系統工程和電子計算機等各種科學理論和技術成果廣泛地應用於成本管理，促使成本管理在預測、決策和控制等方面進一步發展。這一階段的成本管理涉及計劃、預測、決策、控制、核算、分析、考核等全部環節，是對生產經營各個過程的成本控制。同時，量本利分析、預算控制、彈性預算、價值分析、責任會計、質量成本管理、目標管理等現代管理方法，也廣泛地運用於成本控制，從而產生了現代成本控制的內容體系和理論體系。現代成本管理的發展大致上經歷了責任成本管理和戰略成本管理兩個階段。

（1）責任成本管理

責任成本管理產生於20世紀早期，經過不斷的發展和完善，到了20世紀40年代，已經形成了一套比較完整的體系，並得到了廣泛的應用。

責任成本的管理程序包括：劃分成本中心、確定各成本中心應負責的成本內容、編製責任成本預算、分解責任成本、制定內部結算價格、實施責任成本日常控制、責任成本核算、編製責任成本報告、責任成本考核與激勵。

責任成本是以成本責任中心為主體而匯集的，屬於該主體的經營權限範圍，並對此負有相應的經濟責任的可控成本。責任成本具有以下特點：以成本責任中心為責任成本匯集對象，責任成本要落實到各成本中心，按責任成本中心進行核算、控制和考核，從而將成本核算與成本控制結合起來。責任成本以「誰負責、誰承擔」為原則，注重落實成本責任，將成本耗費與責任主體相連，有效地加強了成本控制與監督。企業只需按照內部管理的要求和特點自行設計責任成本制度，可以採用不同的核算模式和方法，因為所計算的是管理成本，而不是對外的財務成本。責任成本是各中心的可控成本，而不論其與生產過程是否直接相關。因此，責任成本在內容上不僅包括生產成本，還包括期間費用。責任成本按照計劃成本或內部結算價格計量所消耗的非本中心投入的物資價值，以劃清責任界限。

責任成本管理將行為科學方面的理論和管理控制方面的理論結合起來，進一步加強了企業的成本控制。但從總體上來看責任成本管理還只限於企業內部的成本控制，而且更多地表現為一種被動的成本管理方式。

（2）戰略成本管理

戰略成本管理是一種基於價值鏈分析的成本管理思想，它通過對企業內部價值鏈與外部價值鏈的分析，找到企業成本管理的瓶頸，消除不增值的作業環節，從而達到成本的持續降低，確保企業的成本優勢。

隨著戰略管理理論的發展和完善，管理學家西蒙於1981年首次提出「戰略管理會計」一詞。他認為戰略管理會計應該側重於企業與競爭對手的對比，收集競爭對手關於市場份額、定價、成本、產量等方面的信息。1985年邁克爾·波特在研究企業的競爭優勢時提出了低成本戰略和高差異化戰略，從而使得服務於低成本戰略的戰略成本管理得到了廣泛的研究和應用。

戰略成本管理對其管理對象在時間和空間兩個緯度上進行了擴展：它不僅管理歷史成本，而且管理尚未發生的成本；它不僅管理企業內部生產過程的成本，而且通過分析行業價值鏈和競爭對手價值鏈，重新構建企業價值鏈，使管理對象突破企業個體的範圍。

戰略成本控制的提出，開闢了成本控制的新視野；以此為基礎，先後出現了企業產品壽命週期成本控制戰略、顧客產品壽命週期成本控制戰略以及社會產品壽命週期成本控制戰略。

1929年的大危機過後，市場特徵發生了根本性的變化。為順應市場競爭環境的變遷，許多企業從生產技術和組織結構方面謀求變革。一方面，生產過程的自動化程度和生產流程的彈性大幅提高；另一方面，部門結構也從中間大兩頭小的橄欖型演化為兩頭大中間小的啞鈴型結構。此時的成本控制戰略顯然不能再局限於控制製造成本，而必須將視野拓寬至覆蓋研發和行銷的企業產品壽命週期成本。這個時期，成本控制戰略的特徵表現為：①產品成本構成中製造成本的比重下降，而研發和行銷成本則大大提高；②在成本計算方法上，作業成本法（ABC）通過引入作業理念，將企業發生的資源費用通過作業進行歸集，進而分配至產品（成本標的），不但提高了產品成本計算的準確性，而且還揭示了成本發生的前因與後果，將企業成本控制從產品深入到作業層次；③企業成本計算法主要還是用於戰術層次；④在控制主體上，開始關注人的精神需要；⑤成本控制系統屬於半開放系統；⑥在控制內容上，企業需要在成本與收入之間權衡，以謀求企業自身收益的最大化；⑦在控制範圍上，局限於單個企業，成本控制是以生產經營者的利益為出發點展開的；⑧在控制形式上，開始注重前饋方式，控制時點向前推移到產品研發階段。

20世紀80年代後，市場的買方特徵和國際化程度進一步加深，企業不再把顧客僅僅看作謀利對象，而是將他們視為企業的重要資源和合作夥伴。從顧客的角度出發，考慮從顧客購買到廢棄的整個產品壽命週期的成本與價值，成為這一時期企業成本控制戰略的核心理念。其特徵體現在：①市場的買方特徵和國際化程度進一步加深；②成本控制內容增多，範圍擴大；③在控制主體方面，組織成員被看作是「決策人」；④在組織結構上，各企業相互依賴形成鏈狀組織，使得成本控制從戰術層次提升到戰略層次；⑤顧客成本控制戰略不再局限於技術和經濟層面，更重要的是從影響成本產生的基礎性結構和非結構因素著手，努力構建有利於企業成本改善和效益提升的氛圍

和環境；⑥在控制形式上，通過創建某種文化和氛圍，全方位、多角度和長期持續地影響企業和員工的行為。

1992年的里約熱內盧環境與發展全球峰會之後，可持續發展逐步從理念付諸行動，即從宏觀的政策引導轉向微觀的企業自覺行動。企業作為一個利益共同體，承擔著多元受託責任，除了為股東創造財富，為消費者提供優質的產品和服務外，還肩負著其他社會責任。因此，社會產品全壽命週期成本產生；隨後，社會產品壽命週期成本控制戰略也出現了。社會產品壽命週期成本控制理論的特徵表現為：①企業組織結構以網絡結構為主要特徵，強調與各利益相關者的溝通與協調，形成完全開放的、具有自我組織和自我學習功能的系統；②成本控制範圍進一步擴大，內容進一步增多，企業在產品設計和研發階段，就開始系統考慮產品廢棄時的環境成本，從而有助於在研發和製造階段採取減少或消除環境成本的材料和工藝；③企業注重提高自身及員工的社會責任感和環境意識，成本控制具有時間上連續、空間上完整和方式上多樣的立體特徵；④非結構性成本動因在這一時期已經占主要地位；⑤成本控制戰略演變為一個組織與環境融為一體的開放性系統。

第二節　標準成本控制

標準成本制（Standard Cost System）也稱為標準成本會計（Standard Cost Accounting），是指事先制定標準成本，將標準成本與實際成本相比以揭示成本差異，對成本差異進行因素分析，並據以加強成本控制的一種會計信息系統和成本控制系統。

需要強調的是，標準成本制並不單純是一種成本計算方法，而是一個包括制定標準成本，計算和分析成本差異，以及處理成本差異三個環節的完整系統。它不僅是會計信息系統的一個分支，而且也是成本控制系統的一個分支。它不僅被用來計算產品成本，更重要的是被用來加強成本控制。

標準成本制是在泰勒的生產過程標準化思想影響下，於20世紀20年代在美國產生的。剛開始時，它只是一種比較簡單的統計分析方法，以後才逐步發展和完善起來，並且被納入復式簿記。今天標準成本制已相當普遍地為西方企業所採用。

標準成本制既可以與全部成本法結合使用，也可以與變動成本法結合使用。西方企業一般將它與全部成本法結合使用。

一、標準成本概論

（一）標準成本的概念

標準成本是經過仔細調查、分析和技術測定而制定的，在正常生產經營條件下應該實現的，因而可以作為控制成本開支、評價實際成本、衡量工作效率的依據和尺度的一種目標成本，也稱應該成本。由上述可見，標準成本是根據對實際情況的調查，採用科學方法制定的，所以具有客觀性和科學性。標準成本是按正常條件制定的，並

未考慮不能預測的異常變動，因而具有正常性。標準成本一經制定，只要制定的依據不變，不必重新修訂，所以具有相對穩定性。標準成本是成本控制的目標和衡量實際成本的尺度，所以具有目標性和尺度性。這些就是標準成本的特點。

採用標準成本時，成本預算應按標準成本編製，因此標準成本與預算成本沒有質的差別，兩種名稱常常混用：就單位產品而言，往往稱作標準成本或成本標準；就某一預算期的產品或某一批產品而言，既可稱作標準成本，也可稱作預算成本。

(二) 標準成本的作用

標準成本的作用有以下幾項：

(1) 在領料、用料、安排工時和人力時，均以標準成本作為事前和事中控制的依據。

(2) 標準成本的客觀性和科學性使它具有相當的權威性；同時，標準成本又是建立職工工資制度和獎勵制度必須考慮的因素。所以，採用標準成本可以加強職工的成本觀念，提高他們降低成本的積極性。

(3) 採用標準成本，有利於責任會計的推行。標準成本不僅是編製責任成本預算的根據，也是考核責任中心成本控制業績的依據。

(4) 標準成本是價格決策和投標議價的一項重要依據，也是其他長短期決策必須考慮的因素。

(5) 採用標準成本有利於實行例外管理。將標準成本為基準與實際成本相比而產生的差異，是進行例外管理必不可少的信息。

(6) 在產品、產成品和銷貨成本均以標準成本計價，可使成本計算、日常帳務處理和會計報表的編製大為簡化。

上述各項標準成本的作用，體現了標準成本制的優點。

(三) 標準成本的種類

西方會計學界對於應制定怎樣的標準成本，眾說紛紜，並且提出了許多不同的或大同小異的各種標準成本。這裡只介紹其中的理想標準成本、正常標準成本和現實標準成本。

1. 理想標準成本

理想標準成本是以現有生產經營條件處於最佳狀態為基礎確定的最低水準的成本；也就是在排除一切失誤、浪費和耽擱的基礎上，根據理論上的生產要素耗用量、最理想的生產要素價格和最高的生產經營能力利用程度制定的標準成本。如果這種標準成本的要求過高，會使職工因感到難以達到而喪失信心。

2. 正常標準成本

正常標準成本是根據正常的耗用水準、正常的價格和正常的生產經營能力利用程度制定的標準成本；也就是根據以往一段時期實際成本的平均值，剔除其中生產經營活動中的異常因素，並考慮今後的變動趨勢而制定的標準成本。這是一種經過努力可以達到的成本，而且生產技術和經營管理條件如無較大變動，可以不必修訂而繼續使用。因此，正常標準成本在國內外經濟形勢穩定的條件下，得到了廣泛的應用。

3. 現實標準成本

現實標準成本是在現有的生產技術條件下，在進行有效經營管理的基礎上，根據下一期最可能發生的生產要素耗用量、價格和生產經營能力利用程度制定的標準成本，也稱可達到標準成本。這種標準成本包含管理當局認為一時還不可避免的某些不應有的低效、失誤和超量消耗，因而是最切實可行、最接近實際的成本。現實標準成本既可用於成本控制，也可用於存貨計價。在經濟形勢變化無常的情況下，這種標準成本最為適用。

（四）制定標準成本的原則

這裡要講的，實際上是制定單位產品標準成本（即成本標準）的原則。這些原則有以下幾項：

（1）平均先進，水漲船高。標準成本應該制定在平均先進的水準上，以便員工只要努力就能達到，甚至超過。這樣可以鼓勵職工滿懷信心地挖掘降低成本的潛力。過高或過低的要求，均不能激發職工的積極性。等到大多數人都能輕易達到該標準時，企業就應適當提高要求。如果長期不加調整，先進的標準也會變得落後。

（2）根據過去，考慮未來。制定標準成本必須依據歷史成本資料。但是所謂標準，畢竟不是反應「曾經如何」，而是要表達「應該如何」。因此，管理人員在制定標準成本時，還應預測經濟形勢的動向，供需市場的變動，職工熟練程度的提高，以及改革技術和改進某些規章制度的預計效果等因素，並且在歷史水準的基礎上作適當的調整。

（3）專業人員草擬，執行人員參與，管理當局拍板。由於標準成本基本上是生產要素的耗用量與單價相乘之積，所以標準成本的制定除需要管理會計人員收集和整理歷史資料，參與整個制定過程以外，材料和工時耗用量的確定離不開工程技術人員的研究和測定，材料價格和工資率的確定離不開採購人員和勞動工資管理人員的調查和預測。標準成本的制定，應該有標準成本執行者（即直接控制成本的人員）的參與，才能確保標準成本制定得切合實際，並充分發揮其應有的激勵作用。但標準成本的執行者往往有要求從寬的偏向，所以通過同他們的反覆商議，最後由上級管理當局拍板定案，也是十分必要的。

二、標準成本的制定

標準成本的制定通常只針對產品的製造成本，不針對期間成本。對管理成本和銷售成本採用編製預算的方法進行控制，不制定標準成本。由於產品的製造成本是由直接材料、直接人工和製造費用三部分組成，與此相適應，產品的標準成本也就由上述三部分組成。管理人員在實際制定標準成本時，首先按用量標準乘以價格標準分別計算三個成本項目的標準成本，然後將其相加確定產品的標準成本。

（一）直接材料標準成本的制定

直接材料標準成本是由直接材料用量標準和直接材料價格標準決定的。

材料用量標準是指生產單位產品所耗用的原料及主要材料的數量，即材料消耗定額。它包括構成產品實體和有助於產品形成的材料，以及必要的損耗和不可避免的廢

品所耗用的材料。管理人員在制定材料用量標準時，應按各種材料分別計算。各種材料的規格由產品設計部門制定，用量標準由生產部門制定。

材料價格標準是指採購某種材料的計劃單價。它以訂貨合同價格為基礎，並考慮各種變動因素的影響（如供求情況、價格動向、購買政策以及現金折扣等），包括買價、採購費用和正常損耗等成本。管理人員在制定材料價格標準時，也應按各種材料分別計算。各種材料的價格標準通常由財會部門根據供應採購部門提供的計劃單價分析制定。

根據上述確定的各種材料用量標準和價格標準，管理人員可按下列公式計算出單位產品的直接材料標準成本。

$$\text{單位產品直接材料標準成本} = \Sigma \left(\text{該產品耗用某種材料的價格標準} \times \text{該產品耗用某種材料的用量標準} \right)$$

[例9-1] 某企業生產甲產品耗用材料A、B的資料如表9-1所示。要求確定甲產品直接材料的標準成本。

表9-1

項目	材料A	材料B
預計正常用量（千克/件）	2.5	3
預計損耗量（千克/件）	0.5	1
用量標準（千克/件）①	3	4
預計購買單價（元/千克）	5	6
預計採購費用（元/千克）	1.5	2.5
預計正常損耗（元/千克）	0.5	1.5
價格標準（元/千克）②	7	10
各種材料標準成本（元/件）①×②	21	40
甲產品單位直接材料標準成本（元）	61	

（二）直接人工標準成本的制定

直接人工標準成本是由直接人工用量標準和直接人工價格標準決定的。

人工用量標準即工時用量標準，是指在現有工藝方法和生產技術水準條件下，生產單位產品所耗用的生產工人工時數，也稱為工時消耗定額。它包括直接加工工時、必要的休息和停工工時，以及難以避免的廢品所耗用的工時。管理人員在制定工時用量標準時，應按產品的加工工序和生產部門分別計算。各工序工時用量標準由生產技術部門制定。

人工價格標準即小時工資率標準，是指每一標準工時應分配的標準工資。它可按下列公式計算：

$$\text{小時工資率標準} = \frac{\text{預計支付生產工人工資總額}}{\text{標準工時總數}}$$

其中的「標準工時總數」是指企業在現有的生產技術條件下能夠完成的最大的生產能力，也稱「產能標準」，通常用直接人工工時數和機器小時數來表示。人工價格標準由勞資部門制定。

根據上述已確定的各工序工時用量標準和小時工資率標準，管理人員可按下列公式計算出單位產品的直接人工標準成本。

$$\text{單位產品直接人工標準成本} = \Sigma \left(\text{該產品各工序的小時工資率標準} \times \text{該產品各工序的工時用量標準} \right)$$

[**例9－2**] 某企業生產甲產品需由第一、第二車間連續加工，其有關資料如表9－2所示。要求確定甲產品直接人工的標準成本。

表9－2

項目	第一車間	第二車間
直接加工工時（小時/件）	2	3
休息工時（小時/件）	0.5	0.3
停工工時（小時/件）	0.4	0.6
廢品耗用工時（小時/件）	0.1	0.1
項　　目	材料A	材料B
工時用量標準（小時/件）	3	4
直接生產工人人數（人）	50	60
每人每月標準工時（小時）	180	180
每月標準工時（小時）	9,000	10,800
每月生產工人工資總額（元）	27,000	43,200
小時工資率標準（元/小時）	3	4
各車間直接人工標準成本（元/件）	9	16
甲產品單位直接人工標準成本（元）	25	

（三）製造費用標準成本的制定

製造費用標準成本是由製造費用用量標準和製造費用價格標準決定的。製造費用用量標準即工時用量標準，它與上述直接人工用量標準的制定相同。製造費用價格標準即製造費用分配率標準，是指每一標準工時應分配的製造費用預算總額。它可按下列公式計算：

$$\text{製造費用分配率標準} = \frac{\text{製造費用預算總額}}{\text{標準工時總數}}$$

其中的「製造費用預算總額」是指在力求節約、合理支配的條件下，製造費用各明細項目的最低發生數額之和。由於製造費用預算是按照變動性製造費用和固定性製造費用分別編製的，因此製造費用標準成本也應區別變動性製造費用和固定性製造費用進行計算。

$$\frac{變動性製造費用預算總額}{標準工時總數} = 變動性製造費用分配率標準$$

$$\frac{固定性製造費用分配率標準}{標準工時總數} = \frac{固定性製造費用預算總額}{標準工時總數}$$

根據上述已確定的各工序工時用量標準和製造費用分配率標準，管理人員可按下列公式計算出單位產品的製造費用標準成本。

$$\begin{aligned}單位產品製造\\費用標準成本\end{aligned} = \Sigma \begin{pmatrix}各工序的工\\時用量標準\end{pmatrix} \times \begin{pmatrix}各工序的製造\\費用分配率標準\end{pmatrix}$$

$$= \Sigma \begin{pmatrix}各工序的工\\時用量標準\end{pmatrix} \times \begin{pmatrix}該工序固定性製造\\費用分配率標準\end{pmatrix} +$$

$$\begin{pmatrix}各工序的工\\時用量標準\end{pmatrix} \times \begin{pmatrix}該工序變動性製造\\費用分配率標準\end{pmatrix}$$

$$= \Sigma \begin{pmatrix}各工序固定性制\\造費用標準成本\end{pmatrix} + \begin{pmatrix}各工序變動性制\\造費用標準成本\end{pmatrix}$$

[例9-3] 某企業生產甲產品需由第一、第二車間連續加工，有關資料如表9-3所示。要求確定甲產品製造費用的標準成本。

表9-3

項目	第一車間	第二車間	合計（元）
工時用量標準（小時/件）	3	4	
標準工時總數（小時）	9,000	10,800	
變動性製造費用預算總額（元）	5,400	7,560	4.6
變動性製造費用分配率標準（元/小時）	0.6	0.7	
變動性製造費用標準成本（元/件）	1.8	2.8	
固定性製造費用預算總額（元）	2,700	4,320	
固定性製造費用分配率標準（元/小時）	0.3	0.4	2.5
固定性製造費用標準成本（元/件）	0.9	1.6	
甲產品單位製造費用標準成本（元）		7.1	

（四）單位產品標準成本的制定

在確定某種產品的直接材料標準成本、直接人工標準成本和製造費用標準成本後，管理人員就可以直接匯總計算單位產品標準成本。匯總時，管理人員通常要按各種產品設置「產品標準成本卡」，列明各成本項目的用量標準、價格標準和標準成本。

另外，採用變動成本法計算時，單位產品標準成本由直接材料、直接人工和變動性製造費用三個成本項目組成；而採用完全成本法計算時，單位產品標準成本除上述三個成本項目外，還應包括固定性製造費用。標準成本通常採用完全成本法制定，每半年或一年重新修訂。

[例9-4] 仍用例9-3的資料，甲產品的標準成本卡如表9-4所示。

表9-4　　　　　　　　　　　產品標準成本卡

產品名稱：甲產品　　　　　　編製日期：20××年×月×日

項目	用量標準	價格標準	標準成本（元）
直接材料 　A 材料 　B 材料 　小計	 3 千克/件 4 千克/件 —	 7 元/千克 10 元/千克 —	 21 40 61
直接人工 　第一車間 　第二車間 　小計	 3 小時/件 4 小時/件 —	 3 元/小時 4 元/小時 —	 9 16 25
變動性製造費用 　第一車間 　第二車間 　小計	 3 小時/件 4 小時/件 —	 0.6 元/小時 0.7 元/小時 —	 1.8 2.8 4.6
固定性製造費用 　第一車間 　第二車間 　小計	 3 小時/件 4 小時/件 —	 0.3 元/小時 0.4 元/小時 —	 0.9 1.6 2.5
單位產品標準成本(元)	93.1		

三、成本差異分析

產品的標準成本是一種預定的成本目標，產品的實際成本由於種種原因可能與預定的目標不符，其間的差額稱為成本差異。如實際成本超過標準成本，所形成的差異反應在有關差異帳戶的借方，這種差異稱為不利的差異；反之，如實際成本低於標準成本，所形成的差異反應在有關差異帳戶的貸方，這種差異稱為有利的差異。成本差異分析的目的就在於找出差異形成的原因和責任，採取相應的措施，以消除不利的差異，發展有利的差異，實現對成本的有效控制，促進成本不斷降低。

成本差異的名目繁多，歸納起來如下（見表9-5）：

表9-5　成本差異的分類

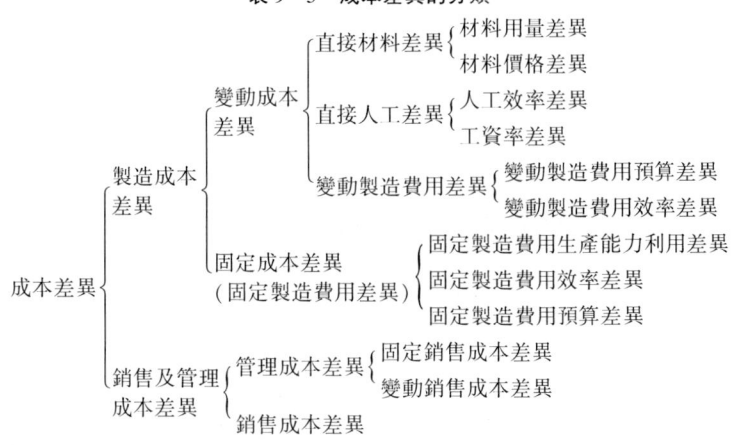

成本差異
├─ 製造成本差異
│　├─ 變動成本差異
│　│　├─ 直接材料差異
│　│　│　├─ 材料用量差異
│　│　│　└─ 材料價格差異
│　│　├─ 直接人工差異
│　│　│　├─ 人工效率差異
│　│　│　└─ 工資率差異
│　│　└─ 變動製造費用差異
│　│　　　├─ 變動製造費用預算差異
│　│　　　└─ 變動製造費用效率差異
│　└─ 固定成本差異（固定製造費用差異）
│　　　├─ 固定製造費用生產能力利用差異
│　　　├─ 固定製造費用效率差異
│　　　└─ 固定製造費用預算差異
└─ 銷售及管理成本差異
　　├─ 管理成本差異
　　│　├─ 固定銷售成本差異
　　│　└─ 變動銷售成本差異
　　└─ 銷售成本差異

由於成本差異是指標準價格、數量與實際價格、數量的差額，故價格差異和數量差異，可根據材料、人工和變動費用三個成本項目分別計算。雖然有時它們的名字不同，但價格差異和數量差異的計算方式總是一致的。成本差異可用下列通用模式來表示：

(1) 實際數量×實際價格 ⎫
(2) 標準價格×實際數量 ⎬ 價格差異 (1) － (2) ⎫ 變動成本總差異
(3) 標準數量×標準價格 ⎭ 數量差異 (2) － (3) ⎬ (1) － (2)

(一) 直接材料差異

直接材料差異包括用量差異和價格差異，其計算公式如下：

材料用量差異 =（實際用量－標準用量）×標準價格

材料價格差異 =（實際價格－標準價格）×實際用量

直接材料成本總差異 = 實際用量×實際價格－標準用品×標準價格

首先，我們應該注意到，在上面用量和價格差異的計算當中，當計算用量差異時，是以標準價格相乘；而計算價格差異時，是以實際用量相乘；不能同時用標準或實際的數值，否則會形成重複計算或漏算。這一點可用圖9－1說明。

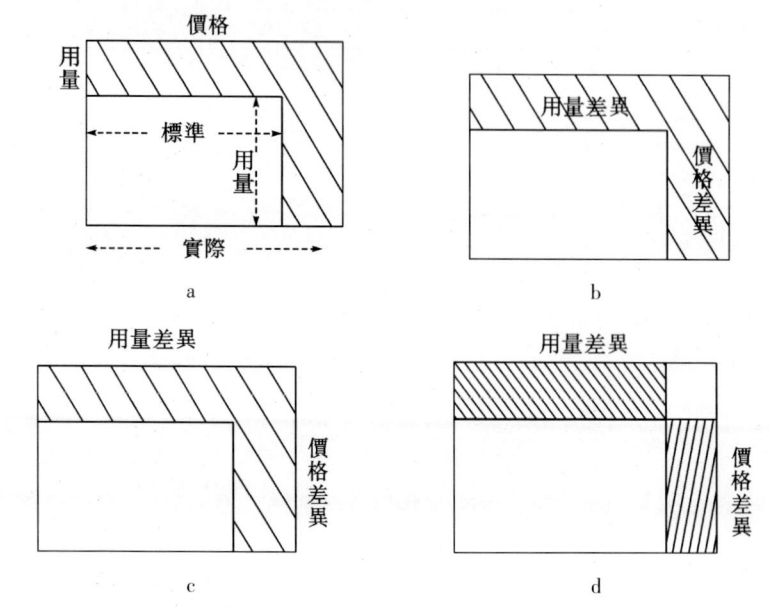

圖9－1　總差異圖

圖9－1a是表示總差異的圖示。其中，內矩形代表標準材料成本，外矩形代表實際材料成本，陰影部分即兩者之差，就是總的差異。根據上面公式的計算，則總差異可表示如圖9－1b，即用量差異與價格差異相加等於總差異。如果計算用量差異以實際價格計算，而計算價格差異也以實際用量計算，則結果如圖9－1c，右上角小矩形表示兩項差異重複部分，兩項差異相加不等於總差異。如果計算兩種差異都以標準數值相乘，則結果如圖9－1d，右上角小矩形表示兩項差異計算漏算部分，兩項差異相加也不

等於總差異。

[例9－5] A種材料實際單價為1.5元，標準單價為1.4元，實際用量為1,000千克，標準用量為980千克。材料標準成本總差異為：

$1,000 \times 1.5 - 980 \times 1.4 = 1,500 - 1,372 = 128$（元）（見圖9－1a）

其中：材料用量差異＝$(1,000-980) \times 1.4 = 28$（元）

材料價格差異＝$(1.5-1.4) \times 1,000 = 100$（元）

$28 + 100 = 128$（元）（見圖9－1b）

如都以實際價格用量計算，則：

材料用量差異＝$(1,000-980) \times 1.5 = 30$（元）

材料價格差異＝$(1.5-1.4) \times 1,000 = 100$（元）

$30 + 100 = 130$（元）＞128（元）（見圖9－1c）

如都以標準數值計算，則：

材料用量差異＝$(1,000-980) \times 1.4 = 28$（元）

材料價格差異＝$(1.5-1.4) \times 980 = 98$（元）

$28 + 98 = 126$（元）＜128（元）（見圖9－1d）

其次，我們在計算用量差異時，使用標準價格而不用實際價格；計算價值差異時，使用實際用量而不用標準用量。這是由於從成本控制立場來說，材料用量多少，企業可借助工程方法和對員工的培訓而加以控制。但材料價格受物價和市場供需情況所決定，企業難於控制，所以材料成本控制的重點是在用量上，而不是在價格上。企業為確保用量差異的計算不受材料價格漲落的影響，並且使用量差異數字能純粹表示材料耗用的效率，在用量差異的計算上，就需要使用較為穩定的標準價格。否則，所計算得到的用量差異，便缺少參考價值。這一點可從以下說明：

在例9－5中，用量差異用實際價格計算，該月的差異金額為：

$(1,000-980) \times 1.5 = 30$（元）

假設第二個月，產品數量及耗用材料數量均與前一個月相同，則兩個月的用料數應完全一致，但是第二個月因物價下跌，材料每單位購價僅為1.2元，這時用實際價格計算的用量差異就是：

$(1,000-980) \times 1.2 = 24$（元）

顯然，這比上月差異金額減少了6元。如僅從這兩月的數字來比較，很容易讓人誤認為第二個月的用料效率有所提高，而實際並不是這樣。在成本報表和差異資料內，往往只列金額，對詳細情況並不加說明，這就會導致對分析和業績考核的錯誤結論。

當然，計算價格差異時，用實際用量作乘數，也存在著相同的缺點。但是，價格差異既不可控制，又不是控制材料成本的重點所在，比較得失，還是以避免用量差異資料遭受歪曲為好。

關於直接材料成本差異的上述公式的計算，也可以用列表法表示（見表9－6），在此用例9－5的資料說明如下：

表9-6　　　　　　　　　　直接材料成本差異的金額計算

材料名稱或編號(1)	實際單價(2)	標準單價(3)	實際用量(4)	標準用量(5)	總差異(6)=(2)×(4)-(3)×(5)	用量差異(7)=[(4)-(5)]×(3)	價格差異(8)=[(2)-(3)]×(4)
A	1.5元	1.4元	1,000千克	980千克	128元	28元	100元

(二) 直接人工成本差異

直接人工成本差異的計算公式為：

人工工作時間差異 =（實際工作實效 − 標準工作時數）× 標準工資率

工資率差異 =（實際工資率 − 標準工資率）× 實際工時

人工成本總差異 = 實際工作時數 × 實際工資率 − 標準工作時數 × 標準工資率

直接人工成本差異，同樣也可用列表法表示。

[例9-6] 如某車間某月份標準工時數為1,800小時，實際工時為2,000小時，標準工資率為0.45元/工時，實際工資率為0.52元/工時。人工成本差異金額的計算如表9-7所示：

表9-7　　　　　　　　　　　　　　　　　　　　　　　　單位：元

部門	實際工資率(1)	標準工資率(2)	實際工作時數(小時)(3)	標準工作時數(小時)(4)	總差異(5)=(1)×(3)-(2)×(4)	工作時間差異(6)=[(3)-(4)]×(2)	工資率差異(7)=[(1)-(2)]×(3)
××	0.52	0.45	2,000	1,800	230	90	140

(三) 製造費用差異

引起製造費用差異的因素包括費用預算的執行，產量的變化和效率的改變等。為了分析製造費用差異，固定的和變動的製造費用差異均應單獨計算。

1. 變動製造費用差異

變動製造費用差異有兩種，即預算差異和效率差異，分別類似材料、人工費用的價格差異和用量差異。預算差異即開支差異，它的發生是由於實際變動製造費用不同於標準變動製造費用；而效率差異的發生，是因為實際加工時數不同於標準時數。其計算公式為：

變動製造費用預算差異 = 實際變動費用總額 − 實際工作時數 × 標準變動費用分配率

變動製造費用效率差異 =（實際工作時數 − 標準工作時數）× 標準變動費用分配率

變動製造費用總差異 = 實際變動費用總額 − 實際產量應耗標準工時數 × 標準變動費用分配率

實際變動費用總額 = 實際工作時數 × 實際變動費用分配率

[例9-7] 某廠本月實際費用總額為600元，標準費用限額為640元，標準產量應耗標準工時為1,600小時，標準分攤率為0.40元，實際產量為700件，標準產量為800件，實際產量所耗實際工時為1,540小時。該廠本月的製造費用差異用列表法可表示如下（見表9-8）：

表9-8　　　　　　　　　　　　　　　　　　　　　　　　　　　　　　　單位：元

生產部門(1)	實際費用總額(2)	標準費用限額(3)=(4)×(5)	標準產量應耗標準工時(小時)(4)	標準分攤率(5)	實際產量所耗實際工時(小時)(6)	實際產量應耗標準工時(小時)(7)	總差異(8)=(2)-(7)×(5)	預算差異(9)=(2)-(6)×(5)	效率差異(10)=[(6)-(7)]×(5)
××	600元	640元	800×2=1,600	0.40	700×2.2=1,540	700×2=1,400	600-560=40	600-616=-16	140×0.4=56

2．固定製造費用差異

固定製造費用差異的計算，比較複雜，涉及標準成本、預算成本和實際成本三類數據。在使用全部成本進行計算的標準成本制度中，會計人員一般先要確定一種基本活動單位，如以直接人工小時、生產單位標準小時等為基礎，然後對會計期內完成的基本活動單位數和預計的固定費用率計算應分配的固定製造費用。因此，有關固定製造費用的標準成本和實際成本之間的差異，一般有預算差異和能量差異兩類，或者又可分為預算差異、效率差異和生產能力利用差異三類。按兩類劃分固定製造費用差異的稱為差異兩分法，按三類劃分的稱為差異三分法。

（1）差異兩分法計算公式為：

$$\frac{\text{固定費用}}{\text{預算差異}} = \frac{\text{實際固定}}{\text{費用總額}} - \frac{\text{標準固定費}}{\text{用預算限額}}$$

$$\frac{\text{固定費用}}{\text{能量差異}} = \frac{\text{標準固定費}}{\text{用預算限額}} - \frac{\text{實際產量應耗}}{\text{標 準 工 時}} \times \frac{\text{標 準 固 定}}{\text{費用分攤率}}$$

$$\frac{\text{固定費用}}{\text{總 差 異}} = \frac{\text{實際固定}}{\text{費用總額}} - \frac{\text{實際產量應耗}}{\text{標 準 工 時 數}} \times \frac{\text{固 定 標 準}}{\text{費用分攤率}}$$

[例9-8] 某廠某月標準限額固定費用為520元，實際固定費用總額為480元，標準分攤率為0.60元，實際產量應耗工時為720小時，則該廠按兩分法計算的固定製造費用差異如表9-9所示：

表9-9　　　　　　　　　　　　　　　　　　　　　　　　　　　　　　　單位:元

生產部門(1)	實際固定費用總額(2)	標準費用限額(3)	標準分攤率(4)	實際產量應耗標準工時(小時)(5)	總差異(6)=(2)-(5)×(4)	預算差異(7)=(2)-(3)	能量差異(8)=(3)-(5)×(4)
××	480	520	0.60	360×2	480-432=48	480-520=-40	520-432=88

（2）差異三分法計算公式為：

$$\frac{\text{固定費用}}{\text{預算差異}} = \frac{\text{實際固定}}{\text{費用總額}} - \frac{\text{標準固定費}}{\text{用預算限額}}$$

$$\begin{pmatrix} 固定費用生產 \\ 能力利用差異 \end{pmatrix} = \begin{pmatrix} 標準產量應 \\ 耗標準工時 \end{pmatrix} - \begin{pmatrix} 實際產量所 \\ 耗實際工時 \end{pmatrix} \times \begin{pmatrix} 標\ 準\ 固\ 定 \\ 費用分攤率 \end{pmatrix}$$

$$\begin{pmatrix} 固定費用 \\ 效率差異 \end{pmatrix} = \begin{pmatrix} 實際產量所 \\ 耗實際工時 \end{pmatrix} - \begin{pmatrix} 實際產量應 \\ 耗標準工時 \end{pmatrix} \times \begin{pmatrix} 標\ 準\ 固\ 定 \\ 費用分攤率 \end{pmatrix}$$

$$\begin{pmatrix} 固定費用 \\ 總\ 差\ 異 \end{pmatrix} = \begin{pmatrix} 實際固定 \\ 費用總額 \end{pmatrix} - \begin{pmatrix} 實際產量應 \\ 耗標準工時 \end{pmatrix} \times \begin{pmatrix} 標\ 準\ 固\ 定 \\ 費用分攤率 \end{pmatrix}$$

[例9-9] 某廠某月的實際固定費用總額為800元，標準費用限額為780元，標準產量為600件，應耗標準工時為1,176小時，實際產量應耗標準工時為1,120小時。用列表法計算的固定費用差異如表9-10所示：

表9-10

生產部門(1)	實際費用總額(2)	標準費用限額(3)	標準產量應耗標準工時(4)	標準分攤率(5)	實際產量所耗實際工時(6)	實際產量應耗標準工時(7)	總差異(8)=(2)-(7)×(5)	預算差異(9)=(2)-(3)	生產能力利用差異(10)=[(4)-(6)]×(5)	效率差異(11)=[(6)-(7)]×(5)
××	800	780	600×2=1,200	0.65	560×2.1=1,176	560×2=1,120	72	20	15.6	36.4

四、成本差異的帳務處理

(一) 成本差異核算使用的帳戶

日常計算出來的各類成本差異除了可據以編報有關差異分析報告單之外，還應分別歸集登記有關成本差異明細分類帳或登記表，使差異能在帳戶系統中得以記錄，以便期末匯總每類差異的合計數並統一進行處理。

成本差異核算所使用的帳戶既可以按大的成本項目設置，又可按具體成本差異的內容設置。在完全成本法下，按大的成本項目設置的用於核算成本差異的會計科目包括「直接材料成本差異」科目、「直接人工成本差異」科目、「變動性製造費用成本差異」科目和「固定性製造費用成本差異」科目，每個科目下再按差異形成的原因分設明細科目。在變動成本法下，企業可以不設置「固定性製造費用成本差異」科目。

按具體差異設置的科目應包括「直接材料用量差異」「直接材料價格差異」「直接人工用量（效率）差異」「直接人工工資率差異」「變動性製造費用耗費差異」「變動性製造費用效率差異」「固定性製造費用預算差異」和「固定性製造費用能量差異」（或「固定性製造費用預算差異」「固定性製造費用生產能力利用差異」和「固定性製造費用效率差異」）等。

(二) 歸集成本差異的會計分錄

會計人員對本期發生的成本差異應及時在有關會計帳戶上登記。

對超支差應相應借記有關差異帳戶，節約差則貸記相應帳戶，相應的生產費用帳戶則按標準成本予以登記。記錄差異的會計分錄通常在實際成本發生並且計算出差異的同時予以編製。

（三）期末成本差異的帳務處理

企業在會計期末對本期發生的各類成本差異可按以下方法進行會計處理：

1. 直接處理法

所謂差異的直接處理法，就是將本期發生的各種差異全部計入損益表，由本期收入補償，視同於銷貨成本的一種差異處理方法。此法的根據在於：本期差異應體現本期成本控制的業績，在本期利潤上予以反應。這種方法操作比較簡單，並且能使當期經營成果與成本控制的業績直接掛勾。但當成本標準過於陳舊或實際成本水準波動幅度過大時，使用該方法就會因差異額過高而導致當期淨收益失實，同時會使存貨成本水準失實。西方應用標準成本制度的企業多數採用直接處理法。

2. 遞延法

遞延法亦稱分配法，就是把本期的各類差異按標準成本的比例在期末存貨和本期銷貨之間進行分配，從而將存貨成本和銷貨成本調整為實際成本的一種成本差異處理方法。該法強調成本差異的產生與存貨、銷貨都有聯繫，不能只由本期銷貨負擔，應該有一部分差異隨期末存貨遞延到下期去。這種方法可以確定產品的實際成本，但分配差異的工作過於繁瑣。

3. 穩健法

在實務中還有一些變通的方法，如折中法，就是將各類差異按主客觀原因分別處理：對客觀差異（一般指價格差異）按遞延法處理，對主觀差異（一般指用量差異）按直接處理法處理。這種方法既能在一定程度上通過利潤來反應成本控制的業績，又可以將非主觀努力可以控制的差異合理地分配給有關對象。但該方法的缺點是不符合一致性原則。另外還有一種處理差異的方法，即差異的年末一次處理法。在此法下，企業在各月末只匯總各類差異，到年末才一次性進行處理。這樣不僅可簡化各月處理差異的手續，而且在正常情況下，各月差異正負相抵後，年末的一次處理額並不大，可避免各月利潤隨直接負擔差異而波動。但是如果企業年內的某種差異只有一種變動趨勢，那麼年末一次處理時，累計差異過大會歪曲財務狀況與經營成本。所以，企業在後一種情況下就不宜採用此法。

第三節　作業成本控制

一、作業成本法概述

（一）作業成本法產生的社會背景

作業成本法（Activity－Based Costing，簡稱 ABC 法）是以作業為基礎，通過對作業成本的確認、計量而計算產品成本的一種方法。其基本思想最早由美國會計學者科勒在 20 世紀 30 年代末 40 年代初提出。20 世紀 80 年代初期和中期，西方會計學者開始對它進行全面反思，加快了對作業成本法的全面研究。從 80 年代後期開始，作業成

本法被正式應用於各企業。它是對傳統成本計算方法的創新。

作業成本法的產生和應用與新製造環境下的成本構成內容的變化密切相關。由於傳統的成本計算方法通常是以某一總量為基礎，計算統一的間接費用率並據此分配間接費用的，所以在間接費用較少、間接費用在總成本中所占比重較少、成本管理要求不高的情況下，傳統的成本計算方法是可行的。20 世紀 70 年代以來，高科技在生產領域的廣泛應用，加快了社會生產的發展，日本、美國等一些發達國家紛紛推行自動化生產、電腦輔助設計、電腦輔助製造的彈性製造系統（FMS），並取得了豐碩成果。這就使得直接人工費用在成本中的比例越來越小，間接費用的比例大幅度上升。比如，20 世紀 80 年代間接費用在產品生產成本中所占的比重，美國為 35%，日本為 26%；就美日的電子和機器製造業而言，這一比重在日本高達 50%～60%，在美國高達 75%。產品的多樣化，也會使各種產品在技術層次上（精密程度）相差較大。在產品成本構成內容發生變化的情況下，企業為了正確計算產品成本，獲得更全面、更相關的成本信息，以滿足經營管理的需要，客觀上要求把成本控制的重點由直接材料、直接人工逐步轉向製造費用。

在電子技術革命的基礎上，既產生了高度電腦化、自動化的先進製造企業，同時也產生了管理觀念和管理技術的重大變革，形成了以高科技為基礎的新的企業觀。所謂新的企業觀，就是把企業看成為最終滿足顧客需要而設計的「一系列作業」的集合體，形成一個由此及彼、由內到外的作業鏈。企業若要完成一項工作就要消耗一定的資源，而作業的產出又形成一定的價值，轉移到下一個作業，依此類推，直到最終把產品提供給企業外部的顧客，以滿足他們的需要。這裡所說的作業是指基於一定目的、以人為主體、需消耗一定資源的特定範圍內的某種活動或事項。作業的轉移同時伴隨著價值的轉移，最終產品是全部作業的集合，同時也是全部作業的價值集合。因此作業鏈的形成過程，也就是價值鏈的形成過程。作業形成價值，但並不是所有的作業都能增加轉移給顧客的價值。可以增加轉移給顧客的價值的作業叫增加價值的作業；不能增加轉移給顧客的價值的作業叫不增加價值的作業或浪費作業。企業管理就是要以作業管理為核心，盡最大努力消除不增加價值的作業，盡可能提高增加價值的作業的運作效率，減少其資源消耗。使作業成本法得到迅速發展和應用的主要原因在於適時制生產和全面質量管理（TQC）的產生。適時制生產即適時生產系統（JIT），是根據需求來安排生產和採購，以消除企業製造週期中的浪費和損失的一種新的生產管理系統。其基本思想是消除從產品設計到產品銷售各個環節的一切浪費。在生產經營中，凡不能為最終產品增加價值的作業皆為浪費作業。適時制生產要求企業從顧客的需求出發，力爭使生產經營的各個環節無庫存儲備，即實現零存貨。為達到這一要求，企業就應適時地將外購原材料或零部件直接運達生產現場，投入生產，而無需建立原材料、外購件的庫存儲備。生產的各個環節要緊密地協調配合，其前一階段按後一階段進一步加工的要求生產出在產品，後一階段將前一階段的產出直接投入生產，因此企業亦無需建立在產品、產成品的庫存儲備。在銷售階段，生產出來的產成品能夠充分地滿足顧客的需要，並按顧客的要求，適時地送到顧客手中，因而企業亦無需建立產成品的庫存儲備。

為使適時制生產方式能夠順利進行，企業必須做好以下五方面的工作：

（1）與供應商保持良好的合作關係。適時制生產方式要求企業在生產需要時採購所需數量的原材料、外購零部件等並要求供貨商及時送貨至現場，即按需定購，以消除供應環節上的浪費。

（2）生產經營過程的每個環節都要做到零缺陷。不良的連鎖反應，會給企業造成較嚴重的浪費和損失，所以適時制生產方式必須和全面質量管理同步進行，才能充分發揮適時制生產方式的重要作用。

（3）培養具有綜合技能的技術工人。適時制生產方式的實行，要求工人具有多種技能，企業應當對製造單元內的工人進行全面培訓，使其適應單元內的所有工作。當製造單元內的工人有空閒時，這些工人可以被統一調配去從事有關生產準備、設備維護等方面的工作。這樣既可提高企業的勞動生產效率，又使企業的勞動力資源得以充分有效地利用。

（4）實行預防性維護。適時制生產方式要求企業對機器設備進行事前的預防性維護，以保證適時制生產方式的順利運行。

（5）能夠迅速有效地進行生產組織的調整。企業花在生產組織調整上的時間，是不能為最終產品增加價值的。所以，企業必須設法採用先進的製造技術，如彈性製造系統（FMS），以縮短生產組織調整的時間，使其減少到最低限度。

成本核算的根本性要求就是滿足企業經營管理的需求。新技術革命和日趨激烈的市場競爭使企業的經營管理方式發生變化，對傳統的成本計算方法產生前所未有的衝擊。現代化的企業管理，要求成本核算工作由以「產品」為中心轉變為以作業為中心，建立起一個以作業為基本對象的科學的成本信息系統，使之貫穿作業管理的全過程，以便通過它對所有作業活動進行追蹤，進行動態反應，提供更相關的信息，並且在此基礎上建立起更科學、更有效的決策、計劃、控制、分析和考評機制，以促進企業作業管理水準的提高。在此基礎上，產生了以作業量為成本分配基礎，以作業為成本計算的基本對象，旨在為企業作業管理提供更相關、更準確的成本信息的成本計算方法——作業成本計算法。

（二）作業成本法的特點

與傳統的成本計算方法相比較，作業成本法計算有如下特點：

（1）以作業為成本計算的中心。作業成本法下，會計人員首先要確認企業從事了哪些作業，根據作業對資源的耗費，歸集各種作業所發生的成本，然後根據產品對作業的需求量，計算出耗費作業的產品成本。作業成本法擴大了成本計算面，把成本計算的重心轉移到耗費資源的作業上，有利於提高成本分析的清晰度，發現和消除對企業經濟效益無貢獻的耗費。

（2）設置成本庫歸集成本。成本庫是指可用同一成本動因來解釋其成本變動的同質成本集合體。例如，一個生產車間所發生的動力費用、準備調整費用、檢驗費用等受不同的成本驅動因素影響，因此該車間應分別設置成本庫進行費用歸集。又如檢驗費用，也可再按材料檢驗、在產品檢驗和產成品檢驗分設若干個成本庫歸集。不同質的製造費用，通過不同的成本庫歸集，有利於企業發現和分析成本升降的原因，有的

放矢地進行成本控制。

(3) 按多標準分配成本。將不同質的費用設立不同的成本庫進行歸集，也有利於按引起費用發生的成本動因進行費用分配。例如，動力費用與產品產量有關，因此會計人員可選擇與產品產量有關的成本動因，如機器小時，作為分配動力費用的基礎；產品檢驗費用與檢驗數量有關，可按檢驗數量進行分配；準備調整費用與生產準備次數有關，可按生產準備次數進行分配。按多標準分配不同質的製造費用，能夠為成本控制提供更準確的信息。

在作業成本法下，分配間接費用的基礎，除了財務方面的指標外，大量採用的是非財務方面的指標，如材料訂購次數、質量檢驗數量等。

二、作業成本法的計算原理

(一) 作業成本法計算法的程序

作業成本法的計算程序如下：

(1) 作業分析。作業分析是指分析生產產品和提供勞務服務所發生的各項活動，將同質的活動確認為作業項目（或作業中心）的過程。作業分析的目的就是將企業的生產經營活動分解或集合為一個個據以計算成本和評價效果的基本單位——作業，並描述有關資源是如何被消耗的，說明各項作業的投入和產出。作業項目不一定正好與企業的傳統職能部門一致。有時候，一項作業是跨部門進行的；有時候，一個部門就完成了若干項作業。作業分析可以通過編製作業流程圖來完成。

(2) 確定資源動因，建立作業成本庫。企業應根據作業對資源的耗費，按作業項目記錄和歸集費用，建立作業成本庫。

(3) 確定作業動因，分配作業成本。企業應確定作業動因，根據產品或勞務消耗特定作業的數量，將作業成本分配到各成本目標（產品或勞務）中。

(4) 計算匯總各成本目標的成本。某廠的作業成本核算流程如圖 9-2 所示：

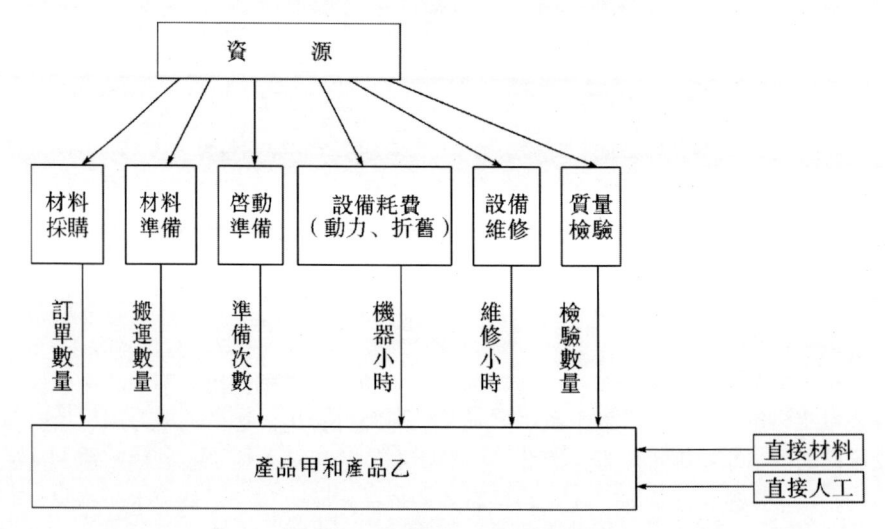

圖 9-2　某廠的作業成本核算流程

(二) 作業成本計算法例示

[**例9-10**] 甲公司在2008年度生產和銷售A、B、C三種產品，其中A產品的工藝程序非常複雜、B產品的工藝程序一般、C產品的工藝程序最簡單，有關記錄如表9-11所示：

表9-11　　　　　　　　甲企業2008年產品生產成本記錄　　　　　　　單位：元

項目	A產品	B產品	C產品	合計
年產量（件）	500	1,000	1,500	
年直接材料	20,000	80,000	88,000	188,000
年直接人工	45,000	70,000	92,800	207,800
年製造費用				320,000
年工時消耗（小時）	1,000	4,000	5,000	10,000

根據以上資料，按照製造成本計算法，對各產品的成本計算如下：
製造費用分配率 = 320,000 ÷ 10,000 = 32（元/小時）
A產品應負擔的製造費用 = 1,000 × 32 = 32,000（元）
B產品應負擔的製造費用 = 4,000 × 32 = 128,000（元）
C產品應負擔的製造費用 = 5,000 × 32 = 160,000（元）
各產品製造成本的計算如表9-12所示：

表9-12　　　　甲企業2008年製造成本計算法下各產品成本的計算　　　　單位：元

項目	A產品	B產品	C產品
直接材料	20,000	80,000	88,000
直接人工	45,000	70,000	92,800
製造費用	32,000	128,000	160,000
總成本	97,000	278,000	340,000
產量	500	1,000	1,500
單位成本	194	278	227.2

甲公司在決定產品售價時，主要採用成本加成的辦法來確定各種產品的銷售價格，也就是將計算出的各種產品的單位成本再加上成本的40%作為產品的預定銷售價格，在這種思路下：
A產品預定銷售價格 = 194 ×（1 + 40%）= 271.6（元/件）
B產品預定銷售價格 = 278 ×（1 + 40%）= 389.2（元/件）
C產品預定銷售價格 = 227.2 ×（1 + 40%）= 318.08（元/件）

然而現實的情況是，A產品按預定的銷售價格銷售時，非常暢銷。該公司通過市場調查分析，發現主要原因是其銷售價格遠低於市場平均價格。後來，該公司雖然將售價提高到350元，產品的銷售勢頭仍然很好。與此正好相反，產品C卻難以按預定

的318.08元的價格銷售出去；幾經周折，降價10%以後，銷售仍然不太理想，並且價格仍然高於市場平均價格。

甲公司在廣泛調查的基礎上，認定其定價模式基本符合目前普遍存在的企業行銷費用較大的特點，符合公認的定價策略。在這種情況下，公司經理層對其成本的真實性產生了懷疑，決定採用作業成本法重新進行成本計算。

甲公司首先將生產經營過程劃分為若干個作業中心，建立作業成本庫，然後將非直接性成本費用歸集到各作業成本庫中，最後再將各作業成本庫的成本費用分配給A、B、C三種產品。具體資料如表9–13所示：

表9–13　　　　甲企業2008年生產過程各作業中心資源耗費及作業量

作業中心	資源耗費（元）	作業動因	A產品	B產品	C產品	合計
車間日常管理	65,000	生產工時(小時)	1,000	4,000	5,000	10,000
生產現場管理	45,000	產量（件）	500	1,000	1,500	3,000
設備維護	90,000	機器工時(小時)	6,000	6,000	8,000	20,000
實物管理	38,000	移動次數（次）	50	30	20	100
驗收與質檢	46,000	檢驗小時(小時)	800	800	400	2,000
生產調試準備	36,000	調試準備次數(次)	1,000	400	100	1,500
合計	321,000					

根據以上資料，計算各作業中心的單位作業成本如下：

車間日常管理作業中心的單位作業成本＝65,000/10,000＝6.5（元/小時）

生產現場管理作業中心的單位作業成本＝45,000/3,000＝15（元/件）

設備維護作業中心的單位作業成本＝90,000/20,000＝4.5（元/小時）

實物管理作業中心的單位作業成本＝38,000/100＝380（元/次）

驗收與質檢作業中心的單位作業成本＝46,000/2,000＝23（元/小時）

生產調試作業中心的單位作業成本＝36,000/1,500＝24（元/次）

根據以上資料計算出各產品的製造費用如表9–14所示：

表9–14　　　　　　　　甲企業2008年各產品應分配製造費用

作業中心	單位作業成本	A產品作業量	A產品製造費用	B產品作業量	B產品製造費用	C產品作業量	C產品製造費用
車間日常管理	6.5	1,000	6,500	4,000	26,000	5,000	32,500
生產現場管理	15	500	7,500	1,000	15,000	1,500	22,500
設備維護	4.5	6,000	27,000	6,000	27,000	8,000	36,000
實物管理	380	50	19,000	30	11,400	20	7,600
驗收與質檢	23	800	18,400	800	18,400	400	9,200
生產調試準備	24	1,000	24,000	400	9,600	100	2,400
合計			102,400		107,400		110,200

根據以上資料及計算，計算出各產品的成本如表 9－15 所示：

表 9－15　　　　　　甲企業 2008 年作業成本計算法下各產品成本　　　　　　單位：元

項目	A 產品	B 產品	C 產品
直接材料	20,000	80,000	88,000
直接人工	45,000	70,000	92,800
製造費用	102,400	107,400	110,200
成本合計	167,400	257,400	291,000
產量（件）	500	1,000	1,500
單位成本	334.8	257.4	194

從以上計算中可以發現，採用作業成本計算與採用傳統的成本計算方法相比，A 產品和 C 產品的單位成本發生了驚人的變化，從而按既定的定價模式確定的預計售價也將發生較大的變化。具體對比情況如表 9－16 所示：

表 9－16　　　　　　甲企業 2008 年各產品單位成本和預算售價對比表　　　　　　單位：元

對比項目	作業成本法	製造成本法
A 產品單位成本	334.8	194
B 產品單位成本	257.4	278
C 產品單位成本	194	227.2
A 產品預算售價	468.72	271.6
B 產品預算售價	360.36	389.2
C 產品預算售價	271.6	318.08

三、作業成本法的評價

（一）作業成本法的優點

作業成本法與傳統的成本計算方法相比較，具有以下六個方面的優點：

1. 拓寬了成本核算的範圍

作業成本法把作業、作業中心、顧客和市場納入了成本核算的範圍，形成了以作業為核心的成本核算對象體系，不僅核算產品成本，而且核算作業成本和動因成本。這種以作業為核心而建立起來的、由多維成本對象組成的成本核算體系，可以突出資源向成本對象流動的關鍵環節，便於合理計算成本，有利於企業全面分析特定產品、勞務、顧客和市場及其組合，以及各相應作業在盈利上的差別。

2. 提供相對準確的成本信息

作業成本計算法能夠改變傳統成本計算中標準成本背離實際成本的事實。它從成本對象與資源耗費的因果關係著手，根據資源動因將間接費用分配到作業，再按作業動因將作業計入成本對象，從而揭示了資源與成本對象真正的「一對一」的本質聯繫，

克服了傳統成本計算假定的缺陷。作業成本計算分配基礎的廣泛化，使間接費用的分配更具精確性和合理性，克服了傳統成本計算法按照單一的分配標準分配間接費用所造成的對成本信息的嚴重扭曲，從而能夠提供相對準確的成本信息。

3. 作業成本信息可以有效地改進企業戰略決策

在作業成本計算法下，由於間接成本不是均衡地在產品間進行分配，而是通過成本動因追蹤到產品的，因而有助於改進產品定價決策，並為是否停產老產品、引進新產品和指導銷售提供準確的信息。除了定價、資源分配及優化產品組合決策之外，作業成本信息有助於對競爭對手的「價格—產量決策」做出適當反應。所以，有人說作業成本計算法不僅僅是一種先進的成本計算方法，也是管理諮詢服務的工具，而且還是管理會計師提高企業發展能力、獲利能力、工作效率的技術。

4. 提供便於不斷改進的業績評價體系

作業成本法關注那些使成本增加和複雜化的因素，揭示在產品之間分配間接成本時「苦樂不均」所產生的後果。在評價作業時，作業成本法的宗旨就是利用具體的作業信息，提高增值作業效率，力圖規避無效作業。作業成本法的業績評價清晰地反應了作業資源在增加顧客價值中所起的作用，揭示了增值作業、非增值作業以及可供資源、實際使用的資源和實際需用的資源之間的差別，可以為改進作業管理、優化資源配置提供有用信息。

5. 便於調動各部門挖掘贏利潛力的積極性

作業成本法的成本計算過程實際上是貫穿於資源流動始終的因果分析過程，便於明確與落實各部門的崗位責任，揭露存在的問題，從而推動企業的各個部門不斷挖掘贏利潛力，優化經營管理決策，使整個企業處於不斷改進的環境中。

6. 有利於企業杜絕浪費，提高經濟效益

作業成本計算通過對成本動因的分析，揭示資源耗費、成本發生的前因後果，指明深入到作業水準，對企業供、產、銷各個環節的基本活動進行改進與提高的途徑，有利於消除各種形式的浪費，全面提高企業生產經營整體的經濟效益。

（二）作業成本法的局限性

作業成本法也不是一種十全十美的成本計算方法，它還存在著許多方面的局限性。這主要表現在以下三個方面：

（1）企業在成本動因的選擇上有一定的主觀性。由於作業成本計算的目的是為了更全面、精細地將各項作業耗費分配到消耗這些作業的產品成本中去，因而企業在成本計算過程中，需要確認資源和作業，需要設立作業成本庫，並且為每個作業成本庫選擇最佳的成本動因。在這個過程中，企業難免帶有主觀性和一定程度的武斷性，尤其是所選擇的成本動因，並不總是客觀的和可以有效驗證的，有些作業的成本動因甚至很難恰當選擇。例如，對廠房租賃費用和車間的一些維持性成本，企業就很難選擇合適的成本動因。這些局限不僅為作業成本的有效實施增加了難度，同時也為管理當局人為地操縱成本提供了可能，導致對這種操縱結果進行審計更加困難。

（2）實施作業成本計算的費用較高。如上所述，作業成本計算的優越性是可以為

企業提供更為相關、更為精細的成本信息。但是，全面實施作業成本計算對於企業來說無疑是一項相當龐大的系統工程。尤其在企業業務量大、生產經營過程複雜的情況下，不僅成本計算過程相當複雜，而且需要做許多基礎性的工作，並且隨著企業生產經營環節的變化、技術的創新及產品結構的調整，又需要重新進行作業的劃分或調整工作，其費用之高是可以想像的。

（3）作業成本計算的實施將會降低（或失去）成本信息的縱向和橫向可比性。作業成本計算法與傳統的成本計算法相比較，無論在產品成本所包括的內容上，還是費用的分配原理上都存在很大的差別。就產品成本所包括的內容來說，傳統的產品成本只包括直接材料、直接人工和製造費用；而作業成本計算法下的產品成本，其內涵要廣泛得多，可以包括一切為生產該產品而發生的費用，即產品成本是「全部成本」的概念。至於兩者在費用分配原理上的差別，則不必多說。因此，在兩種成本核算系統下，不僅同一個企業（或車間）所取得的成本信息會有重大差別，而且同一種產品的成本信息也會大不相同。不言而喻，這種成本信息上的差別，必然會使企業有關資產價值的計量以及企業損益的計算發生變化。而成本信息變化以及由此而帶來的有關資產價值和企業損益的變化使企業前後期的會計信息，以及與其他企業有關的會計信息失去可比性。

（三）中國企業在借鑑作業成本法時應注意的問題

基於以上的分析，作業成本法是一種較為科學的成本計算方法。鑒於中國企業在成本計算和成本管理上所存在的諸多問題，我們應該借鑑和吸收這種成本計算方法的原理和精髓，以提高成本信息的決策相關性，提高成本管理的有效性。在借鑑時，中國企業必須充分考慮自身的具體情況和作業成本法本身的局限性。有鑒於此，可以先在原材料供應較為充裕、市場競爭激烈、生產線成熟、自動化程度高、產品技術含量大、基本具備實施作業成本計算條件的企業試用，並且在應用的方式方法上可以是多種多樣的。在借鑑和應用作業成本計算時，企業應特別注意以下三個方面的問題：

（1）企業要充分認識自身的具體情況，注意把作業成本法的實施與企業成本管理水準的改進和提高結合起來；從現實需要出發，設計作業成本計算系統。就目前中國企業的實際情況來說，應用作業成本計算，主要還是應用其成本計算的原理，為成本管理服務，而不是以作業成本法完全取代傳統的成本計算方法。在條件較為成熟的企業可以較為全面地試行作業成本計算，而就多數企業來說，則應該在生產經營的某些環節，或者在某些局部費用的分配上引入作業成本法的原理，以提高成本信息的質量，使之更好地為企業生產經營和決策服務。

（2）企業要充分認識作業成本法在費用分配上的本質要求，切忌主觀武斷。作業成本計算之所以可以提供相對準確的成本信息，是以下兩個基本條件為前提的；若企業嚴重違反了這兩個基個條件，不僅達不到預定的目的，還會適得其反。

第一個條件，同一作業成本庫中的成本均由同質作業引起，也就是在同一成本庫中，成本受單一作業或「主要作業」驅使而致。若成本因兩個或兩個以上主要作業而發生卻僅以一個作業為基礎來將成本分攤至產品，則違反了這個條件。所以，許多成

本以武斷的方式進行分攤仍會造成成本扭曲。

第二個條件，同一成本庫中，成本變動與作業的變動水準是等比例增減的，也就是成本動因與被分攤成本間有密切的因果關係。作業成本計算的限制在於某些成本的發生與產品無直接因果關係，因而無法找出合適的成本動因。這種情況下，如果貿然分攤必將造成錯誤，閒置生產能力的成本就是如此。

因此，企業在實施作業成本法時，首先應全面、精細地對生產經營過程進行作業分析，在此基礎上建立作業成本庫和選擇成本動因。

（3）企業要充分考慮成本效益原則，力求有效地解決企業生產經營過程和成本管理中存在的問題。如前所述，實施作業成本計算是一項較為龐大的系統工程，即使局部地採用也是一件較為複雜的工作。因此，實施作業成本法的預計成效如何，需要耗費的成本怎樣，是企業應研究的重要問題。為此，企業在實施作業成本法時，首先必須認真地分析企業生產經營過程和成本核算中存在哪些問題，採用作業成本法和作業成本管理是否有助於這些問題的解決，以及成本效益如何，以便有效地、有針對性地解決這些問題，使耗費的成本減少。如果企業需要耗費較大的人力、物力和財力，需要進行複雜的成本該算，但並不能解決所存在的主要問題，則不應盲目實施作業成本計算。

第四節　目標成本與成本企劃

一、目標成本

（一）目標成本的內涵特點[1]

目標成本管理最早產生於美國，後來傳入了日本、西歐等地，並得到了廣泛應用。日本將目標成本管理方法與本國獨特經營機制相結合，形成了以豐田生產方式為代表的成本企劃。在 20 世紀 80 年代，目標成本管理傳入中國，先是由機械工業企業擴展了目標成本管理的內涵與外延，實行全過程的目標成本管理；到了 20 世紀 90 年代，中國形成了以邯鋼經驗為代表的具有中國特色的目標成本管理。邯鄲鋼鐵集團的目標成本管理模式的突出特點是企業內部實行「模擬市場，成本否決」。寶鋼目標成本管理模式的核心是實施標準成本管理。除此之外，中國其他大型冶金企業如鞍鋼、首鋼、攀鋼、包鋼等的成本管理模式，在沿用傳統模式和學習邯鋼經驗的基礎上有了一定的改進。它們在成本核算上通常採用的是內部計劃價格分步驟核算，逐步分配結轉各步驟成本差異的成本控制和責任成本考核。這在冶金企業目前是一種較為普遍的成本管理模式。

目標成本是企業的一項重要經營管理目標。它既是一個目標概念，又是一個成本概念。作為目標概念，它是目標的一種具體形式，是企業預先確定的在一定時期內所

---

[1] 周朝琦，等. 目標成本管理 [M].

要實現的成本目標，即想要達到的成本水準、數值或指標，或者企業成本管理工作的奮鬥目標。它一般包括三個相互聯繫的方面：目標成本額、單位產品成本目標和成本的降低目標。作為成本概念，它是企業作為奮鬥目標和控制指標而預先制定的產品成本，即用貨幣表現的費用支出。它是一種低於目前成本並且需要經過努力去實現的成本，就其類型來說，是一種不同於會計核算成本的經營管理型成本。可見，目標成本既有目標的屬性，又有成本的屬性，是二者的統一。當它作為一個目標概念時，它的成本屬性使它與其他成本區別開來。因此，目標成本的特點可以從兩個方面來認識：

（1）從目標的角度來認識。目標成本除了具有一般目標、管理目標和企業目標的一般特點外，還具有自己的特點，這個特點就是它的成本屬性，即這種目標的內容、實體是成本，是一種以成本為內容的目標。其表現形式是價值、貨幣的形式，其表示水準、指標、數值是成本的水準、指標、數值；其體系是由成本項目構成的體系；其期限是未來成本實現的期限。

（2）從成本的角度認識，它除了具有一般成本的特點外，還有自己的特點。其特點就是目標的屬性，即一種表示未來方向的對象化了的成本。它具有預見性、確定性、約束性、可分性、可核算性、可行性、激勵性、經濟性等性質。總而言之，目標成本是一種具有管理目標一般特性、企業目標一般特點的成本。

此外，目標成本的特點還包括：以顧客導向獲取競爭優勢；以市場價格作為上限，謀求成本降低；在產品生命週期的初期階段使設計者注重成本的降低；採用跨部門的團隊方式幫助各部門管理者在未開始生產產品前就衡量產品的功能、消費者需要、產品的成本和利潤；採用價值工程等方法去維持產品功能並降低產品成本；等等。

（二）目標成本與其他成本概念的關係

就目標與成本的關係來說，二者是特殊和一般的關係。目標成本不是一個獨立存在的成本概念，它是建立在成本概念的一般內容之上的。倘若沒有成本的概念，也就沒有目標成本的概念。

成本是指企業在生產經營過程中所發生的全部費用支出，而目標成本則是在一般成本的基礎上，賦予其目標的規定性。因此，目標成本的制定、分解、考評都要以成本的一般分類、劃分、控制、考評等為前提。目標成本與其他帶有管理屬性的成本概念之間存在著相互滲透、相互促進的關係。管理者在目標成本管理過程中可以把它們結合起來運用。

1. 目標成本與責任成本的關係

責任成本是按責任歸屬來劃分、管理、控制的成本，在目標成本管理中，目標成本的分解、落實、控制等通過與責任會計相結合，就可以轉化為責任成本來管理和控制。這樣，既可以保證目標成本的實現，又可使責任成本的控制有明確的方向。

2. 目標成本與定額成本的關係

定額成本是根據企業的各項平均的先進定額而制定的成本，也是一種事先制定的具有先進可行性和控製作用的管理成本。在目標成本管理中，目標成本和定額成本可以結合，相輔相成；定額成本可以作為制定目標成本的依據，甚至可以直接作為目標

成本去實施；同時，企業也可以把目標成本轉化為定額成本來進行管理，並通過定額成本管理來保證目標成本的實現。

3. 目標成本與標準成本的關係

標準成本是依據企業的作業標準、原材料的消耗標準、工時標準、工資標準等制定的成本，也是一種事先制定的具有先進可行性和控製作用的管理成本。它也可以作為制定目標成本的依據或直接作為目標成本，也可以和目標成本結合起來，通過標準成本的管理促進目標成本的實現。

4. 目標成本與正常成本的關係

正常成本是企業在正常生產經營條件下預計達到的成本。它是根據過去較長時期的統計平均數和對將來發展趨勢的估計數計算出來的成本。它也是事先制定並加以控制的成本，因而也可以作為制定目標成本的依據或直接作為目標成本。此外，設計成本、機會成本、功能成本、質量成本等也都可以作為制定目標成本的依據。就目標成本與其他具有未來屬性的成本來說，它們之間也同樣存在著相互統一的關係。

5. 目標成本與計劃成本的關係

計劃成本是根據計劃期的各項平均先進消耗定額和當期的費用計劃及其他有關資料計算的成本。因此，目標成本可以和計劃成本統一，計劃成本可直接被當作目標成本。

6. 目標成本與預計成本的關係

預計成本是在計劃成本的基礎上以計劃執行過程中一部分已完成的成本作為依據，推算出的計劃後期要發生的成本。因此，企業如果要制定計劃後期的目標成本，可把預計成本作為目標成本，同時也可將其作為制定下期目標成本的依據。

7. 目標成本與預算成本的關係

預算成本是納入企業預算的該預算期內的成本，可以作為制定目標成本的依據或直接作為目標成本。

以上所有這些成本概念，都是具有預先性、事先控制性的成本概念，都是在一般成本概念的基礎上按照管理的需要而加進一些特殊規定性的概念。因此，企業在實際的目標成本管理活動中可以把它們有機地結合起來使用。

二、成本企劃

(一) 成本企劃的淵源

成本企劃的鼻祖當推日本的豐田汽車公司。豐田汽車公司在 1962 年開始導入成本企劃的主要工具——價值工程。在 1963 年豐田公司對企業員工明確提出了成本管理的三大支柱：成本維持、成本改善與成本企劃。大約在 1965 年前後的新型皇冠車開發計劃階段，為了限定成本，豐田公司當時的車型成本管理責任者對成本進行了分析評估。1967 年，豐田公司制定了「成本企劃實施規則」，規定了成本企劃的實施步驟及其責任部門，使其成為一種制度化的組織活動。在 1969 年前後，在對皇冠車進行改造的同時，豐田公司逐漸形成了不僅包括公司內部而且包括協作企業的一體化成本企劃活動。

1969 年以後，豐田公司的成本企劃，不僅在新車開發設計階段實施，而且發展成為以全部車種為實施對象、確保目標利潤實現的管理活動。

幾十年來，以汽車業為代表，成本企劃作為日本獨特的成本管理方法有了長足的發展，現在不僅在汽車、電機、機械製造與精密電子儀器等裝配型企業落地生根，而且在冶金、化學、紡織等工業企業，甚至在食品業，都有了相當程度的推廣實施。其發展普及與逐漸完善與其所處的市場環境是分不開的。

日本企業家們深深地意識到，在變幻莫測的市場中要使產品暢銷。必須盡量確保產品的低價格、高質量和多功能這三大要素。在這三大要素中，為確保低價格而必需的低成本顯得格外重要。

儘管成本企劃在20世紀60年代的汽車製造業中就已具雛形，但真正被作為確保目標成本和目標利潤實現的手段，即將成本企劃的對象空間擴展到開發設計的前階段（產品理念設計與銷售價格確定階段），還是1973年第一次石油危機之後的事。當時的汽車業為滿足政府制定的排氣規則，成本大幅上升，傳統的成本管理對此根本無能為力，所以只能從改變設計上尋找突破口。非裝配型企業運用成本企劃則是在20世紀80年代後才出現的。這表明，成本企劃具有大幅度降低成本的功效已成為整個日本企業界的共識。

之後，以汽車業為中心，成本企劃在日本的許多行業中得以迅速推廣，發展至今已成為一種「在產品的企劃、開發中，根據顧客需求設定相應目標（目標成本），希冀同時達到這些目標的綜合性利潤管理活動」。

成本企劃的產生、發展是以大型跨國公司為載體的，以國際市場競爭為外部推動力的。成本企劃在今天能夠被全面推廣並日臻完善，得益於外部的市場競爭，它為促進成本企劃注入了第一驅動力。

（二）成本企劃的目標

在日本，目標成本計算與適時生產系統（JIT）密切相關，它包括成本企劃和成本改善兩個階段。成本企劃的目標是通過設定、達到目標成本並得出估算成本，以使估算成本逼近目標成本，也就是使估算利潤逼近目標利潤。其中，目標成本的設定和達成是關鍵的一環；而成本改善則是生產過程中持續性的成本降低過程。

在成本企劃階段，企業首先要根據長期的贏利計劃、市場戰略價格和現實生產環境進行企劃對象的目標成本設定；接著由主管工程師負責，並且與成本管理人員和工程技術人員一起，以滿足顧客需要和參與國際市場競爭為立足點，對企劃對象的構成從部件、機能兩個角度展開目標成本分析；相關的生產部門與材料供應商通過改進生產方式與採用新材料和新技術來進行創新以達到目標成本，爭取把降低成本與提高質量的目標一起包含在計劃範圍內；在企劃的實施決定階段，成本管理人員從價值工程的角度估算預期的實際成本（即估算成本）；不管目標成本與估算成本間存在多大差異，成本管理人員在設計成本企劃時，應通過各種措施與手段使估算成本逼近目標成本。

以上實際上是圖紙上降低成本的過程，這一過程包含了目標成本「設定—分解—

達成—再設定—再分解」的多重循環，即目標成本設定之後，對其進行分解，使目標成本佈局具體化；佈局完畢後，便對症下藥，在每一佈局之處實施省料且有效的生產方式，在保證質量的前提下，將所消耗的費用限定在目標成本範圍內；實施結果的成本估算值如果不大於目標成本，則可以過關進入下一個實施循環。由此可見，直觀上成本企劃是通過多重循環逐次擠壓以達到成本降低目的的。

在成本改善階段，企業通過大量的生產進行持續性的成本降低。與改進生產效果一樣，成本管理人員應分階段地將目標成本與某確定預算期內的預期成本改善目標進行比較。企業所有部門各個層次的職工與管理人員，為使改善目標逼近目標成本，應經常性地從成本意識的角度來提出改進成本和技術的方案並加以實施。

（三）成本企劃的實質

成本企劃的實質是成本的前饋控制，它不同於傳統的成本反饋控制（即先確定一定的方法和步驟，根據實際結果偏離目標值的情況和外部環境變化採取相應的對策，調整先前的方法和步驟），而是針對未來必須達到的目標，對目前的方法與步驟進行彈性調整，因而是一種先導性和預防性的控制方式。

具體說來，前饋控制為使事後發生的實際值與最初的計劃值非常接近，而將最初的計劃值（目標利潤、目標成本）不斷地與結合實際情況後的計劃值（估算利潤、估算成本）進行比較、分析，以使最終兩個計劃值之差額趨近於零。

成本企劃的前饋控制體現了成本管理的兩種新思維。其一，前饋控制是一種源流式成本管理，即將降低產品成本的「重心」由傳統的生產階段上溯至開發、設計階段，對企劃對象的起始點實施充分透澈的分析，從而有助於減少後續製造過程中大量無效作業耗費的無謂成本，使得大幅度削減成本成為可能。其二，前饋控制體現了「成本築入」的思想。一個完成了的產品設計，在某種意義上是在圖紙上對製造過程進行了一次預演，預演時賦予的各種條件就是實際生產過程中具體各項要求的體現。直觀地說，設計就是在圖紙上製造產品。成本築入意味著在將材料、部件等匯集在一起裝配成產品的同時，也將成本一併裝配進去。倘若在圖紙的預演中排除了各種無效或低效因素，圖紙上有限的築入成本就可能等同於製造現場的實際成本，這就等於在前期確保了成本降低的可能性。

本章小結

自人類早期為從事生產和交換活動產生對成本的計量與控制需求以來，伴隨科學技術、市場競爭和社會經濟環境的變遷，企業經營理念和組織形態的不斷演化，成本控制戰略也歷經了一個逐步邁向科學、精確、系統和公平的發展與變革過程。

標準成本控制是指事先制定標準成本，將標準成本與實際成本相比以揭示成本差異，對成本差異進行因素分析，並據以加強成本控制的一種會計信息系統和成本控制系統。標準成本控制並不單純是一種成本計算方法，而是一個包括制定標準成本，計算和分析成本差異，以及處理成本差異三個環節的完整系統。

作業成本法是以作業為基礎，通過對作業成本的確認、計量而計算產品成本的一種方法。在作業成本法下，分配間接費用的基礎，除了財務方面的指標外，大量的是非財務方面的指標。與傳統成本計算相比，作業成本法能為管理決策者提供更準確的成本信息。

目標成本是企業一項重要的經營管理目標。是企業預先確定的在一定時期內所要實現的成本目標，即想要達到的成本水準、數值或指標，或者企業成本管理工作的奮鬥目標。

成本企劃的實質是成本的前饋控制，它不同於傳統的成本反饋控制，而是針對未來必須達到的目標，對目前的方法與步驟進行彈性調整，因而是一種先導性和預防性的控制方式。

謹記問題

1. 成本核算與成本控制沒有什麼關係，成本核算只是為對外報告服務的，而成本控制是對成本進行管理的一種內部管理活動。
2. 標準成本控制、作業成本控制、目標成本和成本企劃對任何企業都適用，企業一旦使用了這些方法，都會收到預想的效果。

思考與練習

一、簡答題
1. 簡述成本控制理論的產生與發展。
2. 簡述標準成本法的基本原理。
3. 簡述作業成本法的原理及其優缺點。
4. 試述目標成本與成本企劃的區別與聯繫。

二、單項選擇題
1. 固定製造費用的能量差異進一步分為（　　）。
   A. 閒置能量差異和耗費差異　　B. 閒置能量差異和效率差異
   C. 耗費差異和效率差異　　　　D. 以上任何兩種差異
2. 固定製造費用的閒置能量差異，是（　　）。
   A. 未能充分使用現有生產能量而形成的差異
   B. 實際工時未達到標準生產能量而形成的差異
   C. 實際工時脫離標準工時而形成的差異
   D. 固定製造費用的實際金額脫離預算金額而形成的差異
3. 下列變動成本差異中，無法從生產過程的分析中找出產生原因的是（　　）。
   A. 變動製造費用效率差異　　B. 變動製造費用的耗費差異
   C. 材料價格差異　　　　　　D. 直接人工效率差異
4. 固定製造費用的實際金額與固定製造費用的預算金額之間的差額稱為（　　）。

A. 耗費差異 B. 效率差異
C. 閒置能量差異 D. 能量差異

5. 根據一般應該發生的生產要素消耗量、預計價格和預計生產經營能力利用程度制定出來的標準成本是（　　）。

A. 平均標準成本 B. 理想標準成本
C. 正常標準成本 D. 先進標準成本

6. 採用作業成本法計算間接費用分配率應該考慮（　　）。

A. 生產工時 B. 作業目的
C. 總量標準 D. 成本動因

7. 作業成本法最重要的優點在於（　　）。

A. 促進企業組織方式變革 B. 作業的計量和分配較為客觀
C. 促使管理人員加強成本控制 D. 簡化了成本計算程序

8. 以下對作業成本計算法的說法不正確的有（　　）。

A. 作業成本計算法的應用受到適用條件的限制
B. 作業的計量和分配帶有一定的主觀性
C. 成本動因有嚴謹的判斷方法
D. 作業成本計算法並沒有解決與作業活動無關的間接費用分配問題

9. 以下不屬於作業成本法與傳統成本法相比的特點有（　　）。

A. 以作業為核心的多元化成本核算對象
B. 以成本動因作為成本歸集和分配的標準
C. 作業成本計算不僅是一個成本分配的過程，而且更重要的是一個依據因果關係分析資源流動並進行作業管理的過程
D. 作業成本法是以減少顧客價值為業績評價的目標

10. 以下不是作業特徵的有（　　）。

A. 作業是一種資源投入和一種效果產出的過程
B. 作業活動貫穿生產經營的全過程
C. 作業是可以量化的
D. 所有作業都是增加價值的

三、多項選擇題

1. 關於固定性製造費用的兩差異法和三差異法說法錯誤的有（　　）。

A. 開支差異等於耗費差異
B. 能力差異等於能量差異
C. 效率差異與能力差異之和等於能量差異
D. 效率差異與開支差異之和等於能量差異
E. 效率差異等於預算差異

2. 標準成本的種類有（　　）。

A. 實際標準成本 B. 現行標準成本

  C. 基本標準成本   D. 預定標準成本

  E. 理想標準成本

3. 下列屬於預計成本的是（ ）。

  A. 標準成本   B. 未來成本

  C. 估計成本   D. 完全成本

4. 標準成本帳務系統應反應的資料有（ ）。

  A. 標準成本   B. 成本差異

  C. 實際成本   D. 目標成本

5. 造成人工效率差異的原因有（ ）。

  A. 勞動情緒不佳   B. 產量太少無法發揮批量優勢

  C. 設備故障較多   D. 工人經驗不足

  E. 作業計劃安排不當

6. 採用作業成本計算法應具備的條件有（ ）。

  A. 製造費用所佔比重相當大

  B. 作業環節較多

  C. 生產運行數量相差很大且生產準備成本昂貴

  D. 會計電算化程度較高

7. 選擇適當的成本動因通常應考慮的因素有（ ）。

  A. 成本動因資料是否易得   B. 與作業實際消耗的相關度

  C. 成本動因引發的人為行為   D. 執行者的判斷經驗

8. 作業成本法的局限主要有（ ）。

  A. 作業成本法所提供的信息仍以傳統會計為基礎

  B. 在確定作業中心和成本動因時，具有人為性

  C. 實施成本較高且短期內實施效果不明顯

  D. 間接費用分配標準的多元性

9. 適合使用作業成本法的企業的特徵是（ ）。

  A. 間接費用在產品成本結構中比重較小

  B. 企業規模大，產品種類多

  C. 產品生產過程複雜，作業環節多且容易辨認

  D. 生產準備成本較高，各次投產數量相差較大

  E. 計算機技術不高

10. 作業成本法較傳統成本計算方法主要的優勢是（ ）。

  A. 提供相對準確的成本信息

  B. 作業成本法所提供的信息仍以傳統會計為基礎

  C. 有利於改進責任會計系統

  D. 在確定作業中心和成本動因時，具有人為性

四、判斷題

1. 計算價格差異時的標準價格與標準成本制定過程中使用的「價格標準」相同，都屬於單位概念。（　）

2. 有利差異越大越好，不利差異越小越好。（　）

3. 標準成本是一種單位的概念，而預算成本是一種總額的概念。（　）

4. 在標準成本法下，當期發生的全部成本差異均作為期間費用處理。（　）

5. 標準成本制度下，對超支差異應貸記有關差異帳戶，節約差異應借記有關差異帳戶。（　）

6. 由於不同的作業引發不同的成本，在作業繁多的情況下，企業不可以將性質相近、所引發的成本能夠用相同原因加以解釋的不同作業或作業中心合併為同質作業，不能將它們的成本按同一成本動因進行分配。（　）

7. 成本計算最終要計算出產品生產成本。（　）

8. 按作業成本計算的產品生產成本與按傳統成本方法計算的成本一樣。（　）

9. 作業成本計算的主要目的在於確認作業是否缺少效率以及是否存在浪費。（　）

10. 按作業成本計算原理應用標準成本法，計算作業成本差異，無法避免傳統標準成本法的種種弊端。（　）

五、核算題

練習一

（一）目的

練習耗費差異和效率差異的核算。

（二）資料

某廠某產品的變動製造費用標準成本為：工時消耗為 3 小時，變動製造費用的小時分配率為 5 元。

該廠本月生產產品 500 件，實際使用工時 1,400 小時，實際發生變動製造費用 7,700（元）。

（三）要求

計算並分析變動製造費用的耗費差異和效率差異。

練習二

（一）

練習成本差異的分析。

（二）資料

某企業生產某產品，在本期內的固定性製造費用預算和實際執行結果如下：

1. 預算數

機器工作時間為 15,000～17,000 時，管理人員工資是 8,000 元，固定資產折舊為 12,000 元，保險費為 4,000 元，其他費用 6,000 元，合計 30,000 元。

2. 實際數

機器工作時間為 14,900 時，管理人員工資為 8,200 元，固定資產折舊為 12,000

元，其他費用為 6,100 元，合計 31,200 元。

本企業的正常生產能力為 15,000 機時。

(三) 要求

計算本企業本期內固定性製造費用的各項差異。

練習三

(一) 目的

練習傳統成本分配法和作業成本分配法的應用。

(二) 資料

某企業本月生產甲、乙兩種產品。本月發生製造費用 45,000 元，其中：裝配費 12,000 元 (成本動因為工時)、質量檢驗費 11,000 元 (成本動因為生產批次)。

本月費用資料如下表所示：

項目	甲產品	乙產品
產品產量 (件)	100	100
生產批次 (次)	10	1
機器小時 (小時)	1,200	800

(三) 要求

1. 採用傳統成本法分配製造費用 (按機器工時比例分配)。
2. 採用作業成本法分配製造費用。

第十章 現代成本會計的新興領域

教學目的與要求

隨著社會經濟的加速發展，成本會計的應用範圍也在不斷拓展，其研究領域和研究對象也在不斷擴大，從而推動現代成本會計新興領域不斷湧現。從20世紀70年代資本成本會計問世以來，一些學者先後對質量成本會計、環境成本會計、人力資源成本會計以及自然資源成本會計等新興成本會計問題展開研究，並取得了一些初步成果。通過本章的學習，學員應當在把握傳統成本會計的基礎上，對現代成本會計的新興領域有一些初步的瞭解，並進行更廣泛而深入的思考。

本章重點提示

1. 每個新興領域成本會計的概念及其背後的涵義
2. 每個新興領域所產生的歷史背景及其發展歷程
3. 對現代成本會計新興領域進一步研究的意義和作用

第一節 資本成本會計

一、資本成本與資本成本會計

（一）資本成本的概念

當前理論界對資本成本的概念表述大體有以下四種：[1]

（1）資本成本是企業為取得資金的使用權而實際支付的代價或實際發生的資金使用費，如借入資金所支付的利息。

（2）資本成本是企業取得和應用全部資金而付出的代價或發生的使用費，包括實際發生的使用費和應該發生的使用費，如借入資金的利息和自有資金（權益資金）、優先股與普通股的股利和投資者分配的利潤。

（3）資本成本是企業在某一投資項目上，為補償其經營這個投資所使用資金（資本）的成本，如評價投資方案是否可行所採用的利率。

---

[1] 林萬祥. 成本會計研究 [M].

（4）資本成本是指公司投資者所要求獲得的平均報酬率，即公司進行投資時可以接受的最低報酬率。

資本成本概念是不斷豐富和完善的，早期的資本成本概念僅指取得借入資本所實際支付的利息或使用費。隨著股份制企業的出現，企業應用資金的來源發生了新的變化，它除了借入資金外，還包括股東投入的資本，即優先股與普通股的股本（權益資金）。

因此，我們也可以將資本成本概括為：它是企業為取得和占用經營資本所承擔的費用，它不僅包括企業借入資本所需支付的利息，也包括投入（股本）資本所需發放的股利。資本成本會計是「計量和報告資本成本的過程」，它主要指在現代金融市場和現代企業制度的經濟環境中，以企業資本為對象，將成本概念及其計量引入產權領域。

（二）資本成本會計的產生

20世紀70年代初，西方學者開始從財務會計的角度發展「資本成本」概念，並以此作為構建「資本成本會計」模式的理論依據。美國會計學家R.N.安東尼（R.N. Anthony）教授在1973年的《哈佛商業評論》發表題為《權益資本成本會計》的論文，提出了為權益資本計量其成本的思想；後來，安東尼教授進一步發表了一系列相關論著。這在會計學界引起了軒然大波，資本成本會計繼而成為關注和爭論的焦點。儘管1979年美國FASB發布的第34號公告「利息成本資本化」否定了安東尼教授權益資本成本會計架構中的利息費用資本化的提議，但中外會計學界仍將資本成本會計視為未來會計的發展趨勢之一。

資本成本原本是經濟學和財務學的一個重要範疇。儘管在經濟學和財務學中對資本成本的定義有不盡相同的文字表述，但資本成本是所籌和所用資金的必要的、必需的支出，它們在根本上是一致的。具體地說，籌資過程中的諮詢評估費用、印刷費用、代理費用等支出以及用資過程中的利息費用、股利等都是實際發生的資本成本額。另外，由於股利不是「必需」的，所籌集的股權資金的「必要」成本，應該定義為從股東角度來看，必須達到的最低回報率，即所投資金的機會成本（或由於這一特定的投資而喪失的收益）。

現行財務會計的核算體系採用歷史成本原則作為計量基礎。企業籌資、用資過程中實際發生的支出，在財務報表上都有體現，但權益資本的成本，即股東所要求的最低回報，在財務報表上沒有體現出來（是否發放股利及具體的發放數額在企業的損益表中雖有體現，但考慮到股東的收益並非只有股利，資本利得部分可能更為重要，所以企業發放股利的具體數額與股東要求的機會成本沒有必然的聯繫）。

（三）資本成本會計與財務會計

資本成本會計與現行財務會計的明顯不同是：現行的財務會計只確認、計量和報告債務資本成本而忽略權益資本成本（權益資本成本只是作為稅後利潤分配）；而資本成本會計則認為，企業使用的各種資本成本都應像生產成本一樣計算，從企業收入中

扣除，以確定企業的利潤。也就是說，利息費用中既有屬於債務資本成本的部分，也有屬於權益資本成本的部分。權益資本成本屬於隱含成本，而債務資本成本則和直接材料成本、直接人工成本、間接費用等一樣屬於顯現成本。資本成本會計的理論構想，從實質上說，就是將會計信息領域加以擴展，使財務報告反應企業在生產經營過程中所發生的一切成本，既包括顯現成本，也應包括隱含成本。

構建資本成本會計的意義表現在：

（1）可以使國有企業的經營者破除長期存在著的「免費使用國家資本」的思想。由於受傳統計劃體制的影響，中國當前還有許多人誤認為國有資本是免費資本，能得到越多越好。現行財務會計沒有將國有資本成本列為成本、費用項目，導致國有企業的經營者對國有資本缺乏責任心。若建立資本成本會計，經營者使用國有資本就得付出代價，負擔成本，並直接從利潤中反應出來。這對於扭轉當前國有資產的使用者不珍惜國有資本的局面能起到一定的積極的作用。

（2）資本成本會計使自建資產與外購資產的價值評估具有可比性。在現行財務會計裡，租賃資產的租金含有出租人的收益，購置資產的成本也包括製造企業的利潤，而自建資產的成本中缺乏這一部分內容，從而使自建資產成本與外購資產成本缺乏統一的比較基礎。資本成本會計的實施可以基本剔除這一不可比因素，從而提高會計的可比性。

二、「安東尼」的資本成本會計

安東尼（R. N. Anthony）設計的資本成本會計模式主要包括以下內容：

（1）設置「資本成本」帳戶。該帳戶借方匯總所發生的全部資本成本，包括債務資本成本和產權資本成本；貸方登記資本成本的分配，包括分配到「財務費用」或分配到有關資產項目中。

（2）匯總資本成本，其中借入資本成本按實際發生的利息計入「資本成本」帳戶的借方，其成本率就是實際債務資本的利息率；產權資本成本則按資本市場的平均利息率計算，它代表企業使用產權資本的機會成本。

（3）分配資本成本。其中，債務資本成本列作財務費用，直接計入收益表；產權資本成本的最理想分配方法是分清不同來路資金的去向，並將其分別分配到存貨、廠房設備、銷貨成本等資產項目中，但其實際操作有一定的困難。簡便可行的方法是將其平均分攤到非貨幣性資產及當期銷貨成本中去。

（4）資金成本信息的揭示和報告。實施資本成本會計核算，要求企業會計人員在編製財務報表時在表內披露資本成本的情況，以對外揭示和報告有關資本成本的信息。

資本成本核算的帳務處理程序如圖 10-1 所示：

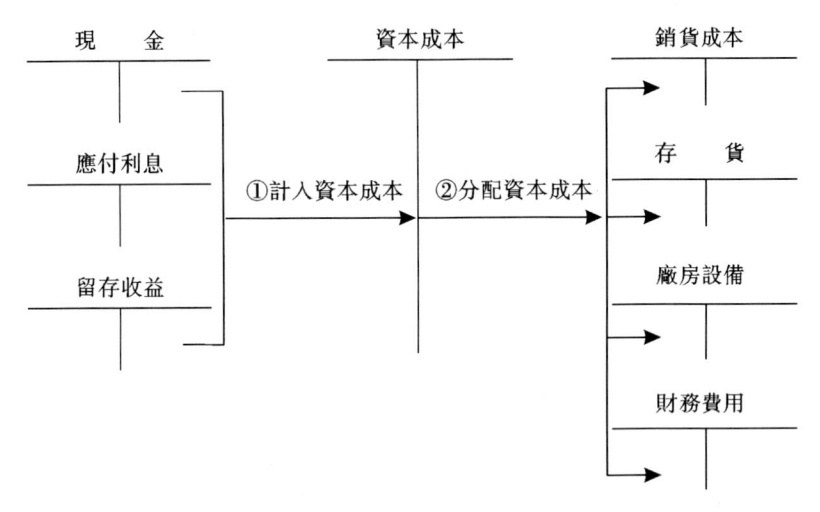

圖 10-1　資本成本帳務處理流程

三、資本成本會計的核算

（一）股權資本成本會計的核算程序

股權資本成本會計主要是對股權資本成本進行確認、計量和記錄，其基本核算程序為：[1]

（1）計算企業的全部資本成本。企業的全部資本成本包括債務資本成本和股權資本成本兩部分。由於債務資本成本一般是明確的，即債務利息，所以計算企業資本成本的關鍵是計算股權資本成本。

（2）對生產產品過程中所耗用的資本的成本，可比照製造費用分配方法，分配計入所生產的產品成本中。

（3）對企業在自建廠房等固定資產上占用的資本成本（包括在建造過程中使用資產占用的資本成本和在建造過程中發生的其他資本成本）計入所建固定資產成本中。

（4）對長期庫存存貨占用的資本的成本，計入該存貨成本中。

（5）對於按以上程序未分配完的資本成本，作為期間費用處理。

（6）在記錄時，將股權資本成本計入有關成本費用科目的借方和利潤分配科目的貸方。

與傳統財務會計相比，股權資本成本會計的建立將主要使企業的成本發生以下三大變化：

（1）利息費用將廣義化為企業的資本成本，既包括債務資本的成本也包括股權資本的成本。利息費用不再是一項期間費用，而應該被當作一項成本處理。

（2）企業存貨成本和銷貨成本中將包含在生產產品過程中所耗用的資本成本。

---

[1] 李正明. 股權資本成本核算的相關問題 [J].

（3）自建固定資產的成本中將包括在建期間所占用的全部資本的成本。

除使企業的成本發生變化外，股權資本成本會計還會影響企業的資產和淨利潤，並最終引起企業所有者權益的變化。

（二）債務資本成本會計的核算

債務資本成本的確認、計量、帳務處理和信息披露，一般按照《企業會計準則——借款費用》的規定進行。債務資本成本的會計核算的內容如下：

（1）債務資本成本的確認。這裡需要解決的問題是：企業每期發生的債務資本的費用是應該費用化，直接計入當期損益，還是應該資本化，計入相關資產的成本。中國的《企業會計準則——借款費用》具體規定：因專門借款而發生的利息、折價或溢價的攤銷和匯兌差額，在符合本準則規定的資本化條件的情況下，應當予以資本化，計入該項資產的成本；其他的借款利息、折價或溢價的攤銷和匯兌差額，應當於發生當期確認為費用。因安排專門借款而發生的輔助費用，屬於在所購建固定資產達到預定可使用狀態之前發生的，應當在發生時予以資本化；以後發生的輔助費用應當於發生當期確認為費用。如果輔助費用的金額較小，也可以於發生當期確認為費用。因安排其他借款而發生的輔助費用應當於發生當期確認為費用。

（2）債務資本成本的計量。債務資本成本的計量，主要是對資本化和費用化的債務金額、利率和期限的確定問題，在中國《企業會計準則——借款費用》中也有規定。債務資本主要包括公司發行的長期債券和借入的長期借款兩個項目，長期債券資本成本的計量通常需要以市場利率把未來應支付的利息與本金折現為現值，從而確定債券的發行價格。這裡所用的折現率就是市場利率。在完善、發達的金融市場環境下，這一折現率就是債券持有者所要求得到的報酬率即債券的資本成本。長期借款資本成本的計量相對較簡單，用債券資本成本計算公式就可以得出。

第二節　質量成本會計

一、質量成本會計概述

（一）質量成本會計的形成與發展

質量成本會計是以質量成本為核心內容的會計核算與管理體系，其基本內容是：通過事前的最佳質量成本決策、日常的質量成本控制以及事後的質量成本核算與分析三個環節來加強質量成本管理，使會計工作更好地為全面質量管理服務，達到改進產品質量、降低產品壽命週期成本、提高企業經濟效益和社會效益的目的。

質量成本的形成與質量管理的發展密切相關。質量管理發展的過程包含著質量成本的萌芽和形成的過程。在國外，質量管理經歷了近百年的發展歷史，這段歷史大體上可分為三個發展階段，即標準化質量管理、統計質量管理和全面質量管理三個階段。

標準化質量管理主要指1924年以前的泰羅質量管理，其特點是依靠質量檢驗的專

業化隊伍，按照既定的質量技術標準進行事後檢驗和質量把關，以減少廢次品。標準化質量管理是在傳統經驗管理的基礎上向科學管理邁出的可喜的一步。這一階段雖未形成對質量經濟性的要求，但由於質量檢驗費用的大幅上升，引起了管理者的關注，企業管理者們開始搜集有關質量檢驗費用的資料，從而為質量成本的形成打下了基礎。

第二次世界大戰期間，由於軍工生產規模擴大，軍品膨脹，軍方對軍品質量的要求越來越高，在這種情況下，採用標準化質量管理，對產品質量進行全數檢驗的方法，既費工，又費時，而且效果不佳。以美國電話公司工程師休哈特為代表，採用數理統計和概率的方法，對產品質量進行「抽樣檢驗」和對廢次品進行「防護性」的事前控制，既省時，又省工，而且效果明顯。「抽樣檢驗」成為當時質量管理的大突破。接著，以道奇羅末格為首，採用統計方法，解決了破壞性實驗下，控制質量現狀、減少損失的難題。這成為質量管理的又一重大突破。兩大突破促使了統計質量管理的形成。

在統計質量管理階段，企業經營者的質量經濟性觀念增強，質量成本的範圍不斷擴大，內容不斷完善，質量成本基本成型。

20世紀50年代初期，美國質量管理專家A. V. 菲根堡姆在擔任通用電氣公司製造和質量經理期間提出了一種報告體系，把質量預防和鑒定活動的費用與產品質量不合格所引起的損失一併考慮，向公司最高領導層提供一種質量成本報告。該報告為公司各管理層提供了在質量經濟性方面的信息，使領導層瞭解質量問題和對企業經濟效益的影響；該報告所提出的質量建議、質量改進方案具有重要經濟意義，引起了領導層對質量工作的重視，便於領導進行質量決策。這種把質量與成本、質量與經濟效益聯繫起來考慮的質量成本新概念為公司各方所接受，並迅速推廣到其他公司，使質量成本在實踐中逐步形成。

20世紀50年代初，質量管理進入全面質量管理階段，隨著「量本利」分析的應用，質量成本概念在全面質量管理階段得到廣泛運用和發展。此時，成本管理處於一個重要的發展階段，成本管理的發展一方面體現為成本控制核心觀念的加強，控制技術、方法的不斷完善，另一方面體現為成本管理在更多的領域延伸和應用，包括向質量領域的延伸和應用。成本管理向質量領域滲透，促進了質量與成本的結合，推動了質量成本的形成。

20世紀60年代初，A. V. 菲根堡姆在《全面質量管理》一書中明確提出「工作質量成本」的概念，認為「工作質量成本」是指目前已能準確測算的企業內部的那部分質量成本，它包括控制成本和控制失效成本兩部分，前者指預防成本和鑒定成本，後者指內部損失成本和外部損失成本。進一步，菲根堡姆還提出質量成本範圍應擴展到整個產品壽命週期，並列舉了間接質量成本與賣主質量成本、無形（信譽）質量成本與「責任暴露」成本、質量設備成本、壽命週期質量成本和用戶質量成本五種其他的質量成本。爾後，J. M. 朱蘭博士進一步發展了質量成本概念，把質量成本表述為兩個截然不同的涵義：一是「由於質量低劣而引起的成本」；二是「為獲取質量而發生的成本」，其主體則歸因於劣等質量的成本。

20世紀70年代，西歐各國的企業質量體系中也廣泛應用了質量成本。英國制定了《質量保證名詞術語匯編》，對質量成本做出了定義；法國的讓·馬麗·戈格在《工業

社會中質的挑戰》一書中，提出質量成本是「企業實際開支和不存在價值消耗時的假定開支的差額」的觀點，把質量成本的支出範圍擴大了。

1987 年，國際標準化組織第 176 技術委員會（負責制定質量管理和質量保證領域標準的 ISO 技術委員會）制定的「9004 質量管理和質量體系要素——指南」國際標準，把質量成本分為工作質量成本和外部保證質量成本。與此同時，英國質量管理協會主席 J. 哈林頓在《不良質量成本》一書中認為，為了避免質量成本就是高質量產品需要高成本的誤解，應將質量成本改名為「不良質量成本」，並把它劃分為直接不良質量成本和間接不良質量成本。前者指一般意義上的質量成本；後者包括用戶損失成本、用戶不滿成本和信譽損失成本。這樣，質量成本的範圍就進一步擴大了。

20 世紀 80 年代初，中國在借鑑全面質量管理的過程中，引進了質量成本並在試點企業加以應用。在中國質量管理協會和中國成本研究會的積極推動下，原機械工業部率先在系統內的汽車、機床、電子三個行業六個典型企業組成「質量成本課題研究組」對質量成本及其應用展開研究，並在研究組成員廠進行試點，取得明顯效果，接著在行業內和跨行業企業中進行推廣應用。中國質量管理協會質量經濟分析研究委員會從 1984 年開始，連年召開研討會對質量成本及其在中國的應用展開研究，取得多項研究成果。

1986 年國家頒布的國家標準 GB 6583.1—86《質量管理與質量保證術語》第一部分，明確規定「質量成本是將產品保持在規定質量水準上所需要的費用，它包括預防成本、鑒定成本、內部損失成本和外部損失成本」。

1988 年 12 月頒布的國家標準 GB/T 10300.5—88《質量管理和質量體系要素指南》提出，質量成本是指生產方、使用方在確保和保證滿意質量時所發生的費用，以及在不能獲得滿意質量時所遭受的損失。

1990 年 8 月國家技術局擬定的國家標準《質量成本管理導則》（第二稿）把質量成本定義為使產品質量保持在規定水準上所需的費用，除預防、鑒定、內部損失、外部損失外，在特殊情況下，還需增加外部質量保證成本。

綜上可見，質量成本在中國的應用，雖然基礎較差，起步較晚，應用的時間不長，但推廣應用的發展速度還是較快的。在不到 20 年的短短時期中，質量成本在中國的不少企業中，尤其是在機電、紡織、冶金、電子、航天和一些高科技領域得到廣泛推廣和應用，其效果也較為明顯。

中國財政部 1986 年在《關於印發〈國營工業企業成本核算辦法〉的通知》中指出：企業在做好產品成本核算的前提下，有條件的企業，應當根據生產管理的需要，核算各種專項成本，如材料採購成本、產品質量成本等。此後，國有大中型企業開始試行質量成本核算。

（二）質量成本與質量成本會計

當前國內外會計專家，雖然對質量成本概念見仁見智，但一般具有以下共識：

（1）質量成本的本質特徵是質量成本概念的基本要素。從本質上看，質量成本也是一種勞動耗費。作為成本的一種，它和一般成本的本質並無多大區別，只不過這種

勞動耗費僅僅是與產品的質量活動有關的勞動耗費，而不是一般的勞動耗費。這是它區別於其他勞動耗費的基本特徵。因質量引發的勞動耗費，按其構成內容的有效性劃分，可分為有效質量勞動耗費和無效質量勞動耗費。前者表現為必要投入的費用支出，包括預防費用和檢驗費用；後者表現為發生的損失性支出，包括內部損失和外部損失。不同的時期，不同條件的情況下，質量費用與質量損失的計算範圍可以不同，但其本質特徵是不會改變的。

（2）明確質量成本的限定條件是表述質量成本概念的基本前提。質量成本的限定條件是指限定質量成本構成內容的條件（前提）。質量成本是與產品質量活動有關的成本，沒有質量活動便沒有質量成本，質量活動是限定質量成本構成內容的基本條件。

（3）質量成本概念在發展中不斷完善。從質量成本形成和發展的過程中，我們可以看出，質量成本概念一直處於不斷完善和發展之中。

（4）明確質量成本與產品成本的關係與區別。質量成本與產品成本的聯繫主要表現在：①質量成本中的顯見成本（即帳面成本）包括在產品成本之中，是產品成本的一個組成部分；②質量成本與產品成本都是一種勞動耗費，二者不存在耗費的本質差別。

質量成本與產品成本的區別主要表現在：①構成內容不同。質量成本是指與產品質量活動有關的成本，包括預防費用、檢驗費用和內部損失和外部損失等，涉及產品研製、生產、銷售和服務過程；產品成本是指與產品生產製造有關的成本，包括直接材料、直接人工和製造費用等，只涉及生產製造過程。②補償的方式不同。產品成本是通過計入成本，並從實現的銷售收入中獲得補償的；質量成本中的隱含成本則不需計入產品成本以實現補償，它相似於機會成本。③核算的目的與方法不同。產品成本核算的目的是計算各種產品的實際成本，為企業損益計算提供依據；質量成本核算的目的是計算實際質量成本，為質量決策提供依據。產品成本核算只能採用會計方法，而質量成本核算既可用會計方法也可以採用統計方法。

二、質量成本的內容

質量成本性質特殊，構成複雜，品名繁多，用途各異。根據管理需要，質量成本從不同的角度可分為不同類型，其中最基本的就是按照質量成本的經濟用途分類，將質量成本分為預防成本、鑒定成本、內部損失成本和外部損失成本四項。

質量成本按照經濟用途分類具有兩個特點：其一，具有經濟用途的同一性，即每一個質量成本項目由同一經濟用途的質量成本所構成，凡是經濟用途相同的質量成本全部包括在同一個質量成本項目之中；其二，具有多種經濟性質的屬性，即一個質量成本項目，可由多個不同經濟性質的質量費用所構成，呈現出多樣性和綜合性的特點。

對質量成本按照經濟用途分類，是進行質量成本核算的前提。它有利於分類組織質量成本核算，有利於分析質量成本升降的原因，便於採取措施，實施有效的質量成本控制。

1. 預防成本

預防成本主要指用於保證和提高產品質量，防止產生廢次品的各種預防性費用，

如質量管理部門或質量檢驗部門為提高員工質量素質發生的培訓費、宣傳費和其他預防性日常管理費，以及設計、工藝和生產部門發生的質量改進措施費和質量預防專職人員的工資性費用等。

2. 鑒定成本

鑒定成本亦稱檢驗成本，主要指用於質量檢驗活動的各種不同性質的質量費用，如檢驗部門對原材料、零部件、半成品和產成品進行質量檢驗、試驗、測試和鑒定所發生的料、工、費等各項費用。

3. 內部損失成本

內部損失成本亦稱廠內損失或內部故障損失，主要指產品出廠前，因質量未達到規定標準而發生的損失，以及因質量原因造成的其他損失，如廢品損失、返修損失、停工損失、減產損失、降級損失、質量事故分析處理費用等。

4. 外部損失成本

外部損失成本主要是產品出廠後，因質量未達到規定的質量標準而發生的損失，以及因未能滿足規定的質量要求所發生的費用和損失，如索賠費用、訴訟費用、保修費用、退貨損失、降價損失，以及其他發生於廠外的質量損失，如應承擔的質量處置費用等。

除上述四項質量成本項目之外，企業還可設置外部質量保證成本，用於歸集、核算為滿足用戶的需要而提供客觀質量保證證據所發生的有關費用，如生產者為了向用戶提供可證明產品可靠性和安全性的客觀證據，而將產品送交權威質量檢測機構進行試驗、測試、評審所支付的費用。隨著用戶對產品質量要求的提高，此種質量成本將有增大的趨勢。

三、質量成本核算與控制

（一）質量成本的核算

質量成本會計核算是將質量成本納入會計核算體系，按照質量成本開支範圍的規定，採用會計方法，對生產經營過程中發生的質量成本進行歸集、分配與計算。

1. 質量成本的會計核算形式

在中國，目前各行業各企業的質量成本核算水準不一，會計核算的形式也多種多樣，總括起來，主要有以下幾種形式：

（1）二級科目會計核算形式。質量成本二級科目會計核算形式是指在不打亂傳統的會計核算體系的基礎上，通過在有關一級科目下設置質量費用二級科目來組織質量成本核算的形式。企業通常會在「生產成本」一級帳戶下增設「質量管理費」「質量損失費」「停工損失」三個二級帳戶，在「製造費用」和「管理費用」一級帳戶下增設「質量管理費」二級帳戶。這樣，在相關一級帳戶下設置的二級帳戶共有三個，即質量管理費、質量損失費、停工損失。質量管理費又由三部分組成，即預防成本、鑒定成本和外部損失成本。質量損失費由內部損失（除停工損失外）成本組成。所以，在質量管理費二級科目下還應設置相應的明細科目，即預防成本、鑒定成本和外部損

失成本。

（2）一級科目不完全會計核算形式。這是一種通過單獨設置「質量費用」一級會計科目，並在此一級科目下設置「預防成本」「鑒定成本」「內部損失成本」「外部損失成本」四個二級科目，在二級科目下再設置若干三級明細科目來組織質量成本核算的形式。

（3）一級科目完全會計核算形式。這是一種通過單獨設置「質量費用」一級會計科目，並在此一級科目下設置「預防成本」「鑒定成本」「內部損失成本」「外部損失成本」「隱含成本調整」五個二級科目，在二級科目下再設置若干明細科目來組織質量成本核算的形式。

一般認為，一級科目完全會計核算形式是較為理想的一種核算形式。

2. 質量成本完全會計核算的基本程序

質量成本完全會計核算的基本程序分為五步：

（1）審查質量費用。會計人員應根據質量成本開支範圍的規定劃清質量費用與非質量費用，將符合質量費用定義，在質量成本開支範圍內的費用計入質量成本。對質量費用進行認真清查是確保質量成本真實性與準確性的必要手段，是組織質量成本核算的首要步驟。

（2）歸集質量費用。對於經過審核無誤的質量費用，會計人員應根據質量費用形成的特點和管理要求，將各類質量費用的原始憑證或記錄，如「質量培訓費用計算表」「廢品通知單」「返修通知單」「工資結算表」等按照質量成本項目進行歸集，計算出預防成本、鑒定成本、內部損失成本和外部損失成本。

（3）分配質量費用。會計人員應將已按質量成本項目歸集的各項質量費用，分別在各產品之間進行分配，以確定各產品的質量費用，為質量成本的決策提供有價值的資料。對於已歸集的質量費用，凡能分清產品的直接質量費用，應直接計入產品；凡不能分清產品的間接質量費用，應按照一定的標準，在各種產品之間進行分配，以計算各種產品的質量總成本和單位成本。

（4）在完工產品和在產品之間分配質量費用。期末時，如果企業本期生產的產品到期末只有一部分完工，另一部分卻沒有完工，這時便需要將質量費用在本期完工產品和期末在產品之間進行分配。

（5）質量費用的還原。由於質量成本一級科目完全會計核算增設了一級科目而影響了正常產品生產成本的計算，影響了各種產品有關成本項目的結構，為了消除這些影響，最後應將各項質量費用還原到正常財務會計核算的成本項目或科目中去，以保證成本資料的完整性和可比性。

（二）質量成本的控制

1. 質量成本控制的涵義

質量成本控制則是指通過各種措施和手段達到質量成本目標的一系列管理活動。它是企業成本控制的一個組成部分，也是企業質量成本管理的一個重要內容。

質量成本控制具有三層涵義：

（1）對質量成本目標本身的控制。質量成本控制首先應表現為對質量成本目標本身的控制。質量成本目標的制定，應符合效益性原則，即應以最少的投入，取得最大效益。一旦質量成本目標與此原則有悖，質量成本控制則具有重新審定和修正質量成本目標的積極作用，使其始終保持先進水準。

（2）對質量成本目標完成過程的控制。目標一經制定，重要的就是執行。質量成本目標完成的過程，也就是質量成本的形成過程。在此過程中，企業應採取一系列措施和手段，對生產經營活動中發生的各種質量費用實施有效控制，一旦發現偏差便及時採取糾正措施，從而保證質量成本目標的實現。

（3）著眼於未來的工作的改進和質量成本的降低。質量成本控制不僅僅局限於對當前質量成本的控制，還著眼於未來，為改進以後的工作，不斷降低質量成本，促進和提高產品質量，尋找更加切實有效的措施。

2. 質量成本控制的內容

質量成本控制是全過程的控制，即對質量成本發生和形成的全過程進行的控制。具體地說，質量成本控制一般包括以下幾方面的內容：

（1）新產品開發設計階段的質量成本控制。其主要目的就是要以最低的成本設計出質量最佳的產品。該階段的質量成本控制包括：①將產品質量控制在適宜水準；②加強設計的論證和評審，以保證產品的設計質量，實現預期的質量目標；③加強樣品的試製和試驗，保證產品設計質量的完善；④加強技術文件的管理，控制技術管理成本。

（2）生產過程的質量成本控制。這一階段的質量成本控制包括：①生產技術準備的質量控制；②工序的質量控制；③技術檢驗工作控制；④加強不合格品管理，降低廠內廠外損失。

（3）銷售過程的質量成本控制。這一階段的質量成本控制包括：①產品包裝、貯運的質量管理；②產品售後服務的質量管理；③索賠處理的質量管理等。

（4）質量成本的日常控制。這一階段的質量成本控制包括：①建立質量成本管理系統，確定質量成本控制網點；②建立質量成本分級歸口控制的責任制度；③建立高效靈敏的質量成本信息反饋系統。

第三節　環境成本會計

一、環境成本的概念與內容

由於目的不同，環境成本存在著多種定義，聯合國國際會計和報告標準政府間專家工作組第 15 次會議文件《環境會計和財務報告的立場公告》指出，環境成本是「本著對環境負責的原則，為管理企業活動對環境造成的影響而被要求採取的措施的成本，

以及因企業執行環境目標和要求所付出的其他成本」。①這一定義確認的主要是污染治理成本,是為了遵循公認會計準則的要求,從財務報告的角度對環境成本進行的定義。在聯合國的另一份會議報告文件《環境管理會計——政策與聯繫》中,環境成本被廣義地定義為:「與破壞環境和環境保護有關的全部成本,包括外部成本和內部成本」。但是,在目前,外部成本內部化還是一個亟待解決的難題。因此,在環境管理會計中,環境成本的傳統定義為:「為保護環境而發生的成本。」這一定義簡單、明確,概括了環境成本的本質,但其局限性在於定義範圍較為狹窄,因為環境保護在增加環境成本的同時也可能產生了環保收益和節約成本。由於傳統環境成本定義的局限性與提高公司經濟生態效益的管理目標有一定的抵觸,因此國外一些學者將環境成本定義為:「具有環境影響的材料和能源流引起的所有成本」。環境導致的成本包括由於材料和能源流沒有減少而產生的所有成本,如費用、罰款、材料採購,或因環境監管而發生的管理成本。以材料和能源流為基礎的環境成本會計符合伍蓬塔爾(Wupperta)能源與環境協會的要求,有利於減少對環境的不良影響,促使公司管理當局在控制環境污染方面由尾端技術控制向預防控制轉變,促進了公司生態效益的提高。

美國會計界認為環境成本應包括按照法律要求開展持續的環境保護活動,對已污染項目進行清理或清除,其他個人或組織因人身健康、安全、財產受到企業排放污染物的損害而索賠,以及違反環境法律受到懲罰導致的成本。日本環境廳則著眼於「環境保全成本」,包括企業生產過程、銷售及回收過程發生的環境成本、環境研發成本和支援地域的環境保全成本。

根據上述定義,一般認為,環境成本的內容應包括:①用於彌補已發生的環境損失所引致的環境性支出,即本會計期間發生的環境性支出是為了清理以前時期或本期的環境污染或補償已經造成的環境破壞後果。當具有追溯力的環境法規或會計法規生效時,這類支出可能會很多,比如排污費、環境破壞罰金和賠償金。②用於維護環境現狀的環境性支出,如環境保護設施和環境治理設備的購置費、環境保護人員的工薪支出。③用於預防未來可能出現的不良環境後果的環境性支出,如購置有助於改進產品環境屬性的設備的支出、考慮到某經濟事項會對環境造成潛在損害的可能而提取的準備金。此外,這類支出中也包括一部分企業對外界環境所產生的、各種尚未由企業自身加以報告並為之負責的影響,即外部成本內部化。

對環境成本,從不同的視角有不同的分類:

(1) 按照當期成本是否應由本企業承擔,環境成本可分為內部環境成本和外部環境成本兩類;

(2) 根據企業所發生環境成本的不同功能,環境成本可分為彌補已發生的環境損失的環境成本、維護環境現狀的環境成本和預防將來可能出現的不利環境影響的環境成本三類;

(3) 按照環境成本發生的時間分類,可分為當前成本和未來成本兩類;

(4) 根據環境資源流轉平衡理論,環境成本可分為事後的環境保全成本、事前的

---

① 陳毓圭. 環境會計和報告的第一份國際指南

環境保全預防成本、殘餘物發生成本以及不含環境成本費用的產品成本四類；

（5）根據企業的經營活動與環境影響的關係，環境成本又可分為環境保護運行成本、環境管理成本、環境研發成本、環境採購和銷售環節成本以及其他環保成本五類。

二、環境成本的核算

（一）環境成本的確認

在實務中，環境成本的發生有多種情況。因此，對於將哪些支出列為環境成本需要會計人員的仔細判斷。在環境成本的確認流程中，會計人員應充分考慮不同空間、不同時間、不同功能的環境成本支出，並採用權責發生制和歷史成本原則進行確認。

根據環境成本的定義，環境成本的確認應符合以下標準：①可靠性，是指所確認的項目應是合理的、中立的和真實的，即應公允地反應實際情況，不帶有任何偏見。可靠性是會計信息的第一特性。因此，環境成本的確認也應符合可靠性原則。②相關性。有關信息在用戶決策中有舉足輕重的作用，即環境成本的確認要與信息使用者的決策相關。③謹慎性原則。會計事項的確認和計量應遵循謹慎性原則，只有其發生具有相當的確定性或帶來的效用具有相當的可能性時才予以確認。這也是所有會計信息進入會計信息系統應遵循的原則。④權責發生制。權責發生制是指以權利的形成和責任（或義務）的發生作為會計項目確認的依據，而無論款項是否已經收付。對環境支出的確認應以權利已經形成或責任（義務）的實際履行為基礎將其確認為費用或是資本化。⑤配比原則，是指將實際發生的營業收入和實際發生的費用相配比，即應將環境成本分配記入其真正應承擔的期間或產品，以準確核算不同期間相關損益。⑥劃分收益性支出和資本性支出原則。這是環境成本確認最關鍵的原則。環境支出的發生如果僅僅是為了取得本期收益或僅與取得本期收益有關，則計入本期損益，即費用化；如果環境支出的發生與取得本期及以後各毗鄰會計期間的收益都有關，則先確認為資產，再分攤記入各受益會計期間，即資本化。

根據以上所述，對環境成本的確認，首先，應借助於會計變更處理過去的環保支出及新環保、會計法規生效時的追溯調整；其次，排除了基於會計估計變更產生的環境成本後，將會計期間發生的環境成本按成本效益期間的歸屬配比或無效益標準進行劃分，即分別按以前年度、當期、未來期間和無收益劃分。

（二）環境成本的計量

會計計量有兩個最關鍵的計量要素，即計量尺度和計量屬性。計量尺度是對計量對象量化時採用的具體標準。從前述對環境成本的定義和對環境成本的分類，我們可以看出，目前所能辨別的環境成本主要以貨幣為流通手段，表現為企業資產的減少。對於一些發生時可以用貨幣合理計量或直接以貨幣支付的支出，如企業承擔環境責任時發生的各類支出，在其資本化或費用化時以「名義貨幣」作為計量尺度。比如，對治理污染的設備投資，各類環境管理費、環境維護費、排污費、罰金以及對周圍居民的賠償費等都以貨幣計量。計量屬性是指被計量對象的特性或外在表現形式。在會計上就是資產、負債、收入、費用等要素中的各類或各個項目予以貨幣量化的具體表現

形式。目前主要有五種計量屬性，即歷史成本、現行成本、現行售價、可變現淨值和未來現金流量現值。對環境成本的計量除了傳統會計中的歷史成本、現行成本等成本以外，還需借助機會成本、替代成本和調查評價等方法加以計量。對企業因經營過程對環境造成的影響而採取治污措施或被要求採取措施的成本，如一些環境管理費、排污費、罰金等，應按政府認定的、向有關部門繳納的實際金額進行計量；對為達到企業環境目標而發生的成本，如銷售產品採用的環保包裝和回收顧客使用後的、與環境污染有關的廢品或包裝物等，可以按發生的實際金額進行計量；在對外部成本內部化或對一些環境投資和研究開發項目資本化時，因環境影響而為將來或有支出計提的準備金等，不應簡單地以歷史成本計量。比如，某種自然資源被損壞後，所喪失的能創造或轉化的價值，就要用機會成本來核算。如果環境破壞造成資源市價上漲，則無形中增加了企業的成本，企業對於隱性成本可以用替代成本計量，而對某些更複雜的環境成本的計量需要借助一些特殊的計量方法和模糊數學模型。

（三）環境成本的會計處理

可根據環境成本費用的性質，環境成本可按不同的方法處理：

（1）資本化處理。將企事業單位為實施環境預防和治理而購置或建造固定資產的支出作為資本性支出，借記「固定資產」科目，貸記「在建工程」「銀行存款」等科目；提折舊時，借記「環境預防費用」「環境治理費用」科目，貸記「累計折舊」科目；將其他環境預防和治理費用作為遞延資產，分期攤銷時，借記「環境預防費用」「環境治理費用」科目，貸記「待攤費用」科目。

（2）計入當期損益。當環境費用發生時，借記「環境預防費用」「環境治理費用」「管理費用」等科目，貸記「銀行存款」等科目。

（3）作為環境負債（或有負債）。當與環境有關的、將來可能支付的費用能夠被合理而可靠地計量時，借記「環境損害費用」科目，貸記「應付環境費用」科目。

（4）作為環境損失。當企業被罰款或被勒令停產、減產而發生損失時，借記「營業外支出」科目，貸記「銀行存款」等科目。

三、環境成本的報告

企業財務報表是其正式對外揭示或表述財務信息的書面文件，現行的企業財務報告由會計報表（資產負債表、損益表和現金流量表等）、會計報表附註組成。「目前，對環境成本的報告模式基本有兩類。一類為環境成本效益比較型模式，是反應以獲取環保經濟效益為主的企業的環境保護支出情況。其環保經濟效益來自於環保產品的收入、資源成本的節約、環境損害成本的降低等。這種對比均可採用貨幣化計量，金額一目了然。另一類為環境成本效果比較型模式，是反應以降低環境負荷為主的企業的環境保護進展情況。」[1]

環境成本信息披露的內容可以放在財務報告內，也可以列入財務報表附註中，在

---

[1] 林萬祥. 成本會計研究 [M]. 北京：

某些情況下，還可以作為其他報告的組成部分。其中，依據上述對環境成本確認、計量的結果，企業應將與環境成本有關的會計科目及其餘額列示在資產負債表及損益表的相應位置；對那些可能使企業的環境受到直接或間接的影響、對信息使用者的決策可能有重大影響、無法進行合理計量的環境成本，就需要用非貨幣指標和文字表述在企業財務報告的附註部分進一步說明。比如，對企業環保準備金的計提政策、企業向周圍環境廢棄物的排放情況、環境標準指標和實際指標、廢棄物、污染排放、再循環使用、企業因環境問題涉及的訴訟事件等信息，均應在財務報告附註中進一步說明。

會計人員在報表附註中應披露記入損益的金額，並區分為經營和非經營成本，還應按適合企業經營性質和規模的方式進行分析，或者按環境問題的類型進行分析，或者同時按以上兩種方式進行分析。其中，確認的項目類型可包括：排放污液的處理，廢物、廢氣和空氣污染的處理，固體廢物的處理，場地的恢復、修復、回收，環境分析、控制以及執行環境法規等。由於不遵守環境法規而被判處的罰款以及由於以往的環境污染造成損失或傷害而對第三方的賠償，與其他形式的環境成本不同；它們不對企業提供任何利益或回報，因而應單獨披露。另外，作為非常項目記錄的環境成本也應單獨披露。

第四節　人力資源成本會計

一、人力資源成本與人力資源成本會計

「人力資源成本」這一概念是從一般的成本概念中推演出來的。與一般的成本概念一樣，對人力資源成本概念的表述無論是在國內還是在國外，見仁見智，莫衷一是。例如，有人認為，「人力資源成本是指取得或重置人員而發生的費用支出，包括人力資源的取得成本（歷史成本）和人力資源的重置成本。」[1] 也有人認為，「人力資源成本是為了獲得企業的人力資源，而發生的招聘、錄用、教育、培訓、醫療、保險、福利、使用、管理等的費用或支出。」[2]

人力資源成本與一般商品成本有很大區別。一般商品的理論成本由兩部分組成，即已耗費的生產資料轉移的價值（C）和勞動者為自己創造的價值（V）。因此，一般商品成本的經濟實質可以概括為：「生產經營過程中所耗費的生產資料轉移的價值和勞動者為自己創造的價值的貨幣表現，即企業在生產經營過程所耗費的資金總和」。但人力資源與之不同，它在使用過程中為商品創造了價值，也為自身創造了價值，但其本身不僅不會發生耗費，而且還會增值。

因此，人力資源成本是一個組織為了實現自己的組織目標，創造最佳經濟和社會效益，而獲得、開發、使用、保障必要的人力資源，以及為人力資源離職所支出的各

---

[1] 張文賢. 人力資源會計研究 [M].
[2] 中國會計學會. 中國會計理論研究叢書：人力資源會計專題 [M].

項費用的總和。明確人力資源成本的概念，是進行人力資源成本分類、計量以及提供人力資源財務報告的基礎。

對人力資源成本會計，美國的會計學者埃里克·G.弗蘭霍爾茨早有論述。他認為，人力資源成本會計是「為取得、開發和重置作為組織的資源的人所引起的成本的計量和報告」。[1] 他認為人力資源成本會計主要研究兩個相互聯繫的成本類型：一是與取得和開發人力資源使用價值有關的人事管理的職能成本，如進行招募、選拔、雇用、安排和培訓人力資源等人事管理活動的成本。這些活動的成本是取得和開發人力資源的成本的要素。人事管理活動職能的成本會計可稱為「人事管理成本會計」，它是人力資源成本會計的必要前提。二是人力資源本身的成本，包含不同等級人員的取得和開發成本，可稱為「人力資產會計」。上述兩方面構成人力資源成本會計。

二、人力資源成本的分類

與一般的成本一樣，不同的分類，有著不同的目的，對人力資源成本也可以從不同角度去分類。通常，人力資源成本包括五個方面，即人力資源的取得成本、人力資源的開發成本、人力資源的使用成本、人力資源的保障成本和人力資源的損失閒置成本。這五個方面成本的總和構成人力資源成本總額。

(1) 人力資源的取得成本是指為取得企業合適的人才而付出的必要支出，它包括招募、選拔、錄用和安置成本。

(2) 人力資源的開發成本是指企業為提高職工的生產技術能力，為增加職工人力資產的價值而發生的成本，包括上崗前教育成本、崗位培訓成本、脫產培訓成本等。

(3) 人力資源的使用成本是指企業在使用職工的過程中發生的成本，包括維持成本、獎勵成本和調劑成本等。

(4) 人力資源保障成本是指保障人力資源在暫時或長期喪失使用價值時的生存權而必須支付的費用，包括勞動事故保障、健康保障、退休養老保障、失業保障等費用；

(5) 人力資源的損失、閒置成本是指由於職工離開企業而產生的成本，包括離職補償成本、離職低效成本、空職成本等。

三、人力資源成本會計的形成和發展

人力資源成本會計是人力資源會計的組成部分，而人力資源會計是以會計方法為主，對企業人力資源成本和價值進行計量和報告，為利害關係者和當事人提供信息的會計分支。因而，人力資源會計包括人力資源成本會計和人力資源價值會計兩個組成部分。人力資源成本會計主要反應人力資源的占用或耗費，表現為人力資源的投入值，即投資支出，亦稱人力資源投資會計。人力資源價值會計主要反應企業人力資源在其整個效益期間所做出的貢獻值，即人力資源產出值，亦稱為人力資源產出會計。

人力資源會計形成於20世紀60年代，發展於70年代。最早進行人力資源會計研究的，首推美國密執根（Michigan）州立大學企管研究所的霍曼遜（Roger H. Hermanson）。

---

[1] 埃里克·G.弗蘭霍爾茨.人力資源管理會計[M].

20世紀60年代初,他在自己的博士論文中首先提出了人力資源價值的計量和會計問題,並且於1964年在《人力資產會計》(Accounting for Human Assets)一文中,提出了人力資源會計的主要觀點,即人力資源是企業最有效的經營資產,會計報表中應當包括人力資源。

1966年10月,密執根大學利克特(Lihert)教授領導的「人力資源會計聯合開發小組」在巴里公司(R. G. Barry Corporation)率先開展人力資源會計的應用研究。1967年,利克特出版了《人力組織:它的管理和價值》(The Human Organization: Management and Value),並設專章論述了人力資源會計,認為在企業資產負債表中不包括人力資源項目,就像資產帳面價值與實際市場價值之間存在巨大差異一樣,會導致企業管理人員做出錯誤的經營決策。

1968年以後,美國會計學術團體開始介入人力資源會計的研究。1971—1973年,美國會計學會(AAA)人力資源會計委員會在《會計評論》增刊上陸續發表了有關人力資源會計的研究報告,對人力資源會計的發展作了積極的評價,並提出對未來研究的建議。1974年,弗蘭雷爾茨(Flamh01tz)出版了《人力資源會計》;同年,卡普蘭(Caplan)和蘭德基卻(Landekich)合作出版了《人力資源會計:過去、現在和將來》。這兩本著作全面介紹了人力資源會計的理論、方法及其應用。與此同時,英國、澳大利亞、日本等國家也對人力資源會計展開了研究,並提出多種會計程序和方法,使人力資源會計得到迅速發展。進入20世紀80年代,人力資源會計的應用研究和具體實施進入了一個新的階段。1985年,弗蘭霍爾茨的《人力資源會計》第二版問世,進一步推動了人力資源會計的應用。隨著知識經濟時代的到來,人力資源會計將進入廣泛應用和迅速發展的階段。

美國會計學家埃里克·G. 弗蘭雷爾茨在他的《人力資源會計》一書(1985年版)中將人力資源會計產生的過程分為五個階段,即基本概念的產生階段、人力資源成本和價值計量模型的學術研究階段、人力資源會計迅速發展階段、理論與實務界對人力資源會計興趣下降階段、人力資源會計恢復活力階段。

在中國,人力資源成本會計的研究始於20世紀80年代初期。1980年,上海《文匯報》發表了著名會計學家潘序倫先生的文章,提出中國必須開展人力資源會計研究。潘序倫先生建議,中國的人力資源會計研究既要計量人才成本,又要講求效益。

四、人力資源成本會計帳戶體系及核算內容

(一) 人力資源成本會計的帳戶的設置

人力資源成本會計自產生以來,會計界許多學者對人力資源成本會計帳戶體系的設置進行了探討,初步確立了人力資源成本會計帳戶體系。

會計人員在設置人力資源成本會計帳戶時,首先,應分別設置「人力資產」「人力資源取得成本」「人力資源開發成本」「人力資源使用成本」四個帳戶,以分別核算人力資源的取得、開發等資本支出,以及人力資源使用等收益性支出;其次,為了單獨分項目考核本期的人力資產費用,可以設多欄式的「人力資產費用」帳戶,按照不同

類別的人員分項核算各種人力資產的收益性支出（如工資、福利費等），以及由本期生產經營成本負擔的應攤銷的資本性支出；再次，應設置「人力資產攤銷」帳戶，核算人力資產的累計攤銷額；最後，應設置「人力資產損益」帳戶，核算人力資產因變動和消失而產生的損益。

(二) 人力資源成本會計帳戶的核算內容

人力資源成本會計各帳戶的核算內容如下：

(1)「人力資產」帳戶。該帳戶反應企業對人力資源取得、開發、使用方面的投資所引起的人力資產原值的增加、減少及其餘額。該帳戶一般使用多欄式帳簿，按照人力資源的取得成本、開發成本、使用成本設置專欄。其借方發生額反應企業對人力資源取得、開發、使用等活動進行投資所引起的人力資產的增加額。平時該帳戶貸方無發生額，當人力資源從企業退出或消失時，貸記該帳戶衝減企業人力資源原值。期末借方餘額為企業人力資源投資所形成的人力資產總額。該帳戶按照各類人力資源設置明細帳戶。

(2)「人力資源取得成本」帳戶。該帳戶核算企業在人力資源的取得方面投資支出總額的增加、減少及其餘額。該帳戶的借方發生額反應企業在取得人力資源時，對其人力資源投資的增加額；貸方發生額反應轉入「人力資產」帳戶的人力資源取得成本；期末該帳戶借方餘額反應還未轉入「人力資產」帳戶的人力資源取得成本。「人力資源取得成本」帳戶一般使用多欄式帳簿，按人力資源招聘成本、選拔成本、錄用成本和安置成本，設置明細專欄。該帳戶可按人力資源的類別設置明細帳戶。因為人力資源取得成本業務大都在借方，所以設置的專欄只反應借方金額，結轉所登記的人力資源取得成本的貸方金額時，可用紅字在借方欄內登記。

(3)「人力資源開發成本」帳戶。該帳戶核算企業在人力資源的開發方面投資支出總額的增加、減少及其餘額。該帳戶的借方發生額反應企業在開發人力資源時，其人力資源開發投資的增加額；貸方發生額反應轉入「人力資產」帳戶的人力資源開發成本；期末該帳戶的借方餘額反應還未轉入「人力資產」帳戶的人力資源開發利用成本。「人力資源開發成本」帳戶也採用多欄式帳簿，分設上崗教育成本、崗位培訓成本、脫產培訓成本三個明細專欄。該帳戶按人力資源的類別設置明細帳戶。因為人力資源開發成本業務大都在借方，所以設置的專欄只反應借方金額，結轉所登記的人力資源開發成本的貸方金額時，可用紅字在借方欄內登記。

(4)「人力資源使用成本」帳戶。該帳戶核算企業人力資源使用成本的增加、減少及其餘額。該帳戶的借方登記企業人力資源使用成本的增加額；貸方登記作為費用計入當期損益而轉出的人力資源使用成本；期末結轉後該帳戶無餘額。該帳戶按人員或部門類別設置明細帳進行明細核算。明細帳採用多欄式的格式，在借方欄目下設置「維持成本」「獎勵成本」和「調劑成本」專欄進行明細核算。因為人力資源使用成本業務大都在借方，所以設置的專欄只反應借方金額，期末結轉所登記的貸方金額時，可用紅字在借方欄內登記。

(5)「人力資產費用」帳戶。該帳戶的借方發生額反應企業當期應該計入生產經營

成本的人力資產費用；期末該帳戶無餘額。該帳戶按照各類人力資產設置明細專欄，如開設總經理、副總經理、部門經理、高級技術人員、中級技術人員、初級技術人員、徒工等明細欄。

（6）「人力資產攤銷」帳戶。該帳戶核算攤銷的人力資源取得成本、開發成本，還包括計入當期生產經營成本的人力資產使用成本的累計數額。該帳戶貸方發生額反應企業當期應該計入生產經營成本的人力資產費用。平時該帳戶借方無發生額。當人力資源從企業退出或消失時，才借記該帳戶，衝減企業已經攤銷的人力資產費用。該帳戶的期末貸方餘額為企業人力資產成本的累計攤銷額。該帳戶應該與「人力資產」帳戶設置相同的明細帳戶。

（7）「人力資產損益」帳戶。該帳戶的借方發生額反應當人力資產退出企業或消失時，轉銷的人力資產成本的未攤銷額；貸方發生額反應當人力資產退出企業或消失時，轉銷的人力資產成本的多攤銷額。如果期末該帳戶的借方發生額大於貸方發生額，將其差額從該帳戶貸方轉入「本年利潤」帳戶的借方，衝減本年利潤；如果期末該帳戶的貸方發生額大於借方發生額，將其差額從該帳戶借方轉入「本年利潤」帳戶貸方，增加本年利潤，結轉之後該帳戶期末無餘額。

五、人力資源成本會計信息的報告

人力資源成本會計是傳統財務會計的一個組成部分。人力資源成本信息有助於企業會計信息的使用者瞭解企業的人力資源投資情況，瞭解企業經營管理當局對人力資源開發、利用和管理的重視程度以及企業人力資源的優劣情況，評估企業發展的後勁，預測未來的發展前景。因此，人力資源成本信息應該在對外公布的財務報表中揭示和報告。

人力資源成本會計報告至今並無統一的設計。在原來意義的人力資源成本會計模式下，會計報告應根據組織的情況具體設計，並且是管理用報表。在修正後的人力資源成本會計模式下，企業已經對人力資源的實際成本按財務會計程序處理，因而有關的項目增設在傳統的財務報表中。人力資源成本會計報告通常由貨幣性報表和非貨幣性報告組成。

第五節　自然資源成本會計

一、自然資源成本內涵

自然資源成本可以理解為自然資源的生成、開發、儲存、使用、保護、恢復、替代、服務、更新和綜合利用等環節所耗費的需要補償的價值。當我們從資源會計的角度來認識必要勞動消耗的補償時，消耗的補償具有五個方面的內涵要求：一是消耗的合理性。合理的消耗必須是為生產某一產品所必需的投入，多了不行，少了也不行。這就需要會計控製作用的全面加強。二是消耗的合法性。這是指生產某一產品必須符

合有關法規所限定的要求。因此，企業管理者必須將成本、質量和數量三者聯繫起來，並加以綜合考慮和控制。三是消耗的節約性。消耗的節約性就是盡可能地以最低的資源消耗獲取最大的經濟效益。但是，消耗的節約又必須以不降低產品質量和性能為前提。四是消耗的效用性。消耗的效用性是指所生產的某一種產品必須充分考慮是否為人類所必需，是否會造成環境污染。五是資源耗費與環境保護的一致性。這是指將礦山的開採、森林的採伐與可能造成的資源流失、生態失衡結合起來，將在何地辦何種工廠與投入和付出的環境代價結合起來。由此可見，相對於其他成本概念來說，自然資源成本應當是一種比一般成本概念的內涵更為豐富、所涉及範圍更加廣泛的成本概念。

二、自然資源成本的結構與自然資源成本的核算

（一）自然資源成本的結構

關於自然資源成本的結構，目前西方會計界的看法是，應當包括取得成本、勘探成本、開發成本和生產成本四類。20世紀90年代初期，中國就有學者從大循環成本理論的角度，對自然資源成本的構成問題進行了研究，將其劃分為生成成本、再生成本、恢復成本（或稱環境成本）、替代成本、服務成本（或稱生態成本）五類。後來，又有學者從可持續發展要求的角度出發，認為自然資源成本應包含以下十個部分：

（1）生成成本。資源的生成成本是指自然資源在形成的過程中所發生的需要計量的補償價值。

（2）勘探成本。資源的勘探成本是指與地質和地理作業相聯繫的費用和支出。構成勘探成本的重要部分主要是人力成本和技術的耗費，隨著科學技術的發展，科技開發費用將構成勘探費用的一個重要組成部分。

（3）開發成本。資源的開發成本是指在一切資源開採過程中所發生的耗費。開發成本由三類成本構成，即有形設備投資成本、無形開發成本、生產成本。

（4）配置使用成本。資源的配置使用成本就是指將一種資源安排某種用途而不安排另一種或幾種用途，或者放棄其他的用途所造成的損失和付出的代價。它是一種資源在不同使用方式和途徑下的比較成本或者比較利益的貨幣計量。因而，它也是一種機會成本。

（5）儲存再生成本。資源的儲存成本主要是指當所探明的資源處於未開發狀態，或者雖然處於開發狀態但導致其儲存量發生變化時的耗費。

（6）保護成本。資源的保護成本是指為保護資源不受損害所發生的耗費。

（7）恢復成本。資源的恢復成本是指由於人們在開發利用某項資源的同時，污染、破壞或者消耗了另一種資源，為了恢復該種資源本來的用途而發生的投資與耗費。

（8）替代成本。資源的替代成本就是開發利用新的資源所發生的耗費和投資。

（9）服務成本。資源的服務成本是指由於開採自然資源而必須支付的資源對於人類服務功能喪失的價值補償。

（10）綜合利用成本。資源的綜合利用成本是指通過採取各種有效措施以充分發揮

資源利用效益而發生的耗費。

比較流行的觀點認為，所謂自然資源成本也可以稱為自然資產成本，它是指國家或企業為獲得、擁有、利用或使用自然資源而發生的成本。從企業成本會計核算角度看，其內容大體應該包括三部分：①取得成本，即為取得自然資源所有權而發生的支出，包括購買價格及產權登記的手續費等；②勘探成本，即在取得自然資源所有權後在勘探自然資源的過程中所發生的支出；③開發成本，即增設附屬設施及開發自然資源所發生的支出。

(二) 自然資源成本核算

加強對資源的會計核算，是變自然資源的計劃配置為市場配置的必要手段。中國目前會計理論界和實務界將自然資源作為遞耗資產（如礦產資源、油田、氣田、森林資源等）進行核算，對另外一些自然資源則沒有進行會計核算。為了改革自然資源的開發利用和管理現狀，保證自然資源的可持續利用，應將所有可耗竭自然資源和其可持續性受人類利用方式影響的可再生自然資源納入自然資源會計體系。

對企業來說，自然資源屬於一項資源性資產，而資源是由人們發現的有用途和有價值的物質，由於資源具有量、質、時間和空間等多種屬性，因而它應當是一個動態的概念。

自然資源成本會計就是在成本法下對自然資源的投資進行確認、計量和核算。為此，會計人員在對自然資源進行會計核算時應該設置「自然資產成本」帳戶，以核算自然資源的資本性支出，如使用權費用等；設置「自然資產費用」帳戶，以核算自然資產的收益性支出，如交通設施費、人工費等，以及應與本期收益相配比而攤銷的資本性支出；設置「自然資產攤銷、損益及耗費」帳戶，以核算自然資產的收益、損失和耗費等。攤銷自然資產時，可按產量或產值等指標攤銷，也可以分期或一次攤銷。

自然資源按實際支出的成本入帳。在取得成本、勘探成本和開發成本三部分成本中，取得成本包括購買價格及產權登記的手續費等。勘探成本在會計上有三種處理方法：一是全部費用法，即將勘探成本全部作為當期費用處理；二是有效資本法，即將勘探成本中屬於成功項目的直接支出作為資本性支出轉入遞耗資產；三是全部資本法，即勘探成功和不成功的全部支出都作為資本性支出轉為遞耗資產成本。西方企業通常採用有效資本法，將勘探沒有成功的項目支出列作期間費用或損失處理。開發成本中，開發自然資源發生的支出，如掘進或鑽探等支出，應當作為遞耗資產成本的一部分；附屬設施支出，如道路、運輸系統、鑽井、抽水裝置和其他有關設備等支出，則不作為遞耗資產成本，而是單獨設帳，單獨計提折舊。遞耗資產的成本以取得所有權為標誌區分，可分為購買成本和發展成本兩部分。需要說明的是，廣義的開發成本除了勘探成本、經營開始前的狹義開發成本外，還包括經營開始後的開發成本。對經營開始後的開發成本也有三種處理辦法：一是在遞耗資產中開設遞延帳戶，平時按估計的新增開發成本的一定比率分配於產品成本，當真正發生這些成本時，再借記為遞延支出；二是這類成本在發生時作為資本性支出記入遞延資產；三是這類成本在發生時作為當期銷售費用處理。還必須指出，企業取得遞耗資產所有權後，又勘探發現了新的蘊藏

量，產生了新發現價值，或者發生了自然增值（如林場邊砍伐邊造林補植），應按估定價值調增遞耗資產價值。

三、自然資源成本信息的報告與考核

在過去，自然資源是被當作遞耗資產列入固定資產範圍之內的，不單獨列示。這是與過去計劃經濟下，資源按計劃無償地配置給經營企業使用，經營企業只花費取得成本，而不必支付資源的所有權權益價值相適應的。在市場經濟條件下，資源經營者要取得一項資源的使用權，不僅要支付取得成本，而且要支付資源的所有權權益價值。這樣，一方面由於遞耗資產價值的數額較大，往往占據了經營企業資產總額的較大比重，另一方面為了加強對遞耗資產的開發和利用，促使各經營企業有效地、可持續地利用自然資源，我們有必要將其單獨列示在資產負債表上。遞耗資產項目應列在固定資產項目下，其列示方法與固定資產基本相同。遞耗資產的折耗費用，最終要進入產品銷售成本或存貨成本中，所以不用單獨在報表中列示。

此外，為了充分揭示生產企業的財務狀況，凡具有重要的、與自然資源有關的生產活動的上市公司，在公布年度財務報表時，除了公布正式的財務報表，還應特別披露以下資料：

（1）自然資源資本化資產的計量模式。資產計價的原則雖然是歷史成本原則，但一項資產的資本化成本還能夠反應出該項資產的價值，即資本化成本較高的資產，其價值也比較大。但對於「礦區財產」而言，其資本化成本和其價值的不統一性大於統一性；越是埋層淺、易開採、價值大的油氣儲量，其勘探成本反而較低；而埋層深、難開採、價值小油氣儲量，其勘探成本反而較高。這就是說「礦區財產」的資本化成本的金額並不反應油氣儲量的實際價值。美國證券交易委員會也曾經試圖用「現值法」取代「歷史成本法」，但由於「現值法」中存在許多主觀判斷的因素，所以並沒有被學術界和企業所接受。

（2）有關自然資源資本化的補充資料，如與自然資源有關的總的資本化成本和有關的累計折耗、折舊、攤銷、備抵估價等。

（3）與自然資源有關的生產活動的取得成本、勘探成本、開發成本和生產成本。該項補充資料應揭示在年度內發生的取得成本、勘探成本、開發成本和生產成本。如果某些「探區」發生大量的取得成本、勘探成本、開發成本，應單獨揭示。

本章小結

資本成本會計認為，企業使用的各種資本成本都應像生產成本一樣計算，從企業收入中扣除，以確定企業的利潤。也就是說，利息費用既有屬於債務資本成本的部分，也有屬於權益資本成本的部分。權益資本成本屬於隱含成本，而債務資本成本則與直接材料成本、直接人工成本、間接費用等一樣屬於顯現成本。

質量成本會計是以質量成本為核心內容的會計核算與管理體系，其基本內容是：通過事前的最佳質量成本決策、日常的質量成本控制，以及事後的質量成本核算與分

析三個環節來加強質量成本管理。質量成本會計核算是將質量成本納入會計核算體系，按照質量成本開支範圍的規定，採用會計方法，對生產經營過程中發生的質量成本進行歸集、分配與計算。

對環境成本來說，由於目的不同，對環境成本的概括也不同。根據定義，環境成本的內容通常應包括：①用於彌補已發生的環境損失所導致的環境性支出；②用於維護環境現狀的環境性支出；③用於預防未來可能出現的不良環境後果的環境性支出。

「人力資源成本」這一概念是從一般的成本概念中推演出來的，人力資源成本會計是人力資源會計的組成部分。通常，人力資源成本包括五個方面，即人力資源的取得成本、人力資源的開發成本、人力資源的使用成本、人力資源的保障成本和人力資源的損失閒置成本。

自然資源成本可以理解為自然資源的生成、開發、儲存、使用、保護、恢復、替代、服務、更新和綜合利用等環節所耗費的需要補償的價值。相對於其他成本概念來說，自然資源成本應當是一種比一般成本概念的內涵更為豐富、所涉及範圍更加廣泛的成本概念。

謹記問題

1. 傳統成本會計的內容和方法囊括了所有的經濟現象，能解決所有領域的成本核算問題。

2. 現代成本會計新興領域中的成本，都可以嚴格按照財務會計中成本核算的程序進行準確的核算，為管理決策提供準確的成本信息。

思考與練習

1. 什麼是資本成本會計，其核算內容包括哪些？
2. 什麼是質量成本，質量成本包括哪些？
3. 環境成本會計是在什麼背景下提出來的，環境成本核算的意義表現在哪些方面？
4. 簡述人力資源成本會計的發展歷史程。人力資源成本會計的核算內容是什麼？
5. 對自然資源成本進行確認與計量的意義表現在哪些方面？

國家圖書館出版品預行編目（CIP）資料

成本會計(第二版) / 李來兒 主編. -- 第二版.
-- 臺北市：崧博出版：崧燁文化發行, 2019.05
　　面；　　公分
POD版

ISBN 978-957-735-822-6(平裝)

1.成本會計

495.71　　　　　　　　　　　　108006142

書　　名：成本會計(第二版)
作　　者：李來兒 主編
發 行 人：黃振庭
出 版 者：崧博出版事業有限公司
發 行 者：崧燁文化事業有限公司
E - m a i l：sonbookservice@gmail.com
粉絲頁：　　　　　　網址：
地　　址：台北市中正區重慶南路一段六十一號八樓 815 室
8F.-815, No.61, Sec. 1, Chongqing S. Rd., Zhongzheng
Dist., Taipei City 100, Taiwan (R.O.C.)
電　　話：(02)2370-3310 傳　真：(02) 2370-3210
總 經 銷：紅螞蟻圖書有限公司
地　　址:台北市內湖區舊宗路二段 121 巷 19 號
電　　話:02-2795-3656 傳真 :02-2795-4100　　網址：
印　　刷：京峯彩色印刷有限公司（京峰數位）

　　本書版權為西南財經大學出版社所有授權崧博出版事業股份有限公司獨家發行電子書及繁體書繁體字版。若有其他相關權利及授權需求請與本公司聯繫。

定　　價：450 元
發行日期：2019 年 05 月第二版
◎ 本書以 POD 印製發行